工程力学专业规划教材

实 验 力 学

丛书主编　赵　军

本书主编　刘雯雯　侯建华　王　志

中国建筑工业出版社

图书在版编目（CIP）数据

实验力学/刘雯雯，侯建华，王志本书主编.—北京：
中国建筑工业出版社，2017.12
（工程力学专业规划教材/赵军　丛书主编）
ISBN 978-7-112-21448-8

Ⅰ.①实…　Ⅱ.①刘…②侯…③王…　Ⅲ.①实验应
力分析-高等学校-教材　Ⅳ.①O348

中国版本图书馆 CIP 数据核字（2017）第 269036 号

　　本教材为适应工程力学、工程结构分析、安全工程等本科专业的实验力学课程教学需要而编写，较为系统地介绍了常用实验应力分析方法。内容分三篇（共17章）。第1篇（1～7章）系统介绍电阻应变测量方法；第2篇（8～14章）系统介绍光弹性实验分析方法；第3篇（15～17章）系统介绍云纹、散斑、数字图像相关方法。教材内容的选择兼顾了传统技术与现代技术的有机结合。为了增强本书的可参考性，在附录中还编入了不同分析方法的综合性工程应用实例，以供参考。

　　本书也可用作其他工科专业工学硕士研究生的实验力学课程教材，或作为相关工程技术人员的技术参考书。

责任编辑：尹珺祥　赵晓菲　朱晓瑜
责任设计：谷有稷
责任校对：王　瑞　刘梦然

工程力学专业规划教材
实验力学

丛书主编　赵　军
本书主编　刘雯雯　侯建华　王　志
*
中国建筑工业出版社出版、发行（北京海淀三里河路9号）
各地新华书店、建筑书店经销
唐山龙达图文制作有限公司制版
大厂回族自治县正兴印务有限公司印刷
*
开本：787×1092毫米　1/16　印张：15¾　字数：390千字
2018年4月第一版　2018年4月第一次印刷
定价：40.00元
ISBN 978-7-112-21448-8
（31140）

■ 前　言

　　实验力学是一门研究工程结构或机械零部件的应力、应变及位移测量方法的学科。它把数学、材料学、电磁学、光学和化学等相关学科巧妙地结合到以应力分析为目的的方法学研究上来，其内容是极其丰富的。应力分析技术的进步与基础科学的发展密切相关，特别是现代电子和计算机技术的快速发展，使实验应力分析这门学科如虎添翼，实验及数据处理方法发生着根本性的变化。这是一门综合性、实践性都非常强的学科。

　　著名科学家伽利略开创了通过实验研究强度问题的先河。他在建造船闸时遇到梁构件问题，通过实验观察提出了梁强度概念及理论计算公式（1638 年的《关于两门新学科的对话》），虽然该公式被烙上了深深的古典刚体力学烙印，现在看来有一些问题，但由于是基于实验的结果，它并不影响设计的可靠性。有趣的是他凭借错误公式得到的关于梁截面的一些结论却是完全正确的。这充分说明实验研究的重要性。但实验应力分析作为一门学科，伽利略的梁强度实验还算不上本学科的起源，其真正的起源可追溯到 1856 年开尔文（Kelwins）在铺设海底电缆的工程实践中发现的电阻-应变效应。

　　自电阻应变效应发现 80 年后，1938 年，E·西门斯（E. Simmons）和 A·鲁奇（A. Ruge）制出了第一批实用的纸基丝绕式电阻应变计。1953 年，P·杰克逊（P. Jackson）利用光刻技术首次制成了箔式应变计。随着微光刻技术的进展，目前这种应变计的栅长可短到 0.2mm。1954 年，C·S·史密斯（C. S. Smith）发现半导体材料的压阻效应。1957 年，W·P·梅森（W. P. Mason）等研制出半导体应变计。目前已有数万种用于不同环境和条件的各类应变计。有关的应变测量仪器也从过去笨重的、手动调节的电子体管仪器，发展为轻便的、晶体管乃至集成电路的程控测量设备。

　　电测方法的精度和在动态测量方面的优势也是其他方法无法与其比拟的，特别是当前的数据采集和虚拟仪器方面的不间断技术研究，使电测分析技术逐步实现了智能化，在试验应力分析方法中居主导地位。

　　光弹性实验方法是在工程实际中与电测技术并驾齐驱的另一传统应力分析方法。这种方法起源于布瑞斯特（Brewster）1816 年发现的透明非晶体材料的暂时双折射效应，和纽曼（F. Neumann）、麦克斯韦（J. C. Maxwell）在 19 世纪中叶（1841～1852）先后对透明介质在任意力系作用下的双折射理论研究建立的应变光性定律与应力光性定律。但由于当时缺乏适用光弹性试验材料，该技术的发展受到限制。1931 年柯克尔和费伦出版《光测弹性力学》，并提出了沿主应力迹线的应力分离法；1938 年赫腾尼发展了三维应力冻结技术，1939 年威勒发展了三维散光光弹性法。20 世纪

40～70 年代新型环氧树脂材料的问世，使光弹性方法研究进入鼎盛时期，发展成为一种成熟的试验方法，并在许多大型工程结构的应力分析中得到广泛应用。光弹性方法的最大优点是其全场性和直观性，适合多数结构物的模型试验。但它的实验准备和数据处理工作量非常大。

早在 1948 年，盖伯就提出了全息照相原理，但由于缺乏相干性好的光源，全息照相术未能真正得到发展。19 世纪 60 年代激光作为一种单色性和相干性极好的新光源的出现，使全息照相技术成为当时的新鲜事物，相片不再是静止不变的东西，人们通过全息底片可以看到活灵活现的三维物体。1962 年利恩利用激光器得到第一张全息图。1968 年富尔涅与哈万列用全息干涉法得到应力等和线，发展出全息光弹性方法。全息光弹性与普通光弹相结合可以使光弹性实验数据的分析工作大为简化。

虽然如此，20 世纪 80 年代以后快捷、经济的数值分析技术（如有限元方法、边界元方法等）的快速发展，给光弹性方法造成极大的冲击，似乎一度被人们所遗忘。而现代计算机图形技术和高级编程语言的发展可以说是又给光弹性方法发展带来了新的契机，专用的光测分析软件可大大减少试验分析的工作量，缩短研究周期。目前许多实验应力分析工作者都在这方面开展研究，相信在不久的将来，人们会迎来光弹性方法发展的又一个春天。

本教材内容分三大部分，共 17 章。第 1 篇（第 1～7 章）为电测法，系统介绍了电阻应变计、应变测量电路、应变测量记录仪器、静、动态应变测量和特殊条件下的应变测量以及应变计式传感器等；第 2 篇（第 8～14 章）为光弹性法，系统介绍了光弹性基本原理、平面及三维光弹性应力分析、模型浇注及材料性质、相似理论与模型设计、贴片光弹性法和全息光弹性法等；第 3 篇（第 15～17 章）为其他方法，系统介绍了云纹法、散斑法和数字图像相关法。本书还以附录形式编入主要应力分析方法的工程应用实例，以便参考。

作为力学、结构分析与安全专业的学生，继承优秀的实验应力分析方法，掌握他们的基本内容，以便把它们与现代科技相结合，赋予他们新的生命力，使其更加有效地为社会主义现代化建设服务，是我们义不容辞的责任。在学习这门课程时，同学要以理解和掌握方法原理为难点，以实践环节为重点，通过实践加深理解、提高认识。

本教材内容原以 64 学时课时要求而编写，2003 年 12 月完成初稿，根据教学使用情况，2007 年和 2012 年曾对教材内容进行了全面修订。根据新培养计划的学时要求（32 学时），本次修改对内容做了较大调整，课程实验也安排在课外（16 学时）。

由于技术的不断进步，虽然编者努力使教材内容能反映前沿技术，但却自感难以尽善尽美，不足之处在所难免，望读者在使用过程中多提宝贵意见，以便教材的不断完善。好在我们教学的目的旨在抛砖引玉，相信有兴趣的同学通过本课程学习，在掌握基本方法的前提下，再经日后的进一步探讨和扩展，定会对本学科的发展做出有益的贡献。

■ 目 录

第1篇 电 测 法

第 2 篇 光 弹 性 法

第1篇　电测法

应力分析的电阻应变测量方法，简称电测法，是使用由电阻应变计、电阻应变仪及记录仪器组成的测量系统测量构件表面应变，再根据应力应变关系确定构件表面应力状态的一种实验应力分析方法。本篇各章将逐步介绍电阻应变计、应变测量电路、电阻应变仪及记录器、静态应变测量、动态应变测量、特殊条件下的应变测量、应变计式传感器等内容。

该方法的主要优点是：测量精度高、测量范围广、应变计频率响应好，采取相应措施，可以进行高（低）温、高压液下、高速旋转及强磁场和辐射等特殊条件下的静态及动态应变测量；由于输出信号为电量，测量结果便于数码显示及计算机处理，也容易实现应变远距离非接触性遥测；还可用应变计制造各种传感器，用来测量力、压强、位移、加速度等非应变力学物理量。因此，电阻应变测量技术是实验应力分析实践中优先考虑、应用最多的一种手段。

该方法的主要缺点是：应变计一般只能测量构件表面上一些离散点的应变，获得的信息不是连续的。除混凝土、石膏构件（或模型）等可以设法预埋应变计进行内点应变测量外，对多数材料无法进行内点应变测量。

本部分内容学习要求：掌握应变计的各项性能及测定方法、应变计桥路设计，了解常用记录仪器的工作原理，熟悉各种条件下的应变测量及应变计式传感器的构造等。

第 1 章　电阻应变计

电阻应变计是应变电测方法中必不可少的基本元件，了解应变计的构造及特性，对于正确使用应变计进行应变测量是至关重要的。本章介绍金属丝的电阻应变效应、电阻应变计的构造、常见应变计类型、应变计各项性能指标及其测定方法。了解这些内容，对于合理使用应变计将有很大帮助。

■ 1.1　金属丝的应变灵敏度

实验表明，绝大部分金属丝在伸长（或缩短）时，其电阻值也会增大（或减小），这种电阻值随金属丝变形而发生变化的现象，称为电阻应变效应。图 1-1 所示为几种金属丝的电阻应变效应曲线。可以看到，多数金属都在一定范围之内保持电阻相对变化率与应变之间的线性变化关系，而且拉、压性能是一样的。

设一段长度为 L、初始电阻值为 R 的导体，在产生应变 $\varepsilon = \Delta L/L$ 时引起的电阻变化为 ΔR，则这种规律可用下式表示

$$\frac{\Delta R}{R} = k\varepsilon \qquad (1\text{-}1)$$

式中 k 为常数，其物理意义是单位应变所产生的电阻相对变化，标志金属丝电阻应变效应的显著程度，故称之为金属丝电阻相对变化率对应变的灵敏度，或简称为金属丝灵敏系数。

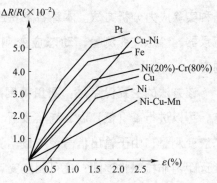

图 1-1　金属丝的电阻应变效应

对式(1-1)所表达的规律，我们可从理论上做如下解释。根据物理学，导体（如金属丝）的电阻是其长度 l、截面积 A 和电阻率 ρ 的函数，即

$$R = \rho \frac{l}{A} \qquad (1\text{-}2)$$

为求得电阻相对变化率（假定这种变化很小，可以看作微量），将上式两边取自然对数后再求微分，得

$$\frac{\mathrm{d}R}{R} = \frac{\mathrm{d}\rho}{\rho} + \frac{\mathrm{d}l}{l} - \frac{\mathrm{d}A}{A} \qquad (1\text{-}3)$$

式中 $\mathrm{d}A$ 表示导体长度变化时由于泊松效应造成的横截面积变化。无论导体横截面是圆

形、矩形或其他异型形状，由材料力学知识不难导得

$$\frac{dA}{A}=-2\mu\frac{dl}{l}$$

其中 dl/l 为导体的纵向应变，μ 为导体材料的泊松比。故代入式(1-3)加以整理，得

$$\frac{dR}{R}=\left[(1+2\mu)+\frac{d\rho}{\rho}\Big/\frac{dl}{l}\right]\frac{dl}{l}$$

对照式(1-1)，有

$$k=1+2\mu+\frac{d\rho}{\rho}\Big/\frac{dl}{l} \tag{1-4}$$

此式表明，导体（如金属丝）的电阻应变效应归咎于两方面原因，一是由 $1+2\mu$ 表达的几何尺寸的改变；二是电阻率也随应变发生了变化。这就从机理上对电阻应变效应做了一定的说明。进一步的研究表明，电阻率 ρ 的变化率与金属丝体积 V 的变化率之间呈线性关系，即

$$\frac{d\rho}{\rho}=m\frac{dV}{V} \tag{1-5}$$

其中 m 为常数，取决于材料及其加工工艺。在单向应力状态下，容易导出

$$\frac{dV}{V}=(1-2\mu)\varepsilon$$

这里 ε 为金属丝的轴向应变。因而

$$\frac{d\rho}{\rho}\Big/\frac{dl}{l}=\frac{d\rho}{\rho}\Big/\varepsilon=m(1-2\mu)$$

代入式(1-4)得

$$k=1+2\mu+m(1-2\mu) \tag{1-6}$$

上式表明，当材料确定时，k 只是金属丝材料泊松比 μ 的函数。一般金属材料在弹性应变范围内，$\mu_e\neq0.5$（角标 e 表示在弹性范围内），故 $m(1-2\mu_e)$ 一项对 k 值有贡献；而在塑性范围内，$\mu_p\approx0.5$（角标 p 表示在塑性范围内），故 $m(1-2\mu_p)\approx0$。所以一般来说，对同一材料的电阻丝，当变形由弹性范围进入塑性范围时，灵敏度是要改变的。对于不同的材料，在弹性变形范围内，当 $m>1$ 时，$k_e>2$（设 $\mu_e=0.3$），$m<1$ 时，$k_e<2$；而在塑性区域，各种材料的灵敏度 k 均接近于2。值得注意的是，对于康铜（Cu-Ni），$m=1$，因此 k 的表达式中不包含 μ，从而 $k_e=k_p=2$。上述解释与图1-1的实验结果是相符的。不过，实践表明 k 值与合金的成分、杂质、加工工艺以及热处理等有很大关系，故各种材料的灵敏度一般均需通过实验进行测定。一些常用应变计合金的应变灵敏度如表1-1所示。

常用应变计合金的应变灵敏度　　　　　　　　　　　　　　　表 1-1

材　　料	化学成分(%)	灵敏度 k
铜镍合金（康铜）	45Ni,55Cu	2.1
镍铬合金 V	80Ni,20Cr	2.1
等弹性合金	36Ni,8Cr,0.5Mo,55.5Fe	3.6
卡马镍铬高阻合金	74Ni,20Cr,3Al,3Fe	2.0
装甲钢 D	70Fe,20Cr,10Al	2.0
铂钨合金	92Pt,8W	4.0

铜镍合金具有较广的线性范围、较高的电阻率（$\rho = 0.49\mu\Omega \cdot m$）和良好的温度稳定性，有利于制作成具有较大电阻值的小尺寸应变计，通过按炉分选合金的温度特性还可以制造出适合不同结构材料的温度自补偿应变计。

等弹性合金具有更高的应变灵敏度和疲劳强度，便于在动态应变测量中应用。但它也有不利的一面，一是线性范围小，当应变大于 0.75% 时，其灵敏度大约从 3.6 降至 2.5，这会对实际测量的数据处理带来不便；二是它对温度变化尤为敏感，用它做成的应变计安装在钢试样上时，1℃温度变化会引起大约 $300 \sim 400\mu\varepsilon$ 的表观应变读数，因此在测量时温度必须稳定，或采取必要的温度补偿措施。

卡马镍铬高阻合金与铜镍合金一样可用来制造温度自补偿应变计，而且它的温度补偿范围更大，抗疲劳特性也比铜镍合金好。

其他合金，如镍铬V合金、装甲钢D和铂钨合金，主要用来制造特殊测量条件的专用应变计，如中、高温应变计，可以在 230 ~ 800℃进行应变测量。

■ 1.2 应变计的构造

由上节可知，用一段合金丝作为应变的敏感元件就可测量应变，这在理论上是可能的，但是为了防止电流过大产生发热及熔断等现象，要求金属丝有一定的长度以获得较大初始电阻值。电路上对电阻值要求有一个下限，约为 100Ω，若用直径为 0.025mm、电阻为 1000Ω/m 的合金丝制造一个 100Ω 的应变计，单根丝长应为 100mm。用这么长的合金丝来测量应变，得到的结果很难接近构件上"一点"的真实应变，必须尽可能缩短应变计的长度，人们是把合金丝制成栅状来解决的。以下介绍几种常见应变计类型。

1.2.1 丝绕式应变计

丝绕式应变计是最早出现的应变计种类。它由敏感栅、胶粘剂、基底、引线及覆盖层等 5 部分构成，如图 1-2(a) 所示。基底材料多为纸基，并以硝化纤维素系胶粘剂为制片胶。纸基丝绕式应变计使用温度范围是 -50 ~ 60℃，胶基丝绕应变计可用到 100℃。这种应变计耐潮湿性能差，要干燥保存；此外不易做得尺寸很小，一般不小于 2mm；横向效应（见 1.4 节）也较大。不过这种应变计容易安装、价格便宜，也适合在石膏、混凝土等非金属构件上应用，目前国内还有生产，但多数情况下已被箔式应变计代替。

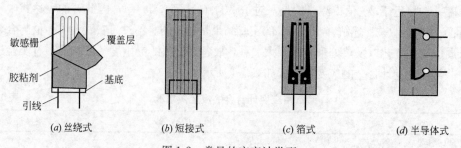

图 1-2 常见的应变计类型

1.2.2 短接式应变计

短接式应变计的构造如图 1-2(b) 所示。它把几条金属丝按一定间距平行拉紧，然后按栅长大小横向焊上较粗的镀银铜线，并在适当处切开若干断口，形成敏感栅和引出线，再粘上胶膜基底经加温固化而成。这种应变计横向效应很小（见 1.3 节），但由于敏感栅内部有焊点，存在应力集中现象，它的疲劳寿命一般较短。

1.2.3　箔式应变计

这种应变计是把合金扎制成厚 0.003～0.01mm 的箔材，经一定热处理后涂刷一层树脂（环氧、聚酯、聚酰亚胺等），经聚合处理后形成基底；然后在未涂树脂的一面用光刻腐蚀工艺得到敏感栅；最后再焊上引出线，在敏感栅一面涂一层保护膜即成。箔式应变计具有下列优点：尺寸准确，便于成批生产，制造工艺灵活、可以制成小栅长（可达 0.2mm）和特殊用途的应变计；散热性好，允许通过较大的电流，便于提高输出灵敏度；敏感栅横向部分的尺寸可设计得远大于纵向部分的尺寸，使单位长度电阻远远小于纵向栅丝的单位长度电阻，因而可以有效地减小应变计的横向效应系数；箔式应变计多为胶基或浸胶纸基，绝缘性、耐热性好，蠕变及机械滞后小，灵敏系数分散性也小。由于这些优点，在常温应变测量中，箔式应变计将逐渐取代丝绕式应变计。

1.2.4　半导体应变计

半导体应变计的外形如图 1-2(d) 所示。它的敏感栅只有一条，由硅、锗一类的半导体材料制成，最常用的是单晶硅。从单晶硅棒中沿晶向切取出窄而薄的小硅条（如 19mm×0.5mm×0.02mm），粘在胶膜基底上，装上引线即成。这种应变计的最大优点是灵敏系数大，比前三种应变计的灵敏系数大 50 倍以上。

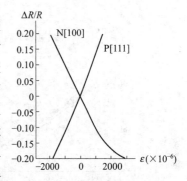

图 1-3　N 型及 P 型硅电阻变化率与应变之间的关系

普通金属栅应变计的电阻变化主要是由栅丝的几何尺寸变化引起的，电阻率随应变的变化并不大；而半导体应变计则恰恰相反，当它产生轴向应变时，电阻率会发生明显变化，从而造成电阻变化，这种现象称为压阻效应。所以它的工作原理是建立在压阻效应基础上的。压阻效应是否显著与晶向关系很大。譬如，P 型硅沿晶向方向压阻效应最大，而 N 型硅沿晶向［１００］方向压阻效应最大，而且是负的。图 1-3 表示了这两种硅元件电阻变化率与应变之间的关系。

设 E 为小硅条的轴向弹性模量，理论分析指出，硅条受到轴向应变 ε 时，电阻率的变化可由下式表示

$$\frac{\Delta\rho}{\rho}=\pi_{\mathrm{L}}E\varepsilon$$

其中 π_{L} 为压阻效应系数。将上式代入式(1-4)，得硅条的灵敏系数为

$$k=1+2\mu+\pi_{\mathrm{L}}E$$

由于硅条的压阻效应很大，以至于上式中的 $1+2\mu$ 可以忽略，由式(1-1)，有

$$\frac{\Delta R}{R}\approx\pi_{\mathrm{L}}E\varepsilon$$

令 $k'=\pi_{\mathrm{L}}E$，这就是半导体应变计的应变灵敏系数。

半导体应变计除了上面提到的突出优点：灵敏系数大之外，还有横向效应小和机械滞后小等优点。但目前的半导体应变计还存在一些明显的缺点。首先是它的电阻变化与应变

的关系只在很小的范围内（大约±500$\mu\varepsilon$）保持线性，而在此范围之外，拉、压时的灵敏性不同，见图1-4；其次，单晶硅掺杂浓度强烈影响着敏感元件的特性（比如电阻率可有上千倍的差异），因此掺杂不均匀使切出的硅条之间灵敏系数差异较大；半导体应变计的另一个缺点是温度稳定性差，灵敏系数随温度升高而减小（图1-5），本身的阻值随温度变化也很大（图1-6）；最后，由于同样应变水平下半导体应变计的电阻变化要比普通金属箔应变计大得多，如果仍使用普通金属箔应变计的测量线路，将出现明显的非线性（详见第2章）。这些就是这种应变计在工程应用中很少见的原因。

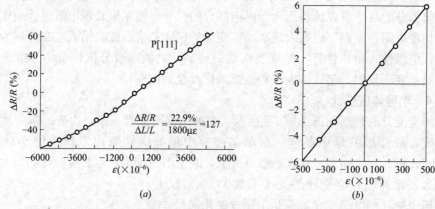

$$(a) \qquad\qquad (b)$$

图1-4 某种P型硅半导体应变计的 $\Delta R/R = f(\varepsilon)$ 曲线

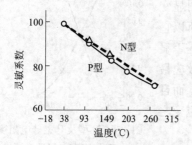

图1-5 灵敏系数与温度的关系
（在拉伸状态下测得）

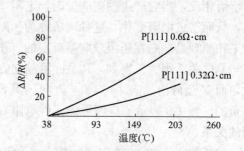

图1-6 不同电阻率P型硅条
的电阻随温度的变化

由此看来，半导体应变计还不可能取代价格比较便宜、测试设备日趋完善的金属箔应变计，而只能作为一种补充，在测量小变形（0.1～500$\mu\varepsilon$）、动态应变，以及灵敏度高的小型传感器中发挥其特长。当然，随着研究工作的深入，半导体应变计的缺点有望得到克服。

1.2.5 电阻应变花

将应变计按敏感栅个数及其相互位置来分，前面介绍的应变计均属于单轴应变计，只有一个敏感栅，用来测量敏感栅方向的应变。如果一个基底上沿不同方向安置多个敏感栅，可测量同一位置在不同方向的应变，这样的应变计称为多轴应变计，俗称应变花，如图1-7所示。

另外还有用于特殊测量目的的应变计，在以后章节中再逐步介绍。

(a) 双轴直角应变花　　(b) 三轴45°应变花　　(c) 三轴60°应变花　　(d) 四轴45°应变花

图 1-7　各种类型的电阻应变花

■ 1.3　应变计的灵敏系数

用合金丝材制作的应变计类似于合金丝的性能，在较大范围内，应变计的电阻相对变化率 $\Delta R/R$ 与其沿敏感栅轴向所产生的应变 ε_x 成正比，即

$$\frac{\Delta R}{R}=K\varepsilon_x \tag{1-7}$$

其中 K 为电阻应变计的灵敏系数。固定在构件上的应变计，其敏感栅的电阻变化不仅与敏感栅轴线方向的构件应变有关，而且与敏感栅形状、基底材料、胶粘剂、构件材料的性质以及测点应变状态都有关系，因此应变计的应变灵敏系数与上一节中合金丝的灵敏系数不同，必须通过实验的方法来确定。为了有一个统一的标准，应变计灵敏系数定义为应变计安装在材料泊松比为 0.285 的单向应力试样表面，并使敏感栅轴线方向与单向应力方向平行所测得的结果。应变计的灵敏系数一般由生产厂家抽样实验测定，这道工序称为应变计的"标定"。应变计的标定必须在符合上述定义的实验装置上进行。通常采用纯弯梁或等强度梁进行实验，这两种梁都保证在一段梁上应力和应变是均匀分布的。图 1-8 为纯弯梁实验装置。在梁的纯弯段内放置一个三点挠度计，由梁受弯后挠度计上的千分表读数 f 即可计算梁的真实轴向应变 ε_x。

$$\varepsilon_x=\frac{fh}{l^2+f^2+hf}\approx\frac{fh}{l^2} \tag{1-8}$$

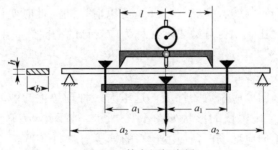

图 1-8　等弯矩标定梁

实验时一般选用精度较高、经过严格校准的电阻应变仪进行实验，将梁上的应变计作为工作应变计，和另一个补偿应变计按半桥接入应变仪，并把仪器灵敏系数置于 2.00，经过预调平衡后，加载并读取相应的应变读数 ε_d，应变计的电阻相对变化率

$$\frac{\Delta R}{R}=2\varepsilon_d$$

与式(1-7) 比较即可确定灵敏系数

$$K=\frac{\Delta R}{R}\bigg/\varepsilon_x=\frac{2\varepsilon_d}{\varepsilon_x} \qquad\qquad (1\text{-}9)$$

标定时要使梁产生的实际应变为 $\varepsilon_x\approx1000\mu\varepsilon$。规定一批应变计的抽样率为 1%（最少不少于 6 片），取其平均值作为同一批应变计的灵敏系数。

实际上，标定梁在产生纵向应变 ε_x 的同时，还要产生横向应变 $\varepsilon_y=-\mu\varepsilon_x$（$\mu$ 为标定梁材料的泊松比，通常调置为 0.285），以丝绕式应变计为例，如图 1-9 所示，敏感栅的弯头部分与直线部分感受的应变是不一样的。若直线部分感受的应变是 ε_x，则弯头部分感受的应变是逐点变化的，在 a 点为 ε_x，而在 b 点变到 $-\mu\varepsilon_x$，测量的结果是这两个方向应变作用的综合，也就是说，应变计灵敏系数 K 中已包含了标定梁横向应变的影响。因此，式 (1-7) 与式 (1-1) 在物理意义上有所不同。

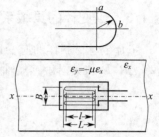

图 1-9　标定中的应变计

如果应变计是理想的转换元件，即它应该只对敏感栅栅长方向的应变敏感，而对其栅宽方向的应变是"绝对迟钝"的。可惜的是，各类应变计或多或少对栅宽方向的应变都有所反映，我们称之为应变计的横向效应。因此，在使用应变计时，必须明白两个问题：一是使用生产厂家提供的灵敏系数，被测构件处于单向应力状态且材料的泊松比与标定梁的泊松比相同，这种情况下的测量结果是准确的；二是构件材料泊松比与标定梁的不同或测点处于双向应力状态，测量结果都会受到应变计栅宽方向应变的影响，导致明显的测量误差，在要求测量精度高的情况下必须考虑修正。

由此看来，评价一种应变计的好坏，除由灵敏系数反映其灵敏度高低之外，还应该衡量其横向效应的大小。

■ 1.4　应变计的横向效应系数

应变计的横向效应系数用来表征应变计横向效应的大小，定义为用同一单向应变分别作用于同一应变计的栅宽与栅长方向（实际上可以取自同一批应变计中的两枚），前者与后者所得电阻变化率之比（用百分数表示）称为应变计的横向效应系数，用 H 表示，即

$$H=\frac{\Delta R_h/R}{\Delta R_l/R} \qquad\qquad (1\text{-}10)$$

为了说明应变计横向效应系数的性质，这里对一种理想化的敏感栅推导其 H 的公式。敏感栅的形状如图 1-10 所示。将两枚应变计互相垂直地安装在单向应变场内，应变计 1 的轴线与单向应变 ε_x 方向平行，应变计 2 的轴线方向与 ε_x 垂直。用 ζ 表示栅丝单位长度的电阻值，当 L 段与 t 段的材料或面积不同时，$\zeta_L\neq\zeta_t$。所有 L 段（设有 n 段）的总电阻 $R_L=nL\zeta_L$，全部 t 段的总电阻为 $R_t=(n-1)t\zeta_t$。由于栅丝很细，可以认为沿丝的横向的应变不引起丝的电阻变化。这样对于应变计 1，根据式 (1-1)，有

$$\Delta R_{L1}=R_Lk_L\varepsilon_x=nL\zeta_Lk_L\varepsilon_x,\Delta R_{t1}=0$$

同理，对于应变计 2，有

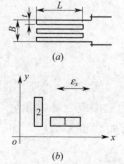

图 1-10　横向效应系数测定

$$\Delta R_{L2}=0, \Delta R_{t2}=R_t k_t \varepsilon_x=(n-1)t\zeta_t k_t \varepsilon_x=B\zeta_t k_t \varepsilon_x$$

其中：k_L 与 k_t 分别表示 L 段和 t 段丝材的应变灵敏度。于是，按定义（式(1-10)）计算这种应变计的横向效应系数 H，有

$$H=\frac{\Delta R_2/R}{\Delta R_1/R}=\frac{\Delta R_{L2}+\Delta R_{t2}}{\Delta R_{L1}+\Delta R_{t1}}=\frac{B}{nL}\frac{\zeta_t}{\zeta_L}\frac{k_t}{k_L} \tag{1-11}$$

类似的推导，也可得到图 1-2 所示丝绕式应变计的横向效应系数为

$$H=\frac{(n-1)\pi r}{2nl+(n-1)\pi r} \tag{1-12}$$

式中 r 为敏感栅半圆弯头的半径，l 为敏感栅直线部分的长度。

式(1-11) 和（1-12）都表明，敏感栅越狭长、栅越密，横向效应系数 H 就越小。式(1-11) 还表明，若使 $\zeta_t \ll \zeta_L$，则可有效地降低 H 值，短接式应变计就是根据这个原理设计制造的。实际上横向效应系数的理论推导结果与实验结果存在偏差，H 值一般均通过实验来测定。

横向效应系数实验装置如图 1-11 所示。它的顶部工作区（虚线以内）仅厚 6mm 左右，其余部分尺寸较大，显然，试件沿 x 方向较易变形，y 方向的刚度则较大，不易引起变形，可以做到 y 方向应变与 x 方向应变之比不超过 2/1000，因此可以把虚线以内的区域视为沿 x 方向的单向应变场。

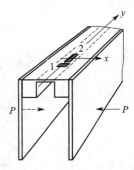

图 1-11　横向效应的测定

也可以利用板条状单向拉伸试样进行横向效应系数实验，因为单向拉伸试样的纵向应变为正值，而横向应变为负值，从纵向到横向必然存在零应变方向。沿零应变方向及与其相互垂直的方向粘贴应变计即可测定横向效应系数。假定板材的泊松比为 0.285，零应变方向与试样纵向之间的夹角约为 $\pm 62°$。也可以直接沿应力方向及其横向粘贴应变计测定横向效应系数，但计算公式会复杂些，读者可自行完成推导，这里不再赘述。

■ 1.5　横向效应的影响

本节讨论二向应力状态下的横向效应影响问题。

图 1-12(a) 为二向应变场。假定应变场是均匀的，主应变 ε_1、ε_2 方向分别与 x、y 轴方向一致。这里先考察丝绕式应变计，设应变计栅长方向与 x 轴夹角为 α，栅长方向应变

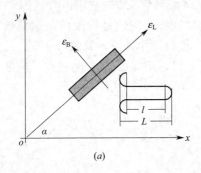

(a)

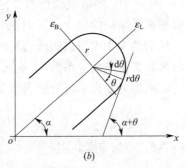

(b)

图 1-12　双向应变场中的丝绕式应变计

记为 ε_L，栅宽方向应变记为 ε_B。敏感栅的电阻变化可按直线部分和弯头部分分别考虑。前者仅由 ε_L 作用所致，后者则是由 ε_L 与 ε_B 的共同作用所致。直线部分的电阻变化为

$$\Delta R_1 = Rk\varepsilon_L = nl\zeta k\varepsilon_L$$

其中 ζ 为栅丝的单位长度电阻，n 为栅丝直线部分条数。为求弯头部分的电阻变化，我们考虑图 1-12(b) 所示弯头上任意点 B 处的微段 $r\mathrm{d}\theta$，它与 x 轴的夹角为 $\alpha+\theta$，由应变分析，该微段所承受的应变为

$$\varepsilon_{\alpha+\theta} = \frac{1}{2}(\varepsilon_1+\varepsilon_2) + \frac{1}{2}(\varepsilon_1-\varepsilon_2)\cos 2(\alpha+\theta)$$

故据式(1-1)，微段的电阻变化为 $\zeta kr\varepsilon_{\alpha+\theta}\mathrm{d}\theta$，整个半圆弯头的电阻变化可由 θ 从 0 到 π 的定积分求得

$$\int_0^\pi \zeta kr\varepsilon_{\alpha+\theta}\mathrm{d}\theta = \frac{1}{2}\zeta k\pi r(\varepsilon_1+\varepsilon_2) = \frac{1}{2}\zeta k\pi r(\varepsilon_L+\varepsilon_B)$$

(上式利用了弹性力学公式 $\varepsilon_1+\varepsilon_2 = \varepsilon_L+\varepsilon_B$)。因此，敏感栅所有半圆部分的总电阻变化为

$$\Delta R_r = \frac{1}{2}(n-1)\zeta k\pi r(\varepsilon_L+\varepsilon_B)$$

最后，可得到敏感栅的总电阻变化率

$$\frac{\Delta R}{R} = \frac{\Delta R_1 + \Delta R_r}{R} = \frac{\zeta k\left[nl\varepsilon_L + \dfrac{1}{2}(n-1)\pi r(\varepsilon_L+\varepsilon_B)\right]}{\zeta[nl+(n-1)\pi r]}$$

$$= \frac{nl+(n-1)\dfrac{\pi r}{2}}{nl+(n-1)\pi r}k\varepsilon_L + \frac{(n-1)\dfrac{\pi r}{2}}{nl+(n-1)\pi r}k\varepsilon_B$$

若令

$$K_L = \frac{nl+(n-1)\dfrac{\pi r}{2}}{nl+(n-1)\pi r}k, \quad K_B = \frac{(n-1)\dfrac{\pi r}{2}}{nl+(n-1)\pi r}k \tag{1-13}$$

于是可把应变计的电阻相对变化率表示为

$$\frac{\Delta R}{R} = K_L\varepsilon_L + K_B\varepsilon_B \tag{1-14}$$

这是一个重要的结论，它把敏感栅的电阻变化率看作是两部分的叠加，一部分是敏感栅仅受到 ε_L 作用（$\varepsilon_B = 0$）的电阻变化率，另一部分是敏感栅仅受到 ε_B 作用（$\varepsilon_L = 0$）的电阻变化率。根据灵敏系数的定义，我们把 K_L 和 K_B 分别称为应变计的轴向灵敏系数和横向灵敏系数。他们的大小仅与敏感栅的材料性质、形状和尺寸有关，见式(1-13)。

回头再来看看横向效应系数 H 的测定，见图 1-11，用式(1-14)的观点，应变计 1 和应变计 2 的电阻相对变化率可分别表示为

$$\frac{\Delta R_1}{R} = K_L\varepsilon_x, \quad \frac{\Delta R_2}{R} = K_B\varepsilon_x$$

由横向效应系数 H 的定义，得

$$H = \frac{K_B}{K_L} \tag{1-15}$$

即横向效应系数等于横向灵敏系数与轴向灵敏系数之比。可以验证，式（1-12）可由式（1-14）和式（1-13）得到。

利用式（1-15），可将式（1-14）写成

$$\frac{\Delta R}{R}=K_{\mathrm{L}}(1+\alpha H)\varepsilon_{\mathrm{L}} \tag{1-16}$$

其中，$\alpha=\varepsilon_{\mathrm{B}}/\varepsilon_{\mathrm{L}}$ 为沿横向与轴向的应变之比。它是由应变场与应变计安装位置决定的值。若令

$$K^*=K_{\mathrm{L}}(1+\alpha H) \tag{1-17}$$

则式（1-16）可写成

$$\frac{\Delta R}{R}=K^*\varepsilon_{\mathrm{L}} \tag{1-18}$$

此式与式（1-7）在形式上相同，但式（1-7）只是此式在一定条件下的结果。因此 K^* 才是一般意义下的灵敏系数。它表明，应变计对应变的灵敏度是有条件的，它除了取决于敏感栅的材料、形状等应变计自身因素外，还与测点应变状态特征及方位有关，即与比值 α 有关。

应变计生产厂给出的应变计灵敏系数，仅仅是 K^* 的一个特例，这时

$$\alpha=\frac{\varepsilon_{\mathrm{B}}}{\varepsilon_{\mathrm{L}}}=\frac{-\mu_0\varepsilon_x}{\varepsilon_x}=-\mu_0$$

而

$$K=K_{\mathrm{L}}(1-\mu_0 H) \tag{1-19}$$

μ_0 为标定梁材料的泊松比，见 1.3 节。

由此可见，如果应变计的使用状态与标定实验状态不同，它表现的灵敏系数也随之发生了变化。如果不顾这一差别，就要引入实验误差。造成误差的原因根本上还是归诸于应变计的横向效应。下面我们考察不顾这一差别时，图 1-12（a）所示之应变计所引入的测量误差。这时欲测应变是 ε_{L}，应变计的电阻变化由式（1-15）决定。而不顾横向效应影响，把仪器灵敏系数调至生产厂给出的应变计灵敏系数 K（由式（1-18）决定），设 ε_{d} 为应变读数，则有

$$\frac{\Delta R}{R}=K^*\varepsilon_{\mathrm{L}}=K\varepsilon_{\mathrm{d}}$$

由式（1-17）和式（1-19），得

$$\varepsilon_{\mathrm{d}}=\frac{1+\alpha H}{1-\mu_0 H}\varepsilon_{\mathrm{L}} \tag{1-20}$$

应变测量的相对误差为

$$e=\frac{\varepsilon_{\mathrm{d}}-\varepsilon_{\mathrm{L}}}{\varepsilon_{\mathrm{L}}}=\frac{1+\alpha H}{1-\mu_0 H}-1=\frac{(\alpha+\mu_0)H}{1-\mu_0 H}$$

由此看出，误差的根源在于应变计的横向效应。如果 $H=0$，则 $e=0$。如果 $H\neq 0$，只要应变计的使用条件与标定时相同，即 $\alpha=-\mu_0$，也有 $e=0$。除此之外，误差总是存在的，并且误差 e 是 α 的线性函数（对于特定应变计，μ_0 和 H 是定值）。

计算表明：如果测点是单向应力状态，而且 $\alpha=-\mu$（μ 为构件材料泊松比），即沿应力方向粘贴应变计，即使 $\mu\neq\mu_0$，造成的误差也不大。比如应变计的横向效应系数 $H=$

5%，标定梁材料泊松比 $\mu_0 = 0.285$，则在钢（$\mu = 0.28$）、铸铁（$\mu = 0.24$）、铜（$\mu = 0.34$）、有机玻璃（$\mu = 0.40$）、混凝土（$\mu = 0.17$）和橡胶（$\mu = 0.47$）等材料的构件上使用时，读数误差均小于 1%，完全符合工程要求；但当 $\alpha \neq -\mu$ 的情况要注意，比如测量单向应力状态的横向应变，这时 $\alpha = -1/\mu$，对上述材料，误差大约在 10%～30%，这样大的误差是无法接受的。由此看来，横向效应影响的修正还是很有必要的。

对横向效应影响进行修正，需要有相互垂直粘贴的两片应变计，如在图 1-12(a) 中沿 ε_L 方向的应变计为应变计 1，再沿 ε_B 方向垂直粘贴应变计 2，则由式(1-20) 可变换得两应变计的应变读数为（仪器灵敏系数置为生产厂标定的应变计灵敏系数）

$$\varepsilon_{d1} = \frac{1}{1-\mu_0 H}(\varepsilon_L + H\varepsilon_B), \varepsilon_{d2} = \frac{1}{1-\mu_0 H}(\varepsilon_B + H\varepsilon_L)$$

由此解得

$$\varepsilon_L = \frac{1-\mu_0 H}{1-H^2}(\varepsilon_{d1} - H\varepsilon_{d2})$$

$$\varepsilon_B = \frac{1-\mu_0 H}{1-H^2}(\varepsilon_{d2} - H\varepsilon_{d1}) \tag{1-21}$$

这就是二向应变状态的横向效应修正公式。

■ 1.6 应变计的工作特性

应变计的工作特性是根据测量目的选择应变计的重要依据。常温应变计的工作特性有电阻、灵敏系数、机械滞后、蠕变、绝缘电阻、应变极限、横向效应和疲劳寿命等 8 项指标。下面就各项指标的概念做一简要说明。

1.6.1 电阻值

指应变计未经安装，也不受外力，在室温下测量得到的电阻值。我国生产的应变计，名义电阻一般取为 120Ω（也有 60Ω、250Ω、380Ω、500Ω、1000Ω 等，用于其他目的）。生产厂要对应变计的阻值进行逐一测量，并按阻值分装成包，在包装上注明平均阻值及最大偏差。

1.6.2 灵敏系数

前面已经详细介绍了应变计的灵敏系数，这里不再重复其概念。生产厂要于包装盒上注明经抽样测定的灵敏系数和标准偏差。它是应变计使用时的重要依据。

1.6.3 机械滞后

在温度不变的情况下，对安装有应变计的试样逐级加载到规定应变水平，（一般为 $1000\mu\varepsilon$）然后再逐级卸载时，在同一应变水平下，两个过程的指示应变存在差异，各级应变水平下的最大差值定义为这批应变计的机械滞后量。指示应变即应变读数，可用经过校准的应变仪测得。机械滞后总是存在的，但试样经过反复加卸载数次后，机械滞后会明显减小并趋于稳定。因此，在使用应变计正式测量以前，最好以设计载荷（或稍大一些）对试样或构件预加载几次，以减小机械滞后的影响。

1.6.4 蠕变

在温度不变的情况下，使安装有应变计的试样产生某恒定应变值，应变计的指示应变将随时间呈下降趋势，此现象称为应变计的蠕变，一般用速率为多少 $\mu\varepsilon/h$ 来表示。蠕变现象就应变计本身而言是与其基底材料有关的，但粘贴在构件上的应变计，其蠕变还与胶粘剂的性能、固化程度以及粘贴时间长短都有关系，是一个综合作用效果。例如，用502快干胶粘贴的应变计一般在半年之后，蠕变现象会日趋严重，以至于无法传递构件上的应变进行测量。

1.6.5　绝缘电阻

指应变计引出线与安装应变计的构件之间的电阻值。它由低压（30～100V）兆欧表进行测量。使用应变计时，这个电阻值往往作为粘结层固化程度和是否受潮的标志。

1.6.6　极限应变

保持温度不变，不断增加试样的应变，当应变计的指示应变与试件实际应变的相对误差达到某规定值（如1%）时，对应的试样应变为应变计的极限应变。在一批应变计中按一定百分率抽样试验，取最小的极限应变作为该批应变计的极限应变。

1.6.7　横向效应系数

前面也详细介绍了横向效应系数，这里不再重复。

1.6.8　疲劳寿命

已安装的应变计，在一定幅度的交变应变作用下，不发生机械或电气破坏、指示应变与真实应变的误差也不超过某一规定数值的极限应变循环次数，为该应变计的疲劳寿命。与极限应变类似，一批应变计的疲劳寿命也应取按规定百分率抽样实验所得结果的最小值。静态实验不需要这项指标。

应变计包装盒上都应表明产品的质量等级（A、B、C级），按上述指标分级的标准如表1-2所示，可以在购买应变计时作为参考。表中八项指标中，除电阻值外，都是对已安装应变计而言的，实际使用某种等级应变计时能否达到这些指标，很大程度上取决于应变计的安装质量。

常温应变计工作特性的质量等级　　　　　　　　　　表1-2

工作特性	说　明	质量等级		
		A	B	C
电阻值	对标称值的偏差（%）	1	3	6
	对平均值的公差（%）	0.2	0.4	0.8
灵敏系数	对平均值的标准差（%）	1	2	3
机械滞后	室温下（$\mu\varepsilon$）	5	10	20
蠕变	室温下（$\mu\varepsilon/h$）	5	15	25
应变极限	室温下（$\mu\varepsilon$）	10000	8000	6000
绝缘电阻	室温下（MΩ）	1000	500	500
横向效应系数	（%）	1	2	4
疲劳寿命	循环次数	10^7	10^6	10^5

■ 1.7　常温胶粘剂

常温应变计是通过胶粘剂（俗称应变胶）粘贴到构件表面上的。在测量中，构件表面的应变是通过粘结层和应变计基底传递给敏感栅的，所以根据应变计类型选择适当的应变胶，对提高应变计的粘贴质量也是至关重要的。

应变计胶粘剂要满足一定的要求，理想的胶粘剂在固化后要有较强的粘结力、抗剪切强度高、蠕变小、受温度及湿度影响小、热膨胀系数与构件相近、对应变计基底及敏感栅无腐蚀作用、绝缘电阻大；此外还要工艺性好，易涂刷、固化速度适当等。

这里列出常温应变计的常用胶粘剂，如表 1-3 所示。

粘贴常温应变计的常用胶粘剂　　　　　　　　　　　　　　表 1-3

序号	类　型	主要成分	牌号	适用应变计	最低固化条件	固化压力 (N/cm²)	使用温度 (℃)
1	硝化纤维素胶粘剂	硝化纤维、溶剂	—	纸基底	室温:10h, 或 60℃:2h	5～10	−50～+60
2	氰基丙烯酸酯胶粘剂	氰基丙烯酸酯	KH501 KH502	纸、胶、玻璃纤维布基底	室温:1h	粘贴时指压	−50～+60
3	环氧树脂类胶粘剂	环氧树脂、邻苯二甲酸二丁酯、乙二胺	—	胶、玻璃纤维布基底	常温固化	10	−50～100
		环氧树脂、胺类固化剂	914		室温:2.5h	粘贴时指压	−60～80
4	酚醛树脂类胶粘剂	酚醛树脂、聚乙烯醇缩丁醛	JSF-2	酚醛胶、玻璃纤维布基底	150℃:1h	10～20	−60～150
5	氯仿胶粘剂	氯仿(三氯甲烷)、有机玻璃粉末	—	玻璃纤维布基底(粘贴于有机玻璃试件)	室温:3h	粘贴时指压	

按照固化方式，可把应变胶分为溶剂型和化学反应型两类。前者靠溶剂挥发，剩下胶结剂而固化，表中 1、5 两种胶均属此类型；后者是借单体在一定条件下产生的聚合反应而由液体变为固体的，如表中其他三种胶。

硝化纤维素胶粘剂是早期使用的应变胶，以丙酮—硝化纤维素（赛璐珞）为代表。它价格低廉，使用方便，因此曾广泛用于粘贴纸基应变计。但由于这种胶中溶剂（丙酮）占 85%，溶质（赛璐珞）只占 15%，固化时有大量溶剂挥发，胶层体积收缩，将使应变计敏感栅受到压缩而产生残余应力；它的另一个缺点是容易吸潮。

氰基丙烯酸酯胶粘剂是目前应用很广泛的品种。这种胶无须加压、加温，仅靠自然吸收空气中的微量水分，即可在常温下短时间内产生聚合反应而固化，初步固化仅在须臾之间，因而称为快干胶。使用时只需加一定指压即可。这种胶在现场测试、任务紧急的情况下具有明显优势。但这种胶缺点是不易保存，应在暗处 10℃ 以下密封贮存，且不超过半年。这种胶的耐潮性能稍好于硝化纤维素胶粘剂，但也必须采取防潮措施，未经防潮处理，一般半年以上粘贴的应变计就不能正常使用了；它的另一个缺点是固化速度过快，不易操作，因此要求有熟练的操作技巧。KH501 固化速度稍慢，但粘结强度高，而 KH502 固化速度较快，但粘结强度稍低。

环氧树脂类胶粘剂是一种通用性很强的胶。用它做应变胶，粘结力强，能承受较大的应变，抗湿性、绝缘性好，固化时因无挥发物因而收缩量小，不致造成应变计的残余应力。这种胶是二液性（双组分）的，胶体是环氧树脂，可长期保存，使用时需加入固化剂，方能产生聚合反应而固化。配置环氧胶常用的环氧树脂为浅黄色至琥珀色的透明黏稠液体（遇热变稀），适用的牌号为 E-42（634）、E-44（6101）、E-51（618）等。加入胺类固化剂时，将产生放热反应，释放出热量，因而可在室温下固化。环氧胶的配方很多，但都应严格遵守各种材料的配比，尤其是使用胺类固化剂时更应注意。表 1-2 所载常温固化环氧胶的配比为：

环氧树脂：　　　　　　　　　　100g。

邻苯二甲酸二丁酯（增塑剂）：　　20g。

乙二胺（固化剂）：　　　　　　　6～7g。

环氧树脂胶要现用现配。配制时，先用天平称好环氧树脂重量，盛于烧杯等敞口容器中，加热至流态；加入增塑剂搅拌均匀，再加入固化剂并迅速将烧杯浸入冷水中散热。然后用玻璃棒沿一个方向搅拌，使混合物由黏度很大变为黄色半流体即可使用。由于乙二胺加入后与环氧树脂发生放热反应，初期15分钟内可达70～80℃，故使用中烧杯还要置于冷水中降温，否则就会使一部分尚未反应的乙二胺急剧反应而产生大量气泡，环氧树脂也随之变为多孔固体。

表1-2中的另一种环氧胶914是新型室温快速固化胶粘剂。它将树脂（A）和固化剂（B）两个组分分装在两个锡管中，使用时按重量比6（A）：1（B）或体积比5（A）：1（B）混合均匀，在几分钟内用完，在室温下3～5小时即可固化。

酚醛树脂类胶粘剂需要加热才能产生聚合反应，而且反应中有水产生。水受热会汽化，为了避免水汽不能完全逸出而在胶层中生成气泡，这种聚合过程需要对应变计施加适当压力。由于要加温、加压进行固化，这种胶使用不太方便，一般用于传感器的应变计粘贴。有些胶基应变计的基底材料为酚醛树脂，如用这种胶粘贴应变计有利于发挥应变计的性能。

氯仿是可以溶化有机玻璃的溶剂，加入少量有机玻璃粉末，可以适当增加其黏稠度成为氯仿胶粘剂，它只适合在有机玻璃上粘贴玻璃纤维布基底或纸基应变计，应变计粘贴后，粘结层中的少量氯仿会立即溶化有机玻璃表面并在短时间内挥发而固化，固化速度与氰基丙烯酸酯胶粘剂接近。

上述胶粘接剂用于常温应变测量的应变及粘结，对于特殊应变计的粘结，将在以后各章节中专门予以介绍。

■ 1.8　应变计的粘贴

应变计的粘贴是非常细致，也是非常重要的环节。把应变计粘贴好，可以说整个测量工作就接近尾声了。这里以常温固化的应变胶为例介绍应变计的粘贴步骤。

1.8.1　检查、分选应变计

用放大镜检查应变计的外观，剔除那些敏感栅有形状缺陷，片内有气泡、霉变或锈点等的应变计。再用万用表逐一测量剩下的应变计阻值，并按阻值选配，使每组的阻值差异不超过 0.5Ω 或更小，因应变仪的平衡范围有限，大于这个差值将无法在一起使用。

1.8.2　构件测点表面处理

构件表面需事先进行处理，干净光滑的表面只需用中粒度砂纸沿与贴片方向成 $\pm45°$ 交叉打出纹路，这样便于加强胶层附着，提高粘贴强度；不光滑、不干净的表面，应先用手提砂轮机、刮刀或锉刀等工具平整，除去油漆、电镀层、氧化皮、锈斑等，油污可用甲苯、四氯化碳、汽油等清洗，最后与光滑表面一样用砂纸打出纹路。如果不是立即粘贴应变计，可在构件表面涂一层凡士林暂作保护，等粘贴时再清除。

1.8.3　粘贴应变计

用脱脂棉球蘸丙酮等挥发性溶剂少许清洗测点表面，以清除油脂、灰尘等，反复擦拭直至棉球上无污迹为止，然后用干棉球擦净表面。禁止用手触摸或口吹已处理好的表面，因为这样容易使测点表面生锈。稍停几分钟，等表面溶剂彻底挥发后方可粘贴应变计，溶剂若不彻底挥发，将使测点表面略带酸性，影响胶的粘结力。

粘贴应变计的胶层越薄而均匀，粘贴强度越高。

使用硝化纤维素应变胶时，先用小排笔在测点面上薄薄涂一层胶，将应变计放上，用尖嘴镊子轻轻找正方位，然后盖上一层聚乙烯薄膜（或玻璃纸），用手指沿应变计粘贴方向轻轻滚压（不得加扭力）挤出多余胶水，使胶层薄而均匀（可根据应变计表面颜色是否均匀来判断），然后再检查一下应变计方位，调整后用拇指垂直于测点面加压数分钟使气泡完全排出即可。最后从引出线一端沿测点面撕掉薄膜即告完成。

使用501、502胶粘剂时，用半干酒精棉球擦一下应变计底面，以防曾用手触摸使基底存有汗渍。待酒精完全挥发后，用尖头无齿小弹力镊子平夹应变计引出线一端（注意不得用力过大损伤敏感栅），用手捏直应变计引出线并使其稍弯向非粘贴面一方，即便粘贴。再使应变计粘贴面向上，在另一端滴上一小滴胶液（注意不能涂到镊子上），然后翻转应变计，把握好贴片方向和测点位置，将应变计置于测点，靠胶液自身的流浸性使测点面与应变计粘贴面都浸均胶水，用镊子迅速找正应变计方位，然后在应变计上垫一层聚乙烯薄膜，用中指轻按非引出线一端并平稳向引出线一端轻轻滚压，挤出多余胶水。去掉薄膜，迅速检查并纠正应变计方位，再垫上薄膜用拇指垂直于测点面施压3～5min即可。

如果应变计粘贴效果不佳，如有气泡、方位误差太大或由于不小心使应变计损坏等，有必要重贴新的应变计，这时一定要重新清洁处理好测点表面。

1.8.4　固化

硝化纤维素胶靠自然干燥使溶剂挥发即可固化。为了促进这一过程，可在自然干燥几小时后，用红外线灯照射（避免直接照射应变计），将贴片区加热到60～70℃，几小时后即可测量。有曲率的表面，在固化过程中要对应变计加一些压力，以免应变计翘起。加压时垫一层玻璃纸和橡胶等柔软材料。501、502胶靠空气中的少量水分产生聚合反应而固化，无须加热加压，半小时后即基本固化。

1.8.5　检查

检查应变计外观，并对其电阻值和绝缘电阻进行测量，应变计粘贴后，其阻值应无明显变化。绝缘电阻是应变胶固化程度的标志，胶层完全固化，绝缘电阻可达上万兆欧。一般的测量要求绝缘电阻不小于100MΩ，动态测量时间一般不长，绝缘电阻有几十MΩ即可。环境恶劣而且测量时间长，绝缘电阻要达到几千MΩ。外观检查可用应变仪进行，将应变计接到应变仪，调整好零点，用橡皮压应变计表面，注意示值的反应，如果压后示值不能恢复，说明应变计未能完全粘牢，应刮掉重贴。

1.8.6　连接固定导线

导线连接可在胶粘剂固化过程中进行。这也是非常细致的工作。应变计引出线一般也会被粘到构件表面，注意用镊子轻轻拉离，用力过大、过急都容易使引出线损坏或使焊点脱离而前功尽弃。在应变计与导线之间最好通过接线端子进行连接。接线端子要在贴片时同时粘贴。导线也必须固定（动态测量时，构件上的导线必须完全固定），以免在拉动时损坏应变计。应变计引出线、导线与端子的连接用锡焊，锡焊时端子的焊点处应用砂纸砂掉保护层，使用松香或焊油给焊点处及线头处挂锡，然后焊接，注意引出线应弯曲，不可拉得太紧。使用焊油时还必须在焊完后将残留的焊油用酒精棉球清理干净，以免影响导线间的绝缘，造成测量时的不稳定。焊好的应变计要用万用表或应变仪检查是否存在不通或不稳定等问题。出现问题要查明原因，立即解决。应变计的连接如图 1-13 所示。

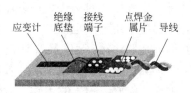

图 1-13 应变计连线的焊接与固定

■ 1.9 应变计的防护

在实际测量中，应变计可能处于多种环境之中，外界的有害因素，如水、蒸汽、机油等，都会对应变计起破坏作用。胶层和基底吸收水分后，会造成电学性能变坏、应变传递能力降低而使指示应变漂移，反复受潮还会造成应变计自行脱落。因此要根据需要对应变计采取一定的防护措施，使其与外界有害因素隔离，有时还需要兼有一定的机械保护作用。

用硝化纤维素胶粘贴的纸基应变计最容易受潮，若不是粘贴好以后短时间内立即使用，一般都需要采取防潮措施。胶基应变计防潮性能好，若使用环氧树脂类胶进行粘贴，在使用环境不太恶劣、非长期使用时，可以不采取防潮措施。机油不影响应变计的绝缘性能，但改变基底与胶层的物理性能，降低粘着力，故也应防护。

应变计的防护工作要在应变计粘贴好并检查一切性能符合要求的情况下进行。为了提高绝缘电阻，防护前应变计应经过红外灯烘烤。经验告诉我们，硝化纤维素在经烘烤后的短时间内吸潮速度特别快，所以防护工作要及时进行。特别是室外作业，应变计应及时烘烤，及时防护，千万不可过夜。

应变计的防护方法取决于其工作条件、工作期限及要求的测量精度，实验力学工作者在实践中摸索出许多防护方法，下面介绍几种有效的方法：

静态实验、条件不太恶劣时，简单的方法是将构件加热到 60℃ 左右，在应变粘贴区域涂一层约 2.5mm 厚的石蜡，如此防护的应变计可在 5~80℃ 条件下工作（低于 5℃ 石蜡会变脆而开裂，高于 80℃ 石蜡开始熔化），并可承受很高的湿度甚至浸水。使用这种方法，为了保护防护层不被碰坏，还可在防护层外面包一层绝缘胶带。

用医用纯凡士林进行防护也是一种简单易行的方法。将凡士林加热熔化，升温过程中去掉水分，冷却后即可使用。凡士林防水耐潮性能很好，对应变计及胶层无腐蚀作用。它的缺点是容易被剥掉，熔点低（55℃ 左右），所以只适用于短时间使用和不需要机械保护的防护。

还有一种防潮剂，配方（重量比）为

石蜡：松香：凡士林：机油＝45：7：15：10

它与纯石蜡相比，涂布性较好，不易开裂。但它质地较软，易被刮掉；另外它溶于机油，不适合对机油进行防护。

703、704、705 硅橡胶也是使用很方便的防护材料，它盛藏于锡管中，用时挤出涂到应变计粘贴面上，胶液有一定流动性，涂敷范围可小于预定防护面，让其自然扩大面积。室温下 4 小时防护层可基本定形，12~24 小时完全固化。固化后的胶层柔软而有弹性，并有一定强度，对构件表面基本没有加强作用。这种胶防潮、防老化、电绝缘性能都很好，温度适用范围也较广（在200℃仍有很好的粘附性），可以用作长期防护。703强度最好但不透明，705强度最差但透明，可以根据需要适当选择。

环氧树脂类胶粘剂也是具有很好防潮、防水和防油功能的防护材料，它附着强度高，抗破坏性能好，但不够柔软，对构件表面有一定加强作用，不适于小尺寸构件上应变计的防护。

有人还采用复合防护层的办法，先用凡士林涂一层，再用面积大于凡士林防护层的纱布浸透环氧树脂胶粘剂覆盖两层。这种方法比单纯用树脂防护更为理想，适合长期防护，但操作较为复杂。

习　题

[1-1]　如果将应变计安装在等强度梁上（沿纵向）测定灵敏系数，用一只百分表测量梁自由端挠度，设固定端处的截面宽度为 b，高度为 h，将应变仪灵敏系数 $k_{仪}$ 设为 2.00，在一定砝码力作用下测得的应变读数为 ε_d，测得自由端挠度为 f，试给出应变计灵敏系数计算公式。

[1-2]　将同一批出厂的两枚应变计粘贴在板状单向拉伸试样上测定其横向效应系数，应变计 1 沿零应变方向粘贴，应变计 2 垂直于零应变方向，设材料的泊松比为 0.3，试确定零应变方向，设在弹性范围内一定轴拉力作用下测得两应变计的应变读数分别为 ε_1、ε_2，给出横向效应 H 的计算公式。

[1-3]　将同一批出厂的两枚应变计 1、2 分别沿纵向和横向粘贴在等强度梁上，设材料的泊松比为 μ，应变计 1、2 在弹性范围内的一定自由端砝码力作用下，应变读数分别为 ε_{d1}、ε_{d2}，试导出横向效应 H 的计算公式。

第 2 章　应变测量电路

由第 1 章可知，应变计在受到应变作用时，它的电阻值要发生变化。把应变计接入某种测量电路，使电路输出一个能模拟这个电阻变化的信号，之后对这个电信号进行处理就可以测定应变。常规应变测量使用电阻应变仪，它的输入回路叫作应变电桥，应变电桥能把应变计的微小阻值变化转换成输出电压的变化。本章主要讲述应变电桥的有关理论，另外一种测量电路——电位计式电路，也将在本章结尾作以简要介绍。

■ 2.1　直流电桥

电阻应变仪中的电桥线路如图 2-1 所示。它以应变计或固定电阻作为桥臂，可取 R_1 为应变计，或 R_1、R_2 为应变计，亦或 R_1、R_2、R_3、R_4 均为应变计等多种形式，其余桥臂接入电阻温度系数很小的精密无感电阻。A、C 和 B、D 分别称为电桥的输入端和输出端（或电源端和测量端）。下面推导输入端有一定电压时，输出电压的表达式。应变电桥一般采用交流电源，这时桥臂不能看作纯阻性的，推导起来比较复杂。为简单起见，不妨假定图中电桥的电源为直流，它们得到的结果是相同的。

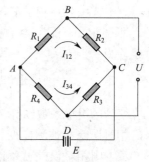

图 2-1　直流电压桥

先讨论输出端为开路的情况，这种情况虽然简单，却很有意义。因为应变电桥的输出端总要接到放大器，放大器的阻抗很大，可以近似认为电桥输出端为开路。在电桥设计中，这种电桥称为电压桥。这样，问题就变为求 B、D 两点间的电位差。

设桥压为 E，把通过 R_1、R_2 的电流记作 I_{12}，通过 R_4、R_3 的电流记作 I_{43}，则

$$I_{12} = \frac{E}{R_1 + R_2}, \quad I_{43} = \frac{E}{R_3 + R_4}$$

于是可得到 A、B 两点及 A、D 两点之间的压降分别为

$$U_{AB} = I_{12} R_1 = \frac{E R_1}{R_1 + R_2}, \quad U_{AD} = I_{43} R_4 = \frac{E R_4}{R_3 + R_4}$$

电桥的输出电压 U 等价于 B、D 两点之间的电位差，即

$$U = U_{BD} = U_{AB} - U_{AD}$$

由此得到

$$U = \frac{R_1 R_3 - R_2 R_4}{(R_1 + R_2)(R_3 + R_4)} E \tag{2-1}$$

当 $R_1 R_3 = R_2 R_4$，电压 $U = 0$，这时电桥是平衡的。假定电桥在应变计承受应变以前是平衡的，现在来研究当应变计承受应变时电桥的输出电压增量 dU。由于应变计的电阻变化相对于其初始阻值来说可以看作微量，因此这里可用微分学方法进行研究。

假定桥臂电阻 $R_i(i=1,2,3,4)$ 产生了电阻变化 dR_i，由式(2-1)，有

$$dU = \sum_{i=1}^{4} \frac{\partial U}{\partial R_i} dR_i = E \left[\frac{R_2 dR_1}{(R_1+R_2)^2} - \frac{R_1 dR_2}{(R_1+R_2)^2} + \frac{R_4 dR_1}{(R_3+R_4)^2} - \frac{R_3 dR_1}{(R_3+R_4)^2} \right]$$

应变仪的使用一般采用两种电桥，一种是等臂桥，即各桥臂的电阻相等，另一种是半等臂桥，即 $R_1=R_2=R'$ 和 $R_3=R_4=R''$，而 $R' \neq R''$。因此

$$dU = \frac{E}{4} \left(\frac{dR_1}{R_1} - \frac{dR_2}{R_2} + \frac{dR_3}{R_3} - \frac{dR_4}{R_4} \right) \tag{2-2}$$

事实上，按增量严格推导得到的结果表明，输出电压还存在非线性项，即

$$\Delta U = \frac{E}{4} \left(\frac{\Delta R_1}{R_1} - \frac{\Delta R_2}{R_2} + \frac{\Delta R_3}{R_3} - \frac{\Delta R_4}{R_4} \right) (1-\eta) \tag{2-3}$$

其中

$$\eta = \left[1 + 2 \left(\frac{\Delta R_1}{R_1} + \frac{\Delta R_2}{R_2} + \frac{\Delta R_3}{R_3} + \frac{\Delta R_4}{R_4} \right)^{-1} \right]^{-1} \tag{2-4}$$

称为非线性因子。也就是说，实际上电桥的输出包括线性部分和非线性部分，但只要被测应变小于 $5000\mu\varepsilon$，非线性影响很小，可以忽略。特别情况下，如果相邻桥臂的电阻变化异号，上式中各项相抵消，更可使非线性误差减小。不妨研究一下最坏的情况——单臂测量，即只有一个桥臂接有应变计（如 R_1），其余三个桥臂电阻不变。此时非线性引起的相对误差为

$$e = \left| \frac{dU - \Delta U}{\Delta U} \right| = \left| \frac{\eta}{1-\eta} \right| = \frac{1}{2} \left| \frac{\Delta R_1}{R_1} \right| = \frac{1}{2} K |\varepsilon_1|$$

当应变计的灵敏系数约等于 2，则 $e \approx |\varepsilon_1|$。这表明忽略式(2-3)中的非线性部分所引入的相对误差与被测应变相当。那么，当被测应变不超过 $\pm 5000\mu\varepsilon$，则相对误差就不超过 5%，这是满足工程上的精度要求的。由此可见，一般情况下只取式(2-3)的线性部分，即按式(2-2)分析应变电桥的输出电压是足够精确的。

以上讨论的是电压桥，其电桥输出为开路情况。如果输出端为限负载，如图 2-2 所示，在输出端接有负载电阻 R_L。当开关断开时，电桥的输出电压（开路电压）仍如式(2-1)所示，但当开关闭合时，负载电阻中将有电流 I_L 流过，电桥的输出电压也不再是由式(2-1)表示的结果。由电工学可知，这时流过负载的电流和电桥的输出电压分别为

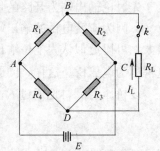

图 2-2　负载电阻的影响

$$I_L = \frac{R_1 R_3 - R_2 R_4}{R_L(R_1+R_2)(R_3+R_4) + R_1 R_2(R_3+R_4) + R_3 R_4(R_1+R_2)} E \tag{2-5}$$

和

$$U_L = \frac{R_1 R_3 - R_2 R_4}{(R_1+R_2)(R_3+R_4) + [R_1 R_2(R_3+R_4) + R_3 R_4(R_1+R_2)]/R_L} E \tag{2-6}$$

从式(2-5)、式(2-6)可以看出，当 $R_1 R_3 = R_2 R_4$ 时，$I_L = 0$，$U_L = 0$，电桥是平衡的。平衡条件与电压桥完全相同。但电桥的输出电流和电压与负载电阻 R_L 有关，当 $R_L \to \infty$ 时，输出电压最大，电流为零，即成为电压桥。

有些应变仪为了使电桥功率能有效输出，选择适当的负载电阻，使电桥功率输出最

大，这种电桥称为功率桥。由电工学知，电桥的输出功率为 $W_L = I_L^2 R_L$，利用极值条件 $\partial W_L / \partial R_L = 0$，可导出使电桥输出功率最大的负载电阻值为

$$R_L = \frac{R_1 R_2}{R_1 + R_2} + \frac{R_3 R_4}{R_3 + R_4} \qquad (2\text{-}7)$$

将式(2-7) 代入式(2-5)、式(2-6)，得功率桥的输出电流和电压分别为

$$I_L = \frac{R_1 R_3 - R_2 R_4}{R_1 R_2 (R_3 + R_4) + R_3 R_4 (R_1 + R_2)} E \qquad (2\text{-}8)$$

和

$$U_L = \frac{R_1 R_3 - R_2 R_4}{2(R_1 + R_2)(R_3 + R_4)} E \qquad (2\text{-}9)$$

类似于对电压桥的推导，我们可以得到初始平衡的功率桥在桥臂电阻发生变化时的电流和电压输出分别为

等臂桥：

$$dI_L = \frac{E}{8R} \left(\frac{dR_1}{R_1} - \frac{dR_2}{R_2} + \frac{dR_3}{R_3} - \frac{dR_4}{R_4} \right)$$

$$dU_L = \frac{E}{8} \left(\frac{dR_1}{R_1} - \frac{dR_2}{R_2} + \frac{dR_3}{R_3} - \frac{dR_4}{R_4} \right) \qquad (2\text{-}10)$$

半等臂桥：

$$dI_L = \frac{E}{4(R' + R'')} \left(\frac{dR_1}{R_1} - \frac{dR_2}{R_2} + \frac{dR_3}{R_3} - \frac{dR_4}{R_4} \right)$$

$$dU_L = \frac{E}{8} \left(\frac{dR_1}{R_1} - \frac{dR_2}{R_2} + \frac{dR_3}{R_3} - \frac{dR_4}{R_4} \right) \qquad (2\text{-}11)$$

由此可见，功率桥的电压输出为电压桥的一半，但桥臂电阻变化对电压的影响却完全相同。

实际的应变仪电路比较复杂（第3章），但电桥是应变仪的基本外接电路。如果 R_1、R_2、R_3、R_4 为相同应变计，称为全桥接线，由上述电桥输出关系及式(1-7)，通过调节仪器输出灵敏度，可使读得的应变读数（或指示应变）满足下面关系

$$\varepsilon_d = \varepsilon_1 - \varepsilon_2 + \varepsilon_3 - \varepsilon_4 \qquad (2\text{-}12)$$

此为全桥接线时应变读数与桥臂应变之间的关系。

而当 R_1、R_2 为相同应变计，R_3、R_4 为固定电阻（不发生电阻变化），称为半桥接线，相应的关系成为

$$\varepsilon_d = \varepsilon_1 - \varepsilon_2 \qquad (2\text{-}13)$$

式(2-12)、式(2-13) 常用于应变计桥路设计和数据处理公式的推导，读者应当牢记。

■ 2.2 温度效应及其补偿

贴有应变计的构件总要处于某一温度场中进行测量。当环境温度变化时，会引起应变计敏感栅电阻的变化；另外，当敏感栅材料的线膨胀系数与构件材料不同时，敏感栅要受到附加拉伸（或压缩）变形，也会引起相应的电阻变化。上述现象的综合作用效果称为温度效应。

由温度引起的导体电阻变化率可近似看作与温度变化呈线性关系，即

$$\frac{\Delta R}{R}\bigg|_{\mathrm{T}}' = \alpha_{\mathrm{T}}\Delta T$$

其中，α_{T} 为电阻温度系数，ΔT 为温度变化。

若以 β_{e} 和 β_{g} 分别表示构件和敏感栅材料的线膨胀系数，则当 $\beta_{\mathrm{e}} \neq \beta_{\mathrm{g}}$ 时，贴在构件上的应变计在构件可以自由膨胀时所产生的附加应变为

$$\varepsilon_{\mathrm{T}} = (\beta_{\mathrm{e}} - \beta_{\mathrm{g}})\Delta T$$

据式(1-1)，相应的电阻变化为

$$\frac{\Delta R}{R}\bigg|_{\mathrm{T}}'' = k(\beta_{\mathrm{e}} - \beta_{\mathrm{g}})\Delta T$$

温度效应引起的电阻变化为上述两种结果的叠加，因此

$$\frac{\Delta R}{R}\bigg|_{\mathrm{T}} = \frac{\Delta R}{R}\bigg|_{\mathrm{T}}' + \frac{\Delta R}{R}\bigg|_{\mathrm{T}}'' = [\alpha_{\mathrm{T}} + k(\beta_{\mathrm{e}} - \beta_{\mathrm{g}})]\Delta T \tag{2-14}$$

这一变化当然要引起电桥输出的变化，严重时，温变 1℃ 可引起数十微应变的虚假应变（非欲测应变），必须设法排除。

排除温度效应影响的措施称为温度补偿。温度补偿的方法并不复杂，根据式(2-12)、式(2-13)，只要保证同一构件材料上粘贴相同型号和批次的应变计，并保证贴片工艺及连接导线相同、温度条件相同（可放到一起），就可认为接入电桥的各应变计受温度的影响相同，温度效应将基本上被自然抵消。温度补偿的方法可分为补偿块补偿法和工作片补偿法。前者准备一个材料与被测构件相同的补偿块，上面粘贴温度补偿应变计，测量时补偿块不受力，但要与构件放在一起（严格说应在测点附近），以保证构件上的应变计（工作应变计）与补偿应变计的温度条件相同，使用时将工作应变计和补偿应变计接入电桥的相邻桥臂，即可实现温度补偿；后者是将在同一温度条件下工作的同型号工作应变计构成电桥，进行温度补偿的。如果用半桥进行测量，使用补偿块补偿法可直接测得工作应变计处的欲测应变，但使用工作片补偿法测得的结果一般不等于预测应变，尚需根据一定理论关系进一步换算才可得到欲测应变（详见 2.4 节）。

温度补偿还可以从应变计本身来考虑，制作温度自补偿应变计（详见 6.1 节），温度变化不再使敏感栅产生虚假电阻变化。用这种应变计进行应变测量，不必考虑温度补偿，用单臂测量就行了。

■ 2.3　应变计串联与并联

在实际测量中，有时需要把应变计串联或并联起来进行测量，如图 2-3 所示，以达到某种测量目的。那么，应变计串联或并联后的桥臂电阻变化（或应变）与单个应变计的电阻变化（或应变）之间存在什么关系，下面进行简要的分析。

2.3.1　应变计串联

假定桥臂 AB 中有 n 个同型号、同批次的应变计 $R_i (i = 1, 2, \cdots, n)$ 串联在一起，如图 2-3(a) 所示。由电工学，这时桥臂电阻 R 为

$$R = \sum_{i=1}^{n} R_i$$

将上式两端取自然对数后求微分，并注意可认为它们的初始电阻值相同，只是可能产生不

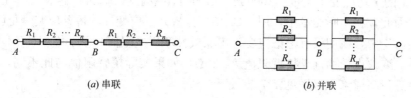

(a) 串联   (b) 并联

图 2-3 应变计串联与并联

同的电阻变化，得

$$\frac{\mathrm{d}R}{R} = \Big[\sum_{i=1}^{n} \mathrm{d}R_i\Big] \Big/ \sum_{i=1}^{n} R_i = \frac{1}{n}\sum_{i=1}^{n}\frac{\mathrm{d}R_i}{R_i} \qquad (2\text{-}15)$$

即桥臂电阻变化等于各应变计电阻变化的平均值。如果仪器的灵敏系数取应变计的灵敏系数，桥臂电阻变化 $\mathrm{d}R/R = K\varepsilon$，并对上式右边利用式(1-7)，得

$$\varepsilon = \frac{1}{n}\sum_{i=1}^{n}\varepsilon_i \qquad (2\text{-}16)$$

即桥臂应变等于各应变计应变的平均值。

若严格按增量推导，得到的结果与上面按微分推导的结果相同。

2.3.2 应变计并联

如图 2-3(b) 所示，在桥臂上有 n 个应变计并联，这时桥臂电阻

$$R = \Big(\sum_{i=1}^{n}\frac{1}{R_i}\Big)^{-1}$$

类似上面的推导，可以得到

$$\frac{\mathrm{d}R}{R} = -\Big[\sum_{i=1}^{n}\Big(-\frac{\mathrm{d}R_i}{R_i^2}\Big)\Big]\Big/\sum_{i=1}^{n}\frac{1}{R_i} = \frac{1}{n}\sum_{i=1}^{n}\frac{\mathrm{d}R_i}{R_i} \qquad (2\text{-}17)$$

即应变计并联时，桥臂电阻变化率也等于各应变计电阻变化率的平均值。相应地，桥臂应变也等于应变计应变的平均值，同式(2-16)。

对于并联，若严格按增量推导，由 $(R + \Delta R)^{-1} = \sum_{i=1}^{n}(R_i + \Delta R_i)^{-1}$，导出的精确结果

$$\frac{\Delta R}{R} = n\Big/\sum_{i=1}^{n}\Big(1 + \frac{\Delta R_i}{R_i}\Big)^{-1} - 1 \qquad (2\text{-}18)$$

若令

$$\frac{\Delta R}{R} = \Big[\frac{1}{n}\sum_{i=1}^{n}\Big(\frac{\Delta R_i}{R_i}\Big)\Big](1 - \xi) \qquad (2\text{-}19)$$

其中 ξ 为相对误差，根据式(2-18) 和式(2-19)，可得

$$\xi = \frac{\mathrm{d}R/R - \Delta R/R}{\Delta R/R}$$

$$= 1 + n\Big/\sum_{i=1}^{n}\frac{\Delta R_i}{R_i} - n^2\Big/\Big[\Big(\sum_{i=1}^{n}\frac{\Delta R_i}{R_i}\Big)\sum_{i=1}^{n}\Big(1 + \frac{\Delta R_i}{R_i}\Big)^{-1}\Big] \qquad (2\text{-}20)$$

若各应变计产生相同的电阻变化，$\xi = 0$；而一般情况下，$\xi \neq 0$，并与应变计个数、平均电阻变化率以及各应变计电阻变化率的差异有关。可以考虑最不利的情况：并联的各应变计中，只有一枚有电阻变化，其余电阻不变。可以计算，若应变计个数不超过 6，灵敏系数

等于 2，产生的平均应变不超过 $\pm 2000\mu\varepsilon$，则相对误差不超过 2%。这在工程上是完全可以接受的。因此，在实际测量中，用式（2-16）分析并联应变计的桥臂应变是足够的。

在上述讨论中，我们没有考虑应变计串联或并联后电阻值与单个应变计不同所造成的误差。国产应变仪设计的标准桥臂阻值为 120Ω，如果实际桥臂阻值与此不同，就要考虑对测量结果进行阻值修正（详见 4.7 节）。

■ 2.4 应变计布置及桥路设计

应变计感受的是构件表面上一点的应变。这个应变可能是由多种因素造成的，如不同的内力因素或温度等，温度的影响是必须要补偿掉的，但有时我们还想知道某种因素所引起的应变是多少，这就需要把其他因素引起的应变消除掉，而应变计本身是无法分辨各种应变成分的。因此，在应变电测工作中，根据测量目的合理地布片，并把应变计构成适当的桥路，是必须事先进行考虑的。合理的方案，应是使用尽可能少的应变计，有效地测取预测应变成分、消除其他应变成分，并获得尽可能高的电桥输出灵敏度，达到测量目的。下面通过例子加以说明。

【例 2-1】 如图 2-4 所示单纯受拉构件，测其拉伸应变。可举两种方案。

方案 1： 如图 2-4(a) 所示，采用补偿块补偿法，并按图 2-4(c) 半桥接线。工作应变计 R_1 的应变成分是由拉力 P 和温度 T 两种因素造成的，即

$$\varepsilon_1 = \varepsilon_P + \varepsilon_T$$

补偿应变计的应变成分却只有温度效应影响，如果工作应变计和补偿应变计取自同一批，补偿块与构件材料及温变相同，则

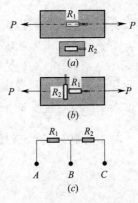

$$\varepsilon_2 = \varepsilon_T$$

这样，根据式（2-13），指示应变为

$$\varepsilon_d = \varepsilon_1 - \varepsilon_2 = (\varepsilon_P + \varepsilon_T) - \varepsilon_T = \varepsilon_P$$

亦即温度效应影响被消除了，通过应变仪可直接测得欲测应变。不过设置不受力的补偿块并不是总能方便地实施（特别是现场试验）。在下面的方案中，采用工作应变计补偿法进行温度补偿。

方案 2： 如图 2-4(b) 布置应变计，将 R_2 垂直于 R_1 粘贴到试样上，仍按图 2-4(c) 接线，此时

图 2-4 测拉伸应变

$$\varepsilon_1 = \varepsilon_P + \varepsilon_T, \varepsilon_2 = -\mu\varepsilon_P + \varepsilon_T$$

其中 μ 为构件材料的泊松比。由式（2-13），与方案 1 同样的理由（并假定应变计横向效应可以忽略），我们得到指示应变为

$$\varepsilon_d = (1+\mu)\varepsilon_P$$

拉伸应变为

$$\varepsilon_P = \frac{\varepsilon_d}{1+\mu}$$

由此式看出，方案 2 的指示应变为方案 1 的 $1+\mu$ 倍，输出灵敏度提高了，但需将应变读数除以 $1+\mu$ 才能确定拉伸应变。

【例 2-2】 某结构中有一直径为 d 的圆截面杆件，在某截面处可能存在轴力 N、弯矩

M 和剪力 Q 多种内力（图 2-5），在载荷无法确定的情况下，可用电测方法测定各个内力的大小。应变计的布置及接线方法，应能消除不需要的应变成分，保留有用的应变成分。设材料杨氏模量为 E，泊松比为 μ。用 ε_N 表示轴力引起的应变成分，ε_M 表示弯矩引起的应变成分，ε_Q 表示剪力引起的应变成分，ε_T 表示温度效应引起的虚假应变。下面介绍各内力的测定方法。

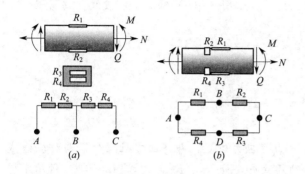

图 2-5　测轴力时的布片和接线　　　　图 2-6　测弯矩时的接线

1. 测轴力 N

方案 1： 采用半桥接线、补偿块补偿法，在杆截面最高点和最低点沿杆纵向粘贴两片工作应变计 R_1、R_2，在补偿块上粘贴两片相同应变计作为补偿应变计，如图 2-5(a) 所示。此时，温度对各应变计的影响相同，R_1、R_2 沿杆纵向并且此处弯曲剪应力为零，因此剪力对 R_1、R_2 的应变无贡献，而轴力对两应变计影响相同，弯矩对两应变计的影响大小相同、符号相反，因此各应变计的应变可用应变成分表示为

$$\varepsilon_1 = \varepsilon_N - \varepsilon_M + \varepsilon_T, \varepsilon_2 = \varepsilon_N + \varepsilon_M + \varepsilon_T, \varepsilon_3 = \varepsilon_T, \varepsilon_4 = \varepsilon_T$$

由式(2-13)、式(2-16)，指示应变

$$\varepsilon_d = \varepsilon_{AB} - \varepsilon_{BC} = \frac{1}{2}(\varepsilon_1 + \varepsilon_2) - \frac{1}{2}(\varepsilon_3 + \varepsilon_4) = \varepsilon_N$$

因而轴力的大小为

$$N = \frac{\pi d^2}{4} E \varepsilon_N = \frac{\pi d^2}{4} E \varepsilon_d$$

方案 2： 采用全桥接线，工作应变计补偿法。如图 2-5(b) 所示，在截面最高点和最低点沿杆横向再粘贴两片工作应变计，不用补偿块。此时各应变计的应变分别表示为

$$\varepsilon_1 = \varepsilon_N - \varepsilon_M + \varepsilon_T, \varepsilon_2 = -\mu(\varepsilon_N - \varepsilon_M) + \varepsilon_T$$
$$\varepsilon_3 = \varepsilon_N + \varepsilon_M + \varepsilon_T, \varepsilon_4 = -\mu(\varepsilon_N + \varepsilon_M) + \varepsilon_T$$

由式(2-12)，指示应变

$$\varepsilon_d = \varepsilon_1 - \varepsilon_2 + \varepsilon_3 - \varepsilon_4 = 2(1 + \mu)\varepsilon_N$$

因而，轴力的大小为

$$N = \frac{\pi d^2}{4} E \varepsilon_N = \frac{\pi d^2}{8(1 + \mu)} E \varepsilon_d$$

2. 测弯矩 M

方案 1： 利用图 2-5(a) 所示的两个工作应变计，如图 2-6(a) 构成半桥接线。利用测

轴力时在方案 1 中的分析，则指示应变为

$$\varepsilon_d = \varepsilon_1 - \varepsilon_2 = -2\varepsilon_M$$

于是弯矩的大小为

$$M = \frac{\pi d^3}{32} E\varepsilon_M = -\frac{\pi d^3}{64} E\varepsilon_d$$

方案 2：利用图 2-5(b) 的 4 个工作应变计，如图 2-6(b) 构成全桥接线。利用测轴力时方案 2 的分析，此时指示应变为

$$\varepsilon_d = \varepsilon_1 - \varepsilon_3 + \varepsilon_4 - \varepsilon_2 = -2(1+\mu)\varepsilon_M$$

弯矩的大小为

$$M = \frac{\pi d^3}{32} E\varepsilon_M = -\frac{\pi d^3}{64(1+\mu)} E\varepsilon_d$$

3. 测剪力 Q

方案 1：如图 2-7(a) 所示，在最大弯曲剪应力位置，即弯曲中性层处沿与杆轴线成 $\pm 45°$方向（纯剪状态的主应变方向）粘贴两枚应变计 R_1、R_2，构成图 2-7(b) 所示半桥线路来测定该点的主应变。如果应变计位置准确，弯矩 M 对各应变计的应变无影响，轴力的影响是相同的，而剪力的影响等值反号。因此，各应变计的应变组成为

$$\varepsilon_1 = \varepsilon_N + \varepsilon_Q + \varepsilon_T, \varepsilon_2 = \varepsilon_N - \varepsilon_Q + \varepsilon_T$$

指示应变

$$\varepsilon_d = \varepsilon_1 - \varepsilon_2 = 2\varepsilon_Q$$

ε_Q 为主应变。由纯剪状态主应力与剪应力的关系、广义虎克定律及圆截面杆的最大弯曲剪应力公式，得剪力的大小为

$$Q = \frac{3}{4}\frac{\pi d^2}{4}\tau_{max} = \frac{3\pi d^2}{16}\frac{E}{1+\mu}\varepsilon_Q = \frac{3\pi d^2}{32(1+\mu)} E\varepsilon_d$$

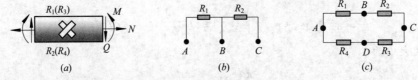

图 2-7　测剪力时的布片与接线

方案 2：也可以如图 2-7(a) 所示，在对面相应位置在粘贴两枚应变计 R_3、R_4，按图 2-7(c) 接线构成全桥接线。这时，R_3、R_4 的应变成分分别于 R_1、R_2 相同。指示应变

$$\varepsilon_d = \varepsilon_1 - \varepsilon_2 + \varepsilon_3 - \varepsilon_4 = 4\varepsilon_Q$$

剪力大小为

$$Q = \frac{3\pi d^2}{64(1+\mu)} E\varepsilon_d$$

综上所述，可以看出，综合考虑节约应变计和获得较高电桥输出，要同时测定三种内力，至少需要 6 枚应变计，在上下表面杆截面的纵向对称轴处沿杆纵向和横向各粘贴一枚，在侧面中性层处沿 $\pm 45°$方向各粘贴一枚。测轴力采用方案 2、测弯矩也采用方案 2，测剪力则采用方案 1。

■ 2.5　交流电桥的输出

当应变电桥的输入电压为交流电压时，必须考虑桥臂分布电容（包括应变计和导线）的影响。如图 2-8 所示，分布电容一般用假想的集中电容代替，并与应变计电阻并联。桥臂的阻抗用复数表示，例如，对 AB 桥臂，复阻抗 Z_1 表为

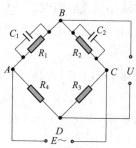

$$Z_1 = \left(\frac{1}{R_1} + j\omega_H C_1 \right)^{-1}$$

其中，ω_H 为交流桥源电压圆频率。交流电桥的平衡条件写作 $Z_1 Z_3 = Z_2 Z_4$。如取半桥接线法，可认为电容的影响仅在应变计所在的半桥，目前 $Z_3 = R_3$，$Z_4 = R_4$，故有

图 2-8　交流电桥的电容影响

$$\left(\frac{1}{R_1} + j\omega_H C_1 \right)^{-1} R_3 = \left(\frac{1}{R_2} + j\omega_H C_2 \right)^{-1} R_4$$

经整理，得

$$R_1 R_3 + j\omega_H R_1 R_2 R_3 C_2 = R_2 R_4 + j\omega R_1 R_2 R_4 C_1$$

上式两边实部与虚部分别相等，故

$$R_1 R_3 = R_2 R_4, \quad R_3 C_2 = R_4 C \tag{2-21}$$

由此可见，欲使交流电桥平衡，需同时满足电阻平衡和电容平衡两个条件。

下面推导电桥输出电压与应变计电阻变化之间的关系。如图 2-8 所示电桥，假定各桥臂电阻相等，$R_1 = R_2 = R_3 = R_4 = R$，仅工作应变计 R_1 发生电阻变化 ΔR，则 B、D 两点的电位差为

$$\dot{U} = \dot{U}_{AB} - \dot{U}_{AD} = \frac{\dot{E}}{Z_1 + Z_2} Z_1 - \frac{\dot{E}}{2}$$

代入 $Z_1 = \left(\frac{1}{R + \Delta R} + j\omega_H C_1 \right)^{-1}$，$Z_2 = \left(\frac{1}{R} + j\omega_H C_2 \right)^{-1}$，并整理，得

$$\dot{U} = \frac{\dot{E}}{2} \frac{\Delta R + j\omega_H R^2 (C_2 - C_1) + j\omega_H R \Delta R (C_2 - C_1)}{\Delta R + j\omega_H R^2 (C_2 + C_1) + j\omega_H R \Delta R (C_2 + C_1) + 2R}$$

分子中的第三项与其他项相比为二阶微量，可以略去。分母中的第一、三项与其他项相比也很小，可以略去。故上式可近似写成

$$\dot{U} = \frac{\dot{E}}{2} \frac{\Delta R + j\omega_H R^2 (C_2 - C_1)}{2R + j\omega_H R^2 (C_2 + C_1)}$$

将上式分子、分母同乘以分母的共轭复数进行有理化，并令 $C_2 - C_1 = \Delta C$，$C_2 + C_1 = 2C_0$，结果为

$$\dot{U} = \frac{\dot{E}}{4} \left[\frac{\Delta R}{R} + \omega_H^2 R^2 C_0 \Delta C + j\omega_H (R\Delta C - C_0 \Delta R) \right] \frac{1}{1 + \omega_H^2 R^2 C_0^2} \tag{2-22}$$

此即存在分布电容时，电桥因电阻 R_1 改变 ΔR 而输出的复数电压。如果没有电容存在，上式结果显然与式(2-2) 结果一致。式(2-22) 包括以下三部分。

2.5.1　应变及电阻变化造成的输出电压

$$\dot{U}_1=\frac{\dot{E}}{4}\frac{\Delta R}{R}\bigg/(1+\omega_H^2 R^2 C_0^2)$$

它减小到纯电阻时的 $(1+\omega_H^2 R^2 C_0^2)^{-1}$ 倍。如果 ω_H 不高，分布电容很小，它基本接近纯电阻时的输出电压。情况相反下，$\omega_H^2 R^2 C_0^2$ 不能忽略，引入的相对误差为

$$e=|(1+\omega_H^2 R^2 C_0^2)^{-1}-1|$$

因 $\omega_H^2 R^2 C_0^2<1$，将 $(1+\omega_H^2 R^2 C_0^2)^{-1}$ 展成幂级数并忽略高阶微量，得

$$e\approx\omega_H^2 R^2 C_0^2$$

若规定 $e\leqslant 0.2\%$，设 $R=120\Omega$，电源频率为 $50\,\text{kHz}$，则可定出

$$C_0\leqslant\frac{\sqrt{0.2\times10^{-2}}}{2\pi\times5000\times120}=1187\,\text{pF}$$

双股导线每米分布电容为 $100\sim200\,\text{pF}$，因此其长度应限定在 $10\,\text{m}$ 以内。

2.5.2　电容不平衡造成的输出电压

$$\dot{U}_2=\frac{\dot{E}}{4}\omega_H^2 R^2 C_0\Delta C\,(1+\omega_H^2 R^2 C_0^2)^{-1}$$

如果测量前预调电容平衡，并在测量中保持 C_1、C_2 不变，此项为零。因此，在动态测量中，要求将导线固定牢固，以防分布电容发生变化。导线固定不好，分布电容发生变化，将使此项电压增大并发生剧烈变化，严重干扰欲测应变信号。

2.5.3　其余部分

$$\dot{U}_3=\frac{\dot{E}}{4}j\omega_H(R\Delta C-C_0\Delta R)(1+\omega_H^2 R^2 C_0^2)^{-1}$$

字母 j 意味着此项电压的相位比桥源电压相位超前 $\pi/2$，这样的电压不会显示到载波放大式应变仪的输出端，但当它较大时，会占去一部分放大器工作范围，使放大器灵敏度降低并影响其线性。

■ 2.6　电位计式测量电路

前面介绍的是应变仪中常用的测量电路——惠斯登电桥线路。还有一种电路，也能把应变计的电阻变化转变为电压变化，即图 2-9 所示的电位计式电路。这种电路常用来测量超高频动态应变。比如，使用灵敏系数很大的半导体应变计测量应变幅度不太大的脉冲应变信号等，可以使用这种简单的电路，在输出端连接记录仪器，构成简单测量系统。

下面分析电路的输出。设 E 为电路的直流输入电压，当电阻 R_1、R_2 一定时，输出端 A、B 间的开路输出电压为

$$U=\frac{R_1}{R_1+R_2}E$$

当电阻 R_1、R_2 分别产生变化 dR_1、dR_2 时，电路的输出电压变化 dU 可用与前面类似的方法，通过微分求得

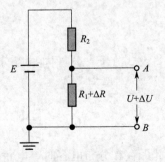

图 2-9　电位计式测量电路

$$dU = E \frac{r}{(1+r)^2} \left(\frac{dR_1}{R_1} - \frac{dR_2}{R_2} \right) \tag{2-23}$$

其中 $r = R_2/R_1$，这是一个线性公式。若按增量精确推导，得到

$$\Delta U = E \frac{r}{(1+r)^2} \left(\frac{\Delta R_1}{R_1} - \frac{\Delta R_2}{R_2} \right)(1-\eta') \tag{2-24}$$

其中

$$\eta' = 1 - \left[1 + \frac{1}{1+r} \left(\frac{\Delta R_1}{R_1} + r \frac{\Delta R_2}{R_2} \right) \right]^{-1}$$

为非线性项。当用线性公式（2-23）来描述电路的输出电压增量与电阻变化之间的关系时，引入的非线性误差为

$$e = \left| \frac{\eta'}{1-\eta'} \right| = \frac{1}{1+r} \left| \frac{\Delta R_1}{R_1} + r \frac{\Delta R_2}{R_2} \right|$$

为了分析这一误差的大小，不妨假定 R_1 为应变计，R_2 为固定电阻，这时 $\Delta R_1/R_1 = K\varepsilon$，$\Delta R_2/R_2 = 0$，相对误差成为

$$e = \frac{1}{1+r} K\varepsilon$$

当 $r = 9$，$K = 2.0$，$\varepsilon = 5000\mu\varepsilon$ 时，$e = 10^{-3}$。可见，对于这种情况，使用式（2-23）描述电路的输出电压变化是足够的，即可近似估计输出端电压变化为

$$\Delta U = \frac{r}{(1+r)^2} EK\varepsilon \tag{2-25}$$

令

$$S = \Delta U/\varepsilon = \frac{r}{(1+r)^2} EK \tag{2-26}$$

S 称为电位计式电路的灵敏度（单位为 $\mu V/\mu\varepsilon$）。

在图 2-9 中，允许流过应变计的最大电流为

$$I_g = \frac{E}{R_1 + R_2} = \frac{E}{R_1(1+r)}$$

I_g 为应变计额定电流。为使电路灵敏度提高，所加的电压限制为不超过

$$E = R_1 I_g (1+r)$$

代入式（2-26），得

$$S = \frac{r}{1+r} KR_1 I_g$$

此式可用来选择电位计电路中的元件，并估计输出电压的大小。由此式看出，当 r 很大，$r/(1+r) \to 1$，将使 S 最大。但 R_1 既定时，增大 R_2，E 也需增大，故一般取 $r \approx 9$。由于 R_2 一般比 R_1 大得多，称之为镇定电阻。它保证应变计电阻变化时，通过应变计的电流无显著变化。

式（2-25）表示输出电压的变化 ΔU，实际上输出端的输出电压为 $U + \Delta U$，若应变计感受的是正弦交变应变，输出端的电压信号如图 2-10 所示。U 一般为几伏，而 ΔU 一般为微

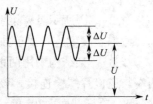

图 2-10　电位计电路的输出

伏级的。在动态应变测量中，一般要在输出端加一个适当的高通滤波器，屏蔽掉 U，而只让 ΔU 通过。

如果 R_2 也是一枚与 R_1 同样的电阻应变计，根据式(2-23)，也可以像前面的电桥线路那样实现温度补偿。但这时 $r=1$，电路的灵敏度固定为最大值的 50%。如果灵敏度非常重要，就不能考虑用这种方法进行温度补偿，可以考虑使用温度自补偿应变计和镇定电阻进行测量。实际上，温度的变化是准静态的，当用高通滤波器的时候这种缓慢的变化会被屏蔽掉，因此可以不考虑温度补偿。图 2-11 所示为一个电位计电路中典型的滤波器和响应曲线。由图 2-11(b) 可以看到，频率接近于零的信号将没有响应，即被屏蔽。图中 ω 为 $U+\Delta U$ 的圆频率，C 为滤波器电容，$R_M \gg R_1 R_2/(R_1+R_2)$ 为测量仪器的电阻，U' 为测量仪器量出的电压。

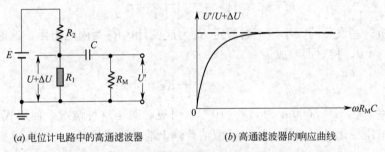

(a) 电位计电路中的高通滤波器   (b) 高通滤波器的响应曲线

图 2-11 电位计电路中的滤波器及其响应曲线

习 题

[2-1] 如图所示，在拉伸试样上粘贴四枚相同应变计，(a)、(b)、(c)、(d) 是四种可能的接线方法，R 为固定电阻。试求 (b)、(c)、(d) 三种接线方法的点桥输出电压与接线 (a) 输出电压之比（不计温度效应）。

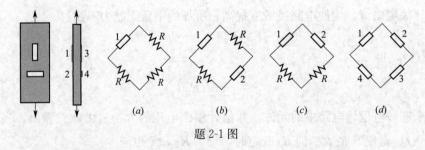

题 2-1 图

[2-2] 图所示悬臂梁上已粘贴好四枚应变计，在梁的纵向对称平面内受斜载荷 P 作用，考虑温度效应，要单独分离出弯曲应变，应采用什么样的桥路？

[2-3] 某结构中用两根不等边角钢（型号 10/6.3，壁厚 10mm）拼接的组合截面杆两端与连接片螺栓连接，该杆件可简化为拉弯组合变形杆，已知该组合截面的形心高度 34mm，单杆截面面积 $A=1546.7\text{mm}^2$，惯性矩 $I_x=1538100\text{mm}^4$，在 y 轴所在对称平面内弯曲，试设计该杆件的内力（轴力 N_z、弯矩 M_x）测量方案。

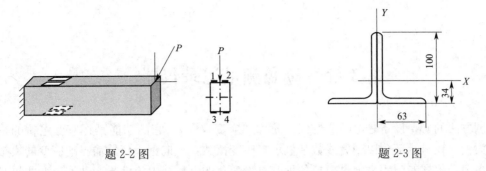

题 2-2 图　　　　　　　　　　题 2-3 图

[2-4]　如图所示悬臂圆管上的 A、B 两点处已粘贴好三枚应变计 A_{45}、B_0、B_{45}，并另备有温度补偿应变计。欲利用已有应变计确定圆管在被测截面处的内力 M、Q、N，用半桥线路直接测量各应变计的应变读数。试推导用应变读数 ε_{A45}、ε_{B0}、ε_{B45} 计算内力 M、Q、N 的公式。（图中 τ_Q、τ_N、σ_M 是为分析方便标出的各内力在测点处的理论应力分量。）

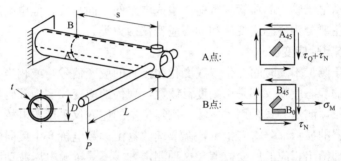

题 2-4 图

[2-5]　板状钢材拉伸试样在万能试验机上拉伸时，由于夹具的偏心，可能会附加弯曲变形（特别是在弹性加载阶段）。现欲用应变计电测方法测定材料的弹性模量 E 与泊松比 μ，试设计试样的布片及接线方案，以消除弯曲变形的影响，并给出弹性模量 E 与泊松比 μ 的最小二乘法拟合计算公式。设试样的横截面面积为 A。

第3章 应变测量记录仪器

电测方法的必备设备是电阻应变仪（简称"应变仪"），它的功能是将应变电桥的输出电压放大，在显示部分以刻度或数字显示静应变读数，或向记录仪器输出动应变的模拟电信号。记录仪器专门用来记录模拟各种非电量变化的电压或电流信号。动态应变测量必须与记录仪器相配合，记录测点应变随时间变化的过程，以供分析。本章主要介绍这类仪器的工作原理，以便正确使用它们进行应变测量。

■ 3.1 电阻应变仪的种类

电阻应变仪是用电阻应变计进行应变测量的必备仪器，随着电子技术的发展，应变仪的发展也经历了从电子管、晶体管到智能化集成电路的不同阶段。但电阻应变仪按其频率响应范围来分，主要分为静态应变仪和动态应变仪两大类。

3.1.1 静态电阻应变仪

此类仪器用于测量不随时间变化（或变化缓慢）的应变信号，或相当于应变的其他力学物理量。早期的静态应变仪都是用刻度盘读数，现代的应变仪多为数码显示。用刻度盘读数的静态应变仪，测量方式采用零位法。用零位法的应变仪采用双电桥，当应变电桥有输出电压时，仪器的显示部分将有指示，调节读数盘由读数电桥产生反向电压使这一示值回零，读数盘上即给出相应的应变数值。这种测定方式不受桥源电压波动以及放大器增益变动的影响，对放大器的要求较低。用数码显示的静态应变仪测量方式采用偏位法，电桥的输出经放大处理后，再通过 A/D 转换由数码管或液晶屏显示应变的大小。静态电阻应变仪每次只能测一个点，即只能用应变计构成一个应变电桥。为了方便多点测量，生产厂家都专门设计了预调平衡箱与之配套。所有测点的应变计均预先连接于平衡箱的各路电桥接线柱上，靠切换开关逐点转换接入应变仪，并可在测量前对每个电桥进行预调平衡（使测量电桥初始输出为零）。目前预调平衡的方式可以是传统的手动调节，也可以是先进的自动调节，自动调节实际上是把应变初始值记下，测量时再予以扣除。自动化程度高的静态应变仪从预调平衡到换点测量和输出测量结果都是自动的，适合大型结构数百点的测量需要。一些应变仪还设计有与计算机通信的接口，可以直接用应变测控程序进行测量和计算处理。

3.1.2 动态电阻应变仪

此类仪器主要用来测量随时间变化的应变信号，或相当于应变的其他瞬变力学物理量。由于必须把应变的动态过程记录下来才好再作分析，所以动态应变仪是与记录仪器配套使用的。动态应变仪只能采用偏位法测量方式，即把测量电桥的输出电压经放大器放大后送给记录仪器，因而，对桥源电压的稳定性、放大器的线性、增益的稳定性均要求较高。动态应变仪不能像静态应变仪那样用轮换接入的方法进行多点测量，所以一般都设计成多路相互独立的，每路只能接入一个测点（即一个测量电桥）。由于动态应变仪的这一特点，相应的记录仪器也必须是多通道的。

另有一类应变仪介于上述两类之间，即静动态应变仪。它既备有静态应变测量装置，又可向记录仪器输出动态模拟信号，这种应变仪用于测量变化频率不太高（100～200Hz）的动应变，具有一定通用性。由于它是以测静应变为主，所以像静态应变仪一样设计为单通道的，进行多点测量时使用配套的预调平衡箱。但将它用于动应变测量时，只能是单通道的。这种应变仪目前已无新产品生产。

图 3-1 为国产 BZ2202 型动态应变仪（4 通道）和 YE2538 程控静态应变仪实物照片。

(a) BZ2202动态电阻应变仪　　　　　　(b) YE2538程控静态应变仪

图 3-1　国产电阻应变仪实例

■ 3.2　应变仪的工作原理

载波放大式静态应变仪的工作原理与动态应变仪相似，这里以动态电阻应变仪为例，说明其工作原理，而静态应变仪的特殊之处将随时加以说明。

动态应变仪测量应变时对应变信号的处理过程如图 3-2 所示。用阴极射线示波器可以清楚地观察到不同环节的波形变化。振荡器既向应变电桥供给桥源电压，又向相敏检波器输出一个控制电压。测点应变计的应变变化过程通过应变电桥变成一个以应变曲线为包络线的调幅波；这个调幅波经放大器放大后再送到相敏检波器；相敏检波器可鉴别调幅波相位，把调幅波转变为与应变符号相同的调幅脉动信号；调幅脉动信号再经低通滤波器衰减掉二倍以上载频分量，对波形进行平滑，得到与应变信号相同变化规律的电压或电流信号；最后，再由记录器记录这一模拟信号。对于静应变，应变波形为水平线，所以可在最后直接显示或用刻度盘判读应变值。

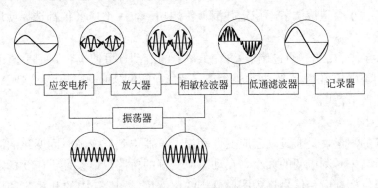

图 3-2　动态应变仪各部分的波形

下面对应变仪各部分的工作原理作以简要介绍。

3.2.1 电桥电路

图 3-3 所示为动态应变仪的电桥电路。它包括应变电桥、预调平衡电路和应变标定电路。

1. 应变电桥

应变电桥的原理已在第 2 章介绍，这里不再赘述。图 3-3 中 A、B、C、D 四个节点对应于仪器面板上的四个接线柱。应变计通过导线接到接线柱构成应变电桥。动态应变仪将这些接线柱装置在电桥盒上，用一根四芯屏蔽电缆与仪器相连。构成半桥的固定电阻也在电桥盒内。电桥的交流桥源电压由振荡器供给，电桥的输出电压送给放大器。

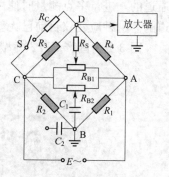

图 3-3 应变仪的电桥电路

2. 预调平衡电路

前面在介绍电桥线路时，假定应变计在未感受应变时电桥是平衡的。而实际上，由于应变计的阻值不可能完全相同，导线的阻值也存在差异，各桥臂上的电阻值很难保持一致，当桥源频率较高时，分布电容的作用显著等，往往导致电桥在测量前就不平衡。这种初始不平衡往往大于应变计变形所引起的不平衡，占有仪器的量程，甚至在未测量时放大器就已经饱和了，无法进行测量。所以，应变仪必须具有预调平衡装置。交流电桥平衡时应满足式(2-20)。因此载频式应变仪都具有电阻平衡和电容平衡调节装置，如图 3-3 中的 R_{B1}、R_s 和 R_{B2}、C_1。R_{B1}、R_{B2} 与仪器面板上的"电阻平衡"和"电容平衡"可调多匝电位器对应。由式(2-20) 可以看出，电阻平衡与电容平衡调节之间有交互影响，平衡调节需要反复交替进行。

考虑 R_{B1} 滑动到端点的极限情况，R_s 的大小决定了电阻平衡范围。设桥臂阻值为 120Ω，若要求预调平衡范围为其 1%，即桥臂电阻应能变化 1.2Ω，则 R_s 应满足条件

$$\Delta R = 120 - \frac{120 R_s}{120 + R_s} = 1.2\Omega$$

由此解出 $R_s = 11.65\text{k}\Omega$。

为了保证能平稳调节平衡，R_{B1} 采用多匝精密电位器，其阻值也要选择适当，过大会使调节过慢，太小会造成调节不稳定并消耗桥源功率，一般应变仪都选择使用 10 kΩ 的电位器。

R_{B2} 一般与 R_{B1} 相同。通过调节 C_1 在 R_{B2} 上的滑动点可使电容满足平衡条件。电桥盒上还有一个固定电容器 C_2，当电容平衡不了时，可以把固定电容 C_2 接到 A 或 C 点，以增加电容平衡调节范围。

3. 标定电路

动态应变的测量，是通过动态应变仪和记录仪器得到应变随时间变化的波形图。为了由波形图分析某一时刻应变的大小，在动态应变仪的桥路里，设计了应变标定装置。以便向记录仪器提供标准应变信号作为图形分析的比例尺。图 3-3 中的开关 S 和标定电阻 R_c，串联后并联在应变仪内半桥的 CD 桥臂上，即构成标定装置。在开关 S 闭合时，R_c 使桥臂电阻发生变化而产生一个预定大小的模拟应变。R_c 一般由一组特定阻值的电阻组成，通

过切换可得到不同大小的标定应变（如 $100\mu\varepsilon$、$300\mu\varepsilon$、$1000\mu\varepsilon$ 等）。

3.2.2　放大器

应变电桥的输出信号非常微弱，必须经过放大器放大进行测量。应变仪中的放大器应满足下列要求：

（1）因应变仪多采用电压桥，放大器的输入阻抗应远大于电桥的内阻。对采用功率桥的应变仪，如上一章所述，要求放大器的输入阻抗与电桥内阻相匹配。

（2）有足够的放大倍数，能把信号从微伏级放大到足够大。能向负载输出较大的功率。放大器的稳定性好，即放大倍数随时间和温度变化小。

（3）由于一种应变波形可以看成不同频率简谐分量的叠加，这就要求放大器的频率特性曲线在一定范围（$\omega_H-\omega$，$\omega_H+\omega$）（ω_H 为桥源电压圆频率）内是平坦的，即不因频率不同而经放大后失真。高次谐波的振幅往往很小，以致可以忽略，因此这一范围只占据 ω_H 两侧很窄的一个频带。

（4）振幅特性在最大输出范围内是线性的。为了防止放大器饱和而造成非线性失真，放大器的输入端应有对信号的衰减装置。

3.2.3　相敏检波器

相敏检波器是一种只有相敏效果（即输出极性和大小与两个输入信号的相位差有关），而没有放大能力的电路。在电阻应变仪中，它起到区分正负应变的作用。

绝大多数应变仪中都采用图 3-4 所示的环式相敏检波电路。四个二极管 D_1、D_2、D_3 和 D_4 顺向连接成一个环。一对角点接到放大级输出变压器 T_1 次级，接受经放大后的应变调幅波信号电压 U_1'；另一对角点接到变压器 T_2 次级，接收来自载波振荡器的参考电压 U_2'。U_1' 和 U_2' 频率相同切满足条件 $U_2' > 2U_1'$。变压器 T_1、T_2 次级绕组都有一个中心抽头，在抽头之间接检波负载（如检流计）。

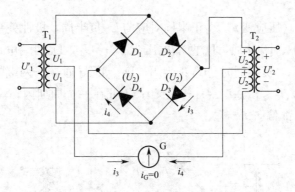

图 3-4　环式相敏检波器（$U_1'=0$，U_2' 正半周）

实际上，变压器 T_1 和 T_2 的初级电压 U_1' 和 U_2' 均来自同一振荡器，只不过 U_2' 直接来自振荡器，而 U_1' 经过应变电桥调制并经放大器放大。假定放大器本身无相移，由第 2 章中应变电桥的输出电压与桥源电压的关系，当应变为拉应变，U_1' 与 U_2' 相位相同，而当应变为压应变时，U_1' 与 U_2' 相位相反。

下面分析电桥平衡（即 $U_1'=0$）和电桥不平衡（即 $U_1'\neq0$）时，通过负载的电流流向。

1. $U_1'=0$ 的情况

当输入电压 $U_1'=0$，由于 U_2' 的作用，在正半周时，二极管 D_3、D_4 处于正向导通，由于加在他们两端的电压相等（均为 U_2），流过检流计 G 的电流 i_3、i_4 大小相同而方向相反，相互抵消，使 $i_G=0$；而在负半周时 D_1、D_2 导通，流过检流计 G 的电流 i_1、i_2 大小相同而方向相反，也相互抵消，使 $i_G=0$。

2. $U_1'\neq 0$ 的情况

$U_1'\neq 0$，分两种情况，即 U_1' 与 U_2' 同相，和 U_1' 和 U_2' 反相。下面分别讨论。

当 U_1' 与 U_2' 同相（拉应变），极性关系如图 3-5 所示。正半周时，二极管 D_3、D_4 导通，加在二极管 D_3 两端的电压为 U_2+U_1，而加在二极管 D_4 两端的电压为 U_2-U_1，电流 $i_3>i_4$，$i_G=i_3-i_4>0$；在负半周时，二极管 D_1、D_2 导通，作用在 D_1 两端的电压为 U_2+U_1，D_2 两端的电压为 U_2-U_1，电流 $i_1>i_2$，也有 $i_G=i_1-i_2>0$。这样在一个周期内，电流计指针都偏向"+"。

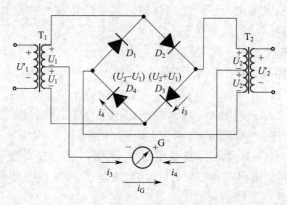

图 3-5　$U_1'\neq 0$（U_1' 与 U_2' 同相，U_2' 正半周）

当 U_1' 与 U_2' 反相（压应变），U_2 正半周对应与 U_1 负半周，极性关系如图 3-6 所示。U_2 正半周时，仍然是 D_3、D_4 导通，D_3 两端电压为 U_2-U_1，D_4 两端电压为 U_2+U_1，$i_3<i_4$，$i_G=i_3-i_4<0$；U_2 负半周时，U_1 正半周，D_1、D_2 导通，D_1 两端电压为 U_2-U_1，D_2 两端电压为 U_2+U_1，$i_1<i_2$，$i_G=i_1-i_2<0$；因此在一个周期内，流过检流计指针偏转方向与同相时相反，都偏向"－"。

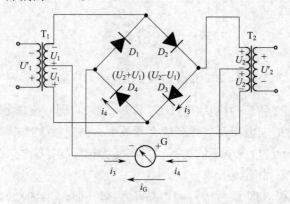

图 3-6　$U_1'\neq 0$（U_1' 与 U_2' 反相，U_2' 正半周）

由此看到，相敏检波器可以鉴别输入信号的相位突变（或应变符号），把来自放大器的调幅波转变为与应变符号相同的调幅脉动信号，这一信号的频率是载频的二倍。

3.2.4 低通滤波器

前面在介绍相敏检波器时假定它处于理想的状态。实际上，检波器中的开关元件（二极管）参数不一致，或变压器的次级抽头不对称，都会产生所谓"频率泄漏"，即具有较高频率的信号出现在输出端，必须加以滤波，阻止它们到负载上去。由于电感的感抗与频率成正比，电容的容抗与频率成反比，若以电感作串臂，以电容作并臂，构成图 3-7 所示的电路，电感对高频电流的阻流作用和电容对高频电流的分流作用，使这个电路只可以通过较低频率的电流信号，我们称之为低通滤波器。它能够阻止脉动电流的中、高频成分和"频率泄漏"通过，起到滤波和平滑作用。电路中的电感和电容的参数根据特性阻抗和传输频率（即滤波器的截止频率）而定。例如图 3-7(a) 电路的最高传输频率为

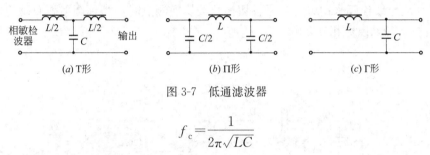

$$(a) \text{T形} \qquad (b) \Pi \text{形} \qquad (c) \Gamma \text{形}$$

图 3-7 低通滤波器

$$f_c = \frac{1}{2\pi\sqrt{LC}}$$

应用在应变仪中的低通滤波器，除了图 3-7(a) 所示的"T"形滤波器，还有"Π"形和"Γ"形，如图 3-7(b)、(c) 所示。也有些应变仪是把这几种简单的电路串联起来使用的。

3.2.5 载波发生器（振荡器）

振荡器可谓是应变仪的"心脏"。它的任务是既向应变电桥提供桥源电压，又为相敏检波器提供输出参考（或控制）电压。由第 2 章，电桥的输出与桥压成正比，因此要求振荡电压的幅值要恒定。从应变电桥平衡方面考虑，振荡电压的波形应尽量接近纯正弦波，任何失真都将产生高次谐波成分，使电桥的电容平衡困难。构成振荡器的条件是：在电路中必须要有能形成振荡的电路和能够给振荡电路不断补充能量的正反馈放大电路。产生正弦波振荡的电路，最常见的是 LC（电感和电容）振荡电路和 RC（电阻和电容）电桥电路，常见的正反馈放大电路可以是变压器耦合，也可以是电感或电容耦合。关于具体电路，这里不予详述。

振荡器的频率决定了应变仪可测应变频率的上限。一般要求载频应是可测应变频率成分中最高谐波频率的（7~10）倍。这样才能保证被测应变信号基本不失真。但载频的提高与仪器的测量精度和稳定性之间产生矛盾（在高频下，寄生电容的影响显著增加，放大环节的工作状况变坏），因而受到限制。这正是载波式应变仪的缺点。静态应变仪测量的信号不随时间变化，自然没有提高载频的必要，几百赫兹足够。

3.2.6 输出电路

动态应变仪将信号输出给记录仪器。各种记录仪器的输入阻抗不同，要求应变仪有低阻（电流输出）和高阻（电压输出）两种输出电路，以扩大应变仪的配套使用范围。如国产 BZ2202 型动态应变仪就具备两种输出可供选择。光线示波器要以电流输入，而函数记

录仪、数据采集仪要以电压输入。

3.2.7　平衡指示器

测量前要预调电桥平衡，一般用一直流电流表通过转换开关接于滤波器的输出端指示平衡与否。

3.2.8　预调平衡箱

在多点静应变测量时，平衡箱是非常有用的设备。一般的平衡箱可预接 20 个测点，并且可以并用。现在一些小型静态应变仪把平衡箱与应变仪设计在同一个箱体内，使用起来更加方便，但如果测点数多于设计点数，就得多个应变仪并用。平衡箱具有预调平衡装置，可以在测量前对各测点预调平衡。在使用时，通过切换开关 K 把各测点逐一切换到应变仪进行测量。图 3-8 所示为平衡箱的某路（第 i 路）测点与应变仪的连接关系。各测点的 B 在平衡箱内部是连通接地的，当多点共用一个补偿应变计时，将各测点的 C 点用多点连接片或导线连起来即可。当通过切换开关切换测点时，为预调平衡而设的电阻 R_p、R_d 也同时被断开，以免相互影响。

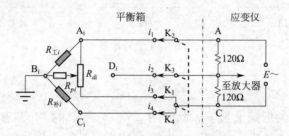

图 3-8　预调平衡箱原理

3.3　应变仪的技术指标

应变仪的种类多种多样，选用时要注意其技术指标。下面主要以动态应变仪为对象，对其主要技术指标作以说明。

3.3.1　通道数

动态应变仪的通道数指同时可独立测量几个点的应变（各通道相互独立，但振荡器公用）。线数越多实用性越强，但一台仪器线数不可能太多，测量点数多时需要同时使用多台仪器，每台仪器的振荡频率可能有差异，为避免相互干扰，动态应变仪都设有振荡频率同步装置，以便载频相近的仪器在一起使用。

3.3.2　测量范围

即应变仪的可测应变范围。动态应变仪的线性范围比较小，故放大器前级都加有信号衰减装置，使后级处理都限制在一定小范围内，保证仪器性能正常发挥，从而可根据需要扩展测量范围。未经衰减的应变测量范围与最大衰减倍数的乘积即为应变仪的测量范围，一般以微应变（$\mu\varepsilon$）表示。如 Y6D-3A 型动态应变仪在衰减倍数为 1 时，测量范围为 $100\mu\varepsilon$，它的最大衰减倍数为 100，因此测量范围就是 $10000\mu\varepsilon$。

静态应变仪的测量范围较动态应变仪大，且不含衰减装置，测量范围是固定的。

3.3.3　应变标定值

应变标定值是应变波形分析的比例尺。标定应变一般分不同档位，可根据被测应变的估计值选择。有些仪器的标定档级与衰减档级是配合的，保证仪器标定时满量程输出，提高测量精度。

3.3.4　工作频率和频率响应误差

工作频率限定了可测应变的频率范围。这个范围决定于载频大小。

频率响应指应变仪输出量的振幅和相位与输入量的振幅与相位之间的关系随输入量频率的变化，分别称为幅频特性和相频特性。大部分应变仪的幅频特性和相频特性不造成失真的容许频率范围基本重合，分析频率响应误差不超过允许值的频率范围主要针对幅频特性而言。这一特性的测定方法见 5.4 节。

3.3.5　线性输出范围及灵敏度

当被测应变的频率在应变仪的工作频率范围内，应变仪的输出电流与被测应变之间的关系称为振幅特性。应变在一定范围内，这种关系是线性的，最大应变对应于最大电流输出。振幅特性线的斜率为仪器的灵敏度（mA/$\mu\varepsilon$）。静态应变仪由于是直接读数，与灵敏度对应的是分辨率（即最小读数）这一指标。

3.3.6　灵敏系数

静态应变仪设计有灵敏系数调节旋钮。对于不同灵敏系数的应变计，可预先调节仪器上的灵敏系数 K_d 与应变计灵敏系数 K 一致，测量结果毋须再修正。但仪器上的灵敏系数有一定范围，超出这个范围则需按下式修正

$$\varepsilon = \frac{K_d}{K}\varepsilon_d \tag{3-1}$$

动态应变仪是非直读的，标定应变是用精密电阻产生的模拟应变，仪器的灵敏系数 $K_d = 2$，若应变计的灵敏系数不是 2，这时的 ε_d 为按标定应变的波高分析应变波形图得到的应变值。

目前有些动态应变仪在测量电路中也加入了灵敏系数调节装置，可以改变标定应变和测量应变信号的大小，只要仪器灵敏系数与应变计一致，测量结果也不必修正。只有在灵敏系数超出范围时才按上式修正。

3.3.7　应变计阻值

国产应变仪的电路都是指定应变计阻值为 120Ω 设计的。当应变计阻值非为 120Ω 时，振荡器的负载电阻有所变化，因而使其提供的桥源电压发生变化，引起电桥输出电压变化；另外，对于功率桥，由第 2 章知，应变计的电阻不同使电桥内阻与负载电阻失去最佳匹配，会降低电桥输出功率。因此，在使用不同阻值应变计时，会引起电桥灵敏度变化，阻值与指定阻值差别大时，应对应变读数进行修正。一般应变仪说明书都提供这种修正的曲线。

3.3.8　零漂

即在放大器无信号输入的情况下，开启仪器，随着时间过渡，仪器会有少量输出，这种现象谓之零漂。零漂的大小是衡量仪器稳定性的重要指标。

3.3.9　动漂

给仪器输入一个恒定的标准应变，对仪器稳定性进行考验，仪器输出的微小变化称为动漂。动漂是衡量仪器动态稳定性的重要指标。

■ 3.4　数据采集系统简介

随着计算机技术的发展，数字信号处理技术得到越来越广泛的应用，它已成为现代记录分析仪器发展的主流趋势。数据信号处理技术在记录仪器上的应用大致可分为两类：一是发展专用功能的数字型记录分析仪器，二是发展多功能虚拟仪器库。虚拟仪器库包括数据采集系统、一台电脑及模拟不同仪器功能的软件，使用时只要在计算机上选择不同程序模块即可。由于计算机编程语言的高级化及对话方式的日趋简单，已具备专业素养的使用者不需要高深的计算机知识就可胜任操作，使近年来虚拟仪器的发展非常迅速，并由于其数据资料易于保存、不需要传统记录介质、经济适用、灵活便利等优点，备受人们欢迎。毫不夸张地说，数据采集虚拟仪器系统的出现，实际上宣告了传统物理记录方式的结束。

3.4.1　数据采集的基本概念

1. 采集及处理的仪器系统

一般的数字信号采集及处理仪器系统可用图 3-9 所示框图表示。专用数据信号分析仪器及数据采集仪在接受模拟信号后都包含模拟信号到数字信号的模/数（A/D）转换过程。

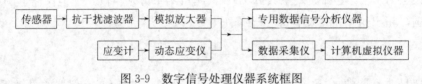

图 3-9　数字信号处理仪器系统框图

2. A/D 转换

A/D 转换是数字信号处理的必要步骤。A/D 转换过程包括采样、量化和编码过程，其工作原理如图 3-10 所示。

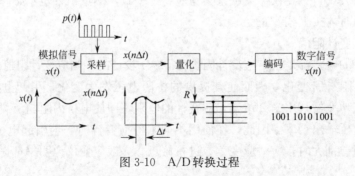

图 3-10　A/D 转换过程

采样过程是利用采样脉冲序列 $p(t)$ 从连续时间信号 $x(t)$ 中抽取一系列离散样值，使之成为采样信号 $x(n\Delta t)(n=0,1,2\cdots)$ 的过程。Δt 称为采样间隔，$f_s=1/\Delta t$ 称为采样频率。

量化过程把采样信号 $x(n\Delta t)$ 经过舍入或截尾变为只有有限个有效数字的数。若取信号 $x(t)$ 可能出现的最大值为 A，若把它分为 D 个间隔，则每个间隔的长度 $R=A/D$，称为量化增量或量化步长。当采样信号 $x(n\Delta t)$ 落在某小区间内，经过舍入或截尾变为有限位的有效值时，便会产生量化误差。量化增量 R 越大，则量化误差越大。量化误差的大小，取决于 A/D 转换分辨率（位数）。量化误差服从等概率分布，概率密度函数 $p(x)=1/R$，当为舍入量化时，最大舍入误差为 $\pm 0.5R$，当为截尾量化时，最大截尾误差为 $-R$。一般可把这种误差看作是模拟信号做数字转换时的可加噪声，称为舍入噪声或截尾噪声。

编码过程是将离散幅值量化以后变为二进制数字，即

$$A = RD = R\sum_{i=n}^{-m} a_i 2^i \tag{3-2}$$

式中，a_i 取"0"或"1"。

信号 $x(t)$ 经过上述变换后，即成为时间上离散、幅值上量化的数字信号 $x(n)$。

3. 采样信号的频谱

采样过程是通过采样脉冲序列 $p(t)$ 与连续时间信号 $x(t)$ 相乘来完成的。根据采样脉冲序列的形状，可分为理想脉冲采样和矩形脉冲采样。

如一个连续时间信号及其频谱如图 3-11(a) 所示，经理想脉冲采样以后，它的频谱将沿频率轴每隔一个采样频率 $\omega_s(2\pi/T_s)$ 重复出现一次，即频谱出现周期性拓延，其幅值会改变，但形状不变，如图 3-11(b) 所示，频谱函数为

$$X_s(\omega) = \frac{1}{T_s}\sum_{n=-\infty}^{\infty} X(\omega - n\omega_s) \tag{3-3}$$

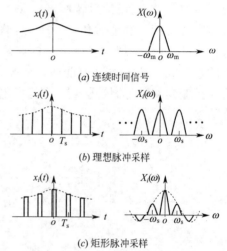

图 3-11　时域采样信号及其频谱

如果采样脉冲为矩形脉冲序列，其采样信号的频谱在重复过程中，幅值要发生变化，如图 3-11(c) 所示，相应的频谱函数为

$$X_s(\omega) = \frac{E\tau}{T_s}\sum_{n=-\infty}^{\infty} \operatorname{sinc}\left(\frac{n\omega_s\tau}{2}\right) X(\omega - n\omega_s) \tag{3-4}$$

其中，E、τ 分别为采样脉冲高度与宽度，$\operatorname{sinc}(t) = \sin t / t$ 称为抽样函数。

4. 频混现象及采样定理

由上述知，采样信号的频率要发生周期性拓延，当改变采样脉冲的频率 ω_s 时，采样频谱会出现高低频成分混淆的现象。当采样脉冲的频率 ω_s 大于 $2\omega_m$ 时，周期谱图相互分离；而当 ω_s 小于 $2\omega_m$ 时，周期谱图相互重叠，这种现象称为频混现象。频混现象将导致在把采样信号复原到连续时间信号时把高频信号成分当低频信号处理，从而丢失原始信号中的高频成分。可得采样定理：

若使采样信号不发生频混现象，采样频率 $\omega_s(2\pi/T_s)$ 或 $f_s(1/T_s)$ 必须满足条件 $\omega_s > 2\omega_m$ 或 $f_s > 2f_m$。

采样定理说明了采样信号不致发生频混现象的必要条件，也是我们把握一个数据采集系统适用性的理论根据。

以上仅介绍 A/D 转换，这里我们不考虑信号复原问题，所以对数字信号的 D/A 转换不予介绍。

3.4.2 微机数据采集分析系统

以通用计算机为主，配上数据采集仪及其他外围设备、信号处理软件，便组成信号处理系统。用现代的说法，叫作虚拟仪器。在这种系统中，数据采集部分将被测模拟信号转换成数字信号，存入计算机的指定内存；然后计算机用信号处理程序，根据设定的参数进行分析计算；分析结果用图形或数字在显示器上显示，或由打印机打印，或保存成磁盘文件。这里重点介绍数据采集仪，至于不同的虚拟仪器（实际上是不同的程序模块），范围较广，不做详细介绍。

1. 数据采集仪

数据采集仪是将被测信号送入计算机的通道，它包括接口电路硬件和控制软件。接口电路的核心是 A/D 转换器，A/D 转换器芯片的特性决定了该电路的结构。接口电路主要有两个功能：传递 CPU 给 A/D 芯片的启动、控制信号，和把转换好的数据送入 CPU 进行处理。接口电路的原理框图如图 3-12 所示。图中地址译码电路完成芯片的选择或芯片内通道的选通；数据缓冲接受 A/D 转换器转换好的数据，并由控制信号控制向 CPU 的传送；控制逻辑电路负责转换 CPU 对 A/D 转换器的选通、启动等信号。

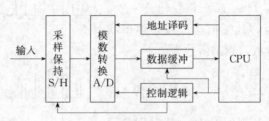

图 3-12　接口电路原理框图

对于多路信号的采集通常采用下述三种方式：

（1）多路 A/D 转换器式

对于每一路信号，都有独立的采样保持 S/H、A/D 转换器及接口电路 I/O，构成独立通道。其框图如图 3-13(a) 所示。这种方式的优点是采样通道的增加不影响最高采样频率，通常用于高速多路信号采集系统。

（2）多路共享 A/D 转换器式

图 3-13(b) 为多路共享 A/D 转换器式电路框图。输入信号先进入各路采样保持电路，然后由多路开关轮流将各路信号送 A/D 转换器进行转换。显然这种方式转换速度较上一方式慢，在采样通道数增加时，采样频率受到影响。

（3）多路开关式

多路开关式电路框图如图 3-13(c) 所示。这种方式中信号首先由多路开关进入采样保持电路，然后进行 A/D 转换，电路最简单，节省硬件，但转换速度比上两种方式都慢。这种方式主要用于多路准静态信号（如温度变化信号、低频应变信号等）的多路采集。显然，这种方式得到的多路信号在时间上不是同步的，得不到同一时刻的瞬时值。

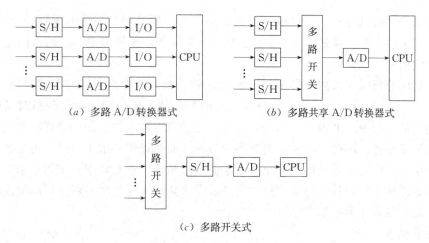

(a) 多路 A/D 转换器式   (b) 多路共享 A/D 转换器式

(c) 多路开关式

图 3-13　多路信号采集接口电路框图

2. 控制软件

信号采集的控制软件一般都用汇编语言编写而成，优点是执行速度快。图 3-14 为控制软件框图，其中输入参数主要是输入信号的采样频率、采样点数等。在窗口对话式软件中调用这些程序模块即可。

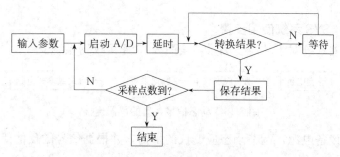

图 3-14　控制软件框图

3. 数据采集处理程序

目前的数据采集及处理分析程序都由不同信号处理功能的程序模块组成，通过简单的窗口命令可以方便地调用各种配置的模块功能，对数据信号进行分析处理。国内目前有几款程序，如北京东方所的 DASP、北京波普公司的 Vib′SYS、江苏联能公司的 YE7800 等。以 Vib′SYS 振动信号采集、处理和分析软件为例，其主要功能模块包括：基本功能模块、基本数学运算模块、数字信号时域及频域分析模块、数字信号生成模块、绘图及显示模块、信号采集及示波模块、强震加速度记录处理分析模块、模态参数识别模块、生成人工模拟地震波模块和捶击测振系统模块等，基本囊括了多种传统动态信号测量分析仪器的功能。程序运行环境：台式或笔记本电脑，Win95、98、Me、Nt、2000、XP 操作系统，支持以太网络交换。鉴于各程序内容庞大，这里不再介绍各种模块的使用方法，需要时可参阅使用说明书或帮助。这里仅就数据采集中有关参数设定问题作以简要说明。

3.4.3　参数选择

采样参数的选择主要是选择采样频率和采样点数。

1. 采样频率

若对信号做时域分析，采样频率越高，信号的复原性越好，可取采样频率 f_s 为信号最高频率 f_c 的 10 倍。但有些设备采样点数有一定限制，采样频率高，信号的记录长度就短，会影响信号的完整性。

进行频域分析时，按照采样定理，采样频率 f_s 最小应是信号最高频率 f_c 的 2 倍。实际分析中，一般取 $f_s=3\sim4f_c$。若只对信号的某些频率成分感兴趣，分析时采样频率可取感兴趣的最高频率。值得注意的是，有些设备采样点数为固定的，采样频率的提高，将使频率分辨率变差。因此，在要求高频率分辨率，而对谱值要求不高时，可选择较低采样频率；如果主要研究信号的能量大小，对谱值要求精确，而对频率分辨率要求不高时，可选择较高采样频率。另外，可采用抗频混滤波器来降低采样频率。对于好的滤波器，采样频率可选滤波器截止频率的 2～3 倍。

2. 采样点数

进行时域分析时，采样点数越多，越接近原始信号。进行频域分析时，为了傅里叶变换的方便，采样点数一般取 2 的幂数，如 32、64、128、512、1024 等。有许多设备采样点数取为 1024。

3. 信号的记录长度

当采样频率 f_s 和采样点数 N 确定以后，分析信号的记录长度就确定了。每一段样本的长度为 $T=N(1/f_s)$。

3.4.4 Vib'SYS 系统使用步骤

（1）连接仪器系统对于动应变测量，按图 3-15 连接仪器系统。

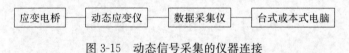

图 3-15 动态信号采集的仪器连接

（2）接通各设备电源，调节动态应变仪的平衡，并根据信号的预估值适当选择衰减或增益。

（3）打开计算机，启动 Vib'SYS 程序进入程序主界面（图 3-16）。

图 3-16 Vib'SYS 的主程序界

（4）选择主界面的菜单项"信号采集"，并在下拉菜单中选择"采集、转换、示波"，弹出信号采集界面如图 3-17 所示。

（5）信号采集。选择"采集文件"，并在新弹出的对话框中确定路径和文件名，确定后在采集文件对应的文本框中就会显示出路径和文件名。然后对有关参数设置后，启动动态应变实验装置，选"开始采集"，即开始采集。看进度完成后，按"停止采集"结束采集，如图 3-17 所示。如果是测量冲击信号等瞬态信号，可选择"触发采集"，在程序界面中设定触发阀值，当瞬态信号产生并超过触发阀值时，即开始采集。

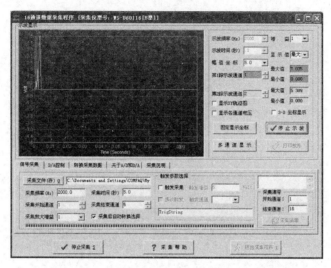

图 3-17　Vib'SYS 的信号采集程序界面

（6）转换数据。再选择"转换采集数据"，转换采集数据的格式，以便进一步的计算分析。新版软件不含此步骤，可自动完成转换。

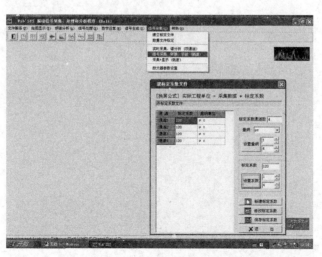

图 3-18　Vib'SYS 的标定文件创建

（7）标定。在主界面"信号采集"的下拉框中，选择"建立标定文件"和"标定数据文件"可创建采集的信号的标定文件（图 3-18）。无论什么动态信号，直接用采集软件得到的信号大小是用电压（MV）表示的，可通过与标定文件关联转换为想要的物理量量纲。对于应变测量，可在动态应变仪上给出一个标定应变信号，并用仪器系统记录得到相应电压值（MV），然后计算单位电压所代表的应变值，得出标定系数（$\mu\varepsilon$/MV）。在标定文件中不但要对所使用的通道给出标定系数，还要选择适当的物理量量纲，如应变测量就选量纲为"$\mu\varepsilon$"。

（8）运算。在主界面选不同的菜单可对数据进行处理，如把时域数据转变为频域数据，进行傅里叶变换，或信号相加、减等。

第4章　静态应变测量

前面已经介绍了应变计、应变电桥以及应变仪和其他记录仪器，本章从静态应变测量方法入手，介绍测量的一般步骤及影响测量精确度的若干因素，这些内容同样适合动态应变测量，但动态测量还有特别要注意的内容，这些将在下一章中讨论。

■ 4.1　应变测量的一般步骤

静态应变测量的一般步骤如下。

4.1.1　明确测量目的，设计总体方案

首先必须明确试验目的，决定测点位置。对于应力分布测量，需要沿某一方向相继取若干个测点，在应力变化强烈的地方，还应使测点加密；如果是强度校核试验，一般要选择构件上应力可能最大的点（危险点）进行测量；如若研究构件截面突变处或空洞边缘的应力集中，测点要在局部密集分布；要是为了了解构件的受载情况，则需要选择一些已知应力与载荷之间关系的特征点进行测量。对于复杂构件，危险点不好预先确定的情况，可辅以其他方法，如脆性涂层法、光弹性贴片法等先行了解危险区的位置。

布片和桥路连接方案，也要由测量目的、测点应力状态、构件受载情况和温度影响等进行设计。测一点应力状态时，多采用补偿块补偿、半桥接线。单向应力状态只需沿应力方向布置一枚工作应变计；主应力方向已知的平面应力状态，需要沿主应力方向粘贴两枚应变计；主应力方向未知的平面应力状态，需要在测点布置三轴应变花。多点测量时，可按测点位置的温度条件分组进行公共补偿。若测量构件内力，需要进行应变成分分析，通过桥路连接消除不需要的内力的影响，保留欲测内力的影响，可用半桥或全桥接线法进行测量。

测点、布片及接桥方案确定以后，还要考虑试验的工况，拟定好总体试验方案。

4.1.2　选择应变计和测量仪器

根据构件的尺寸、材质，以及应力梯度的大小，决定应变计的栅长和类型。金属构件材质较均匀，可用一般栅长的应变计；应力梯度大的地方需用 1mm 以下栅长的应变计。混凝土材质不均匀，需要用大栅长应变计，一般要求栅长应是骨料（石子）尺寸的 4～5 倍；金属材料选用胶基应变计较好，混凝土及塑料、石膏模型构件上适用纸基应变计。单向应力状态使用单轴应变计，二向应力状态使用直角应变花，对一般平面应力状态，如果能大致估计主应力方向，使用三轴 45° 应变花，并使相互垂直的应变计大致沿主应力方向粘贴；主应力方向根本无法估计时，最好选用三轴 60° 应变花（原因详见 4.6 节）。

应变仪的选择要注意量程、精度能否满足要求，可接测点数能否满足需要等。野外测量还要考虑应变仪的电源要求和便携性等问题。

4.1.3　现场准备

准备工作在整个测量工作中具有十分重要的地位。准备工作包括：应变计的检查与分

选（用在同一桥路中的应变计阻值差异最好不要超过 0.2Ω，以便能够调节平衡）；对应变计灵敏系数进行抽检，并对应变仪的特性进行检测，以便处理试验数据时参考；构件表面准备及粘贴应变计（参见第 1 章）；布线，同一桥路的应变计的导线长度及规格应保持一致，导线应避开电磁干扰源或采取有效的屏蔽措施，焊接到应变计一端的导线应适当固定；必要时要对应变计进行防潮处理；从连接应变仪的一端检查各应变计的阻值及与构件之间的绝缘电阻，如无短路等非正常现象，一般应把应变计绝缘电阻小的一端导线接到应变仪的 B（地）接线柱。最后，通电逐个检查应变计的平衡可调情况，并用手触摸相应的应变计，观察应变仪示值的反映，检查应变计粘贴质量，校对测点和导线编号是否对应，发现问题及时解决。一切准备就绪时，在允许的情况下，应对构件预加载三次（超载 5%～10%），以减小机械滞后影响。

4.1.4 正式试验

逐点预调并检查平衡，不能预调到零的测点应记下初读数，然后按预定方案正式加载并记录应变读数。如有异常，应在记录中注明，以便处理结果时参考。

4.1.5 分析检查试验结果

在多次重复试验的情况下，数据应有很好的重复性，数据随载荷的变化也应有明显的规律性。如果重复性和规律性存在疑问，要检查和改进试验的各个环节，确保试验数据可靠后方可结束试验。

■ 4.2 应力的换算

用电测法一般只能测量构件表面上的测点，这些点一般都是平面应力状态（高压液下例外）。测得应变以后，要根据测点应力状态决定采用何种换算公式计算应力。

4.2.1 单向应力状态

单向应力状态下的测点，如构件自由棱边处，用单轴应变计直接测定（或经过换算得到）沿应力方向的应变 ε，相应的应力 σ 由胡克定律决定，即

$$\sigma = E\varepsilon \tag{4-1}$$

其中，E 为材料杨氏模量。

4.2.2 二向应力状态

二向应力状态下的测点，如构件对称轴处的点、作用法向边界力的边界点等，一般用双轴直角应变花测定（或换算得到）沿两个主应力方向的主应变 ε_1、ε_2，由广义虎克定律计算主应力 σ_1、σ_2 为

$$\sigma_1 = \frac{E}{1-\mu^2}(\varepsilon_1 + \mu\varepsilon_2)$$
$$\sigma_2 = \frac{E}{1-\mu^2}(\varepsilon_2 + \mu\varepsilon_1) \tag{4-2}$$

这里，μ 为材料泊松比。

4.2.3 一般平面应力状态

对于无法预先准确判定主应力方向的一般平面应力状态的测点 M，要沿三个不同方向 θ_1、θ_2、θ_3 测定应变 $\varepsilon_{\theta1}$、$\varepsilon_{\theta2}$、$\varepsilon_{\theta3}$，如图 4-1 所示。根据应变分析，可把他们

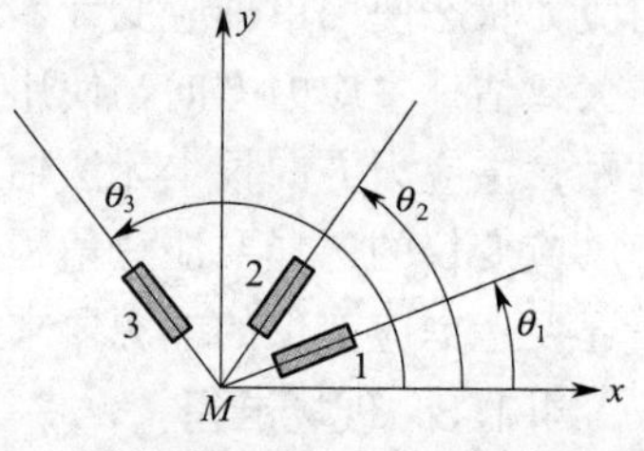

图 4-1 主应力方向未知时的应变计布置

用 ε_x、ε_y 和 γ_{xy} 表示为

$$\varepsilon_{\theta i}=\frac{\varepsilon_x+\varepsilon_y}{2}+\frac{\varepsilon_x-\varepsilon_y}{2}\cos2\theta_i+\frac{\gamma_{xy}}{2}\sin2\theta_i\,(i=1,2,3) \tag{4-3}$$

由此联立，可求解未知量 ε_x、ε_y、γ_{xy}，进而可确定主应变 ε_1、ε_2 和主方向角 φ：

$$\left.\begin{array}{c}\varepsilon_1\\\varepsilon_2\end{array}\right\}=\frac{\varepsilon_x+\varepsilon_y}{2}\pm\frac{1}{2}\sqrt{(\varepsilon_x-\varepsilon_y)^2+\gamma_{xy}^2} \tag{4-4}$$

$$\varphi=\frac{1}{2}\tan^{-1}\frac{\gamma_{xy}}{\varepsilon_x-\varepsilon_y}$$

将 ε_1、ε_2 代入式(4-2)，即可求得主应力 σ_1、σ_2。

实际应用中为了简化计算，三枚应变计的方向角 θ_1、θ_2 和 θ_3 总是取一些特殊角，例如 $0°$、$45°$ 和 $90°$，或 $0°$、$60°$ 和 $120°$，并把三个敏感栅放在同一个基底上，形成所谓三轴 $45°$ 应变花及三轴 $60°$ 应变花（图 1-7）。若主应力方向大致可以判定，使用三轴 $45°$ 应变花，并使 $0°$ 和 $90°$ 应变计大致沿估计的主应力方向粘贴，可以推出主应力及主方向的计算公式为

$$\left.\begin{array}{c}\sigma_1\\\sigma_2\end{array}\right\}=\frac{E}{2}\left[\frac{\varepsilon_{0°}+\varepsilon_{90°}}{1-\mu}\pm\frac{\sqrt{2}}{1+\mu}\sqrt{(\varepsilon_{0°}-\varepsilon_{45°})^2+(\varepsilon_{45°}-\varepsilon_{90°})^2}\right] \tag{4-5}$$

$$\varphi=\frac{1}{2}\tan^{-1}\left(\frac{2\varepsilon_{45°}-\varepsilon_{0°}-\varepsilon_{90°}}{\varepsilon_{0°}-\varepsilon_{90°}}\right)$$

若主应力方向根本无法预知，使用三轴 $60°$ 应变花，换算公式为

$$\left.\begin{array}{c}\sigma_1\\\sigma_2\end{array}\right\}=\frac{E}{3}\left[\frac{\varepsilon_{0°}+\varepsilon_{60°}+\varepsilon_{120°}}{(1-\mu)}\pm\frac{\sqrt{2}}{1+\mu}\sqrt{(\varepsilon_{0°}-\varepsilon_{60°})^2+(\varepsilon_{60°}-\varepsilon_{120°})^2+(\varepsilon_{120°}-\varepsilon_{0°})^2}\right] \tag{4-6}$$

$$\varphi=\frac{1}{2}\tan^{-1}\left[\frac{\sqrt{3}(\varepsilon_{60°}-\varepsilon_{120°})}{2\varepsilon_{0°}-\varepsilon_{60°}-\varepsilon_{120°}}\right]$$

其中，φ 为从 $0°$ 应变计轴线到 σ_1 的转角（逆时针为正）。

有的应变花使用四枚应变计构成，如三轴 $45°$ 应变花中再加一枚 $135°$ 方向的应变计，构成四轴 $45°$ 应变花（图 1-7），或在三轴 $60°$ 应变花中再加一枚 $90°$ 应变计构成四轴 $60°$ 应变花。使用这样的应变花，可以用多余的一个应变读数来校核其他三个应变读数的准确性。这两种应变花的应力换算公式及校核条件为：

四轴 $45°$ 应变花：

$$\left.\begin{array}{c}\sigma_1\\\sigma_2\end{array}\right\}=\frac{E}{2}\left[\frac{\varepsilon_{0°}+\varepsilon_{45°}+\varepsilon_{90°}+\varepsilon_{135°}}{(1-\mu)}\pm\frac{1}{1+\mu}\sqrt{(\varepsilon_{0°}-\varepsilon_{90°})^2+(\varepsilon_{45°}-\varepsilon_{135°})^2}\right] \tag{4-7}$$

$$\varphi=\frac{1}{2}\tan^{-1}\left[\frac{\varepsilon_{45°}-\varepsilon_{135°}}{\varepsilon_{0°}-\varepsilon_{90°}}\right],\varepsilon_{0°}+\varepsilon_{90°}=\varepsilon_{45°}+\varepsilon_{135°}$$

四轴 $60°$ 应变花：

$$\left.\begin{array}{c}\sigma_1\\\sigma_2\end{array}\right\}=\frac{E}{2}\left[\frac{\varepsilon_{0°}+\varepsilon_{90°}}{(1-\mu)}\pm\frac{1}{1+\mu}\sqrt{(\varepsilon_{0°}-\varepsilon_{90°})^2+\frac{4}{3}(\varepsilon_{60°}-\varepsilon_{120°})^2}\right] \tag{4-8}$$

$$\varphi=\frac{1}{2}\tan^{-1}\left[\frac{2(\varepsilon_{60°}-\varepsilon_{120°})}{\sqrt{3}(\varepsilon_{0°}-\varepsilon_{90°})}\right],\varepsilon_{0°}+3\varepsilon_{90°}=2(\varepsilon_{60°}+\varepsilon_{120°})$$

■ 4.3   静态应变仪的校验

一台好的静态应变仪应当具有灵敏度高、读数准确而且静态稳定性好等特点。灵敏度高指仪器的读数分辨率高；读数准确指读数与真值的接近程度好；静态稳定性好指平衡状态下示值长时间无明显漂移。应变仪的校验项目包括上述三项内容。通过校验可以对应变仪做到心中有数，如果误差太大，说明应变仪有故障，必须维修完好才能使用。

4.3.1   示值线性相对误差校验

使用标准应变模拟仪按图 4-2 所示半桥接线与应变仪连接。并把应变仪上的灵敏系数调至 2.00。预调平衡后，用模拟仪给出 10 个以上模拟应变值 ε_s 作为输入信号（每个信号都是第一个信号的整数倍），并从应变仪上读取应变读数 ε_d，按下式计算示值线性相对误差

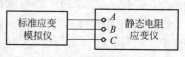

图 4-2   测定示值线性相对误差

$$\delta_k = \frac{\varepsilon_d - \varepsilon_s}{\varepsilon_s} \times 100\% \qquad (4\text{-}9)$$

4.3.2   灵敏系数相对误差校验

为了便于使用不同灵敏系数的应变计进行测量，应变仪上都有一个灵敏系数调节电位器。校验时，仪器仍按图 4-2 连接，用模拟仪给出应变仪量程 1/2 的模拟应变值 ε_s，然后调节应变仪灵敏系数 K_d，从刻度盘下限值开始，每次增加 0.05 的间隔，直到灵敏系数上限值为止，同时记录各位置应变仪的读数 ε_d，最后按下式计算灵敏系数相对误差

$$\delta_c = \left| 1 - \frac{K_d \varepsilon_d}{K_s \varepsilon_s} \right| \times 100\% \qquad (4\text{-}10)$$

其中，$K_s = 2$ 为模拟仪的设计灵敏系数。

4.3.3   稳定性校验

将应变仪所带附件——阻值为 120Ω 的精密无感电阻按图 4-3 连接到应变仪。检测在 4 小时内进行。预调平衡后，第一小时内间隔 15 分钟，以后间隔 30 分钟，从应变仪读取零偏值（即零漂）。按下式计算稳定度 $\Delta\varepsilon$：

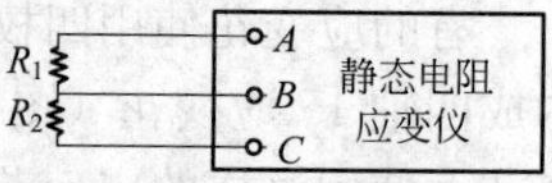

$$\Delta\varepsilon = \left| \varepsilon_{0t} - \varepsilon_{01} \right| \qquad (4\text{-}11)$$

图 4-3   稳定度检测

其中 ε_{01} 为第一次读数的零偏值，ε_{0t} 为每次读数的零偏值。

■ 4.4   应变计栅长的选择

用应变计测得的应变读数是其栅长范围内的平均应变，用此代替构件上在敏感栅中心点处（假定无位置偏差）的应变所产生的误差，取决于栅长的大小和构件表面的应变梯度。假定应变计栅长范围内的应变分布规律可用多项式表示

$$\varepsilon_x = c_0 + c_1 x + c_2 x^2 + \cdots + c_n x^n$$

当 c_1、$c_2 \cdots = 0$，ε_x 为均匀分布；当 c_2、$c_3 \cdots = 0$，ε_x 为线性分布。在 L 长度内的平均应变为

$$\varepsilon_a = \frac{1}{L} \int_0^L (c_0 + c_1 x + c_2 x^2 + c_3 x^3 + \cdots + c_n x^n) dx$$

$$= c_0 + \frac{1}{2}c_1 L + \frac{1}{3}c_2 L^2 + \frac{1}{4}c_3 L^3 + \cdots + \frac{1}{n+1}c_n L^n$$

而中点 M 的应变为

$$\varepsilon_M = c_0 + \frac{1}{2}c_1 L + \frac{1}{4}c_2 L^2 + \frac{1}{8}c_3 L^3 + \cdots + \frac{1}{2^n}c_n L^n$$

误差

$$\Delta_\varepsilon = \varepsilon_a - \varepsilon_M = \frac{1}{12}c_2 L^2 + \frac{1}{8}c_3 L^3 + \cdots + \frac{2^n - n - 1}{2^n(n+1)}c_n L^n \tag{4-12}$$

由此可见，应变均匀或线性分布不会引起误差，误差与二次以上的应变分布有关，次数愈高误差愈大；误差还与应变计栅长有关，栅长愈长误差也愈大。所以在选择应变计时，要根据应变场的情况决定栅长的大小。应变变化愈剧烈的地方（如应力集中区），应使用愈小标长的应变计；对于应变呈线性分布或变化不太剧烈的地方，可使用稍大标长的应变计。大标长应变计易于贴准方位，并且横向效应小。

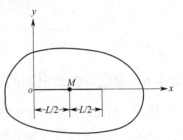

图 4-4 平均应变与一点应变

4.5 横向效应的修正

在 1.5 节中已经讨论了应变计横向效应对应变读数的影响，并且指出对于单向应力状态，即使横向效应系数为 5%，读数误差也不大于 1%，毋须进行修正。对于双向应力状态及一般平面应力状态的测点，横向效应的影响一般是要考虑进行修正的。对于直角应变花，式(1-20)已经给出横向效应的修正公式，类似的推导也可得到其他常用应变花的横向效应修正公式，这里将其罗列如下，以供参考。

双轴直角应变花：

$$\varepsilon_{0°} = Q(\varepsilon'_{0°} - H\varepsilon'_{90°})$$
$$\varepsilon_{90°} = Q(\varepsilon'_{90°} - H\varepsilon'_{0°}) \tag{4-13}$$

其中，ε' 为各应变计的应变读数，常数 $Q = \dfrac{1 - \mu_0 H}{1 - H^2}$，$\mu_0$ 为标定梁材料的泊松比，H 为应变计的横向效应系数。

三轴 45° 应变花：

$$\varepsilon_{0°} = Q(\varepsilon'_{0°} - H\varepsilon'_{90°})$$
$$\varepsilon_{45°} = Q[(1 + H)\varepsilon'_{45°} - H(\varepsilon'_{0°} + \varepsilon'_{90°})] \tag{4-14}$$
$$\varepsilon_{90°} = Q(\varepsilon'_{90°} - H\varepsilon'_{0°})$$

三轴 60° 应变花：

$$\varepsilon_{0°} = Q[\varepsilon'_{0°} - H(\varepsilon'_{60°} + \varepsilon'_{120°})]$$
$$\varepsilon_{60°} = Q[\varepsilon'_{60°} - H(\varepsilon'_{120°} + \varepsilon'_{0°})] \tag{4-15}$$
$$\varepsilon_{120°} = Q[\varepsilon'_{120°} - H(\varepsilon'_{0°} + \varepsilon'_{60°})]$$

四轴 $45°$ 应变花：

$$\varepsilon_{0°} = Q(\varepsilon'_{0°} - H\varepsilon'_{90°})$$
$$\varepsilon_{90°} = Q(\varepsilon'_{90°} - H\varepsilon'_{0°})$$
$$\varepsilon_{45°} = Q(\varepsilon'_{45°} - H\varepsilon'_{135°})$$
$$\varepsilon_{135°} = Q(\varepsilon'_{135°} - H\varepsilon'_{45°})$$

$$(4-16)$$

四轴 $60°$ 应变花：

$$\varepsilon_{0°} = Q(\varepsilon'_{0°} - H\varepsilon'_{90°})$$
$$\varepsilon_{90°} = Q(\varepsilon'_{90°} - H\varepsilon'_{0°})$$
$$\varepsilon_{60°} = Q[(1+H)\varepsilon'_{60°} - H(\varepsilon'_{0°} + \varepsilon'_{90°})]$$
$$\varepsilon_{120°} = Q[(1+H)\varepsilon'_{120°} - H(\varepsilon'_{0°} + \varepsilon'_{90°})]$$

$$(4-17)$$

■ 4.6 应变计方位引起的误差

应变计粘贴的实际方位很难保证与基准方位完全重合，由此便会给测量带来误差。位置不准引入的误差与应力分布有关，难以定量分析，因此这里仅考虑方向不准带来的误差。假定测点为平面应力状态，ε_1、ε_2 为两个主应变。设预定基准线与主方向的夹角为 φ，应变计 R 实际粘贴方向与主方向的夹角为 $\varphi' = \varphi + \delta\varphi$，即方位角偏差为 $\delta\varphi$，如图 4-5 所示。基准线方向的应变为 ε_φ，可用主应变表示为

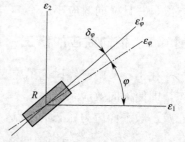

图 4-5 应变计粘贴方向不准的误差

$$\varepsilon_\varphi = \frac{\varepsilon_1 + \varepsilon_2}{2} + \frac{\varepsilon_1 - \varepsilon_2}{2}\cos 2\varphi$$

而实际测得的应变应为

$$\varepsilon_{\varphi'} = \frac{\varepsilon_1 + \varepsilon_2}{2} + \frac{\varepsilon_1 - \varepsilon_2}{2}\cos 2(\varphi + \delta\varphi)$$

所以，应变测量误差是

$$\delta\varepsilon_\varphi = \varepsilon_{\varphi'} - \varepsilon_\varphi = \frac{\varepsilon_1 - \varepsilon_2}{2}[\cos 2(\varphi + \delta\varphi) - \cos 2\varphi] = -(\varepsilon_1 - \varepsilon_2)\sin(2\varphi + \delta\varphi)\sin\delta\varphi \quad (4-18)$$

由此可知，应变计粘贴方向不准所引起的误差不仅与方向偏差 $\delta\varphi$ 有关，还与预定方向 φ 有关。预定方向与主应变方向的夹角愈大则误差愈大，$45°$ 时为最大。

【例 4-1】 设测点为单向应力状态，构件材料泊松比 $\mu = 0.3$。若应变计沿应力方向粘贴（$\varphi = 0$），粘贴方向偏差为 $\delta\varphi$，由式(4-18)，并注意 $\varepsilon_2 = -\mu\varepsilon_1$，得

$$\delta\varepsilon_\varphi = -(1+\mu)\varepsilon_1\sin^2\delta\varphi$$

相对误差

$$e_\varphi = \frac{\delta\varepsilon_\varphi}{\varepsilon_1} = (1+\mu)\sin^2\delta\varphi$$

一般 $\delta\varphi$ 不超出 $\pm 5°$，可以计算 $e_\varphi \leqslant 1\%$。

但若测量与应力方向成 $\varphi = 45°$ 方向的应变，类似的推导可得相对误差为

$$e_\varphi = \frac{\delta\varepsilon_\varphi}{\varepsilon_{45°}} = \frac{1+\mu}{1-\mu}\sin 2\delta\varphi$$

若 $\delta\varphi=1°$，$e_\varphi=6.48\%$；而 $\delta\varphi=5°$，$e_\varphi=32.4\%$。可见贴片方位远离主应力方向时，测量误差对应变计方向的偏差是相当敏感的。所以，尽可能使应变计粘贴方向准确，提高粘贴质量，是减小误差的关键。

上述内容说明了用应变花进行测量时将三轴 45° 应变花用于主应力方向大致可知的情况而三轴 60° 应变花用于主应力方向完全不知情况的原因。后者三枚应变计等角排列，各应变计与主方向的最大可能夹角为 30°，是各型应变花的最小者，可使方向误差为最小。

■ 4.7　应变计阻值引起的误差

应变仪的电桥通常是按使用阻值为 120Ω 的应变计而设计的。测量时，如果应变计实际阻值不是应变仪要求的阻值，就会改变测量电桥的输出阻抗，破坏电桥与放大器的匹配关系，影响应变读数。对于不同的应变仪，由于电路设计不同，其影响也不尽相同。特别是使用偏位法测量原理的应变仪（如动态或数显静态应变仪），应变计阻值不同会直接影响读数准确度，需要进行修正。

由 2.1 节中关于功率桥的讨论，电桥的内阻与负载电阻相等时电桥输出功率最大，获得最佳匹配。即按设计，应有

$$R_\mathrm{L}=\frac{R_1 R_2}{R_1+R_2}+\frac{R_3 R_4}{R_3+R_4}$$

电桥的输出电压为

$$\Delta U=\frac{E}{8}\left(\frac{\Delta R_1}{R_1}-\frac{\Delta R_2}{R_2}+\frac{\Delta R_3}{R_3}-\frac{\Delta R_4}{R_4}\right)$$

假定设计 $R_1=R_2=R_3=R_4=R$，这时电桥内阻及负载电阻都是 R。若使用的应变计电阻为 R'，电桥内阻变为 R'，而负载电阻还是 R，功率桥失去最佳匹配状态，电桥输入给放大器的电压可由式(1-8)求出，注意略去分子中的二阶微量和分母中的一阶微量，得

$$\Delta U'=\frac{E}{4(1+R/R')}\left(\frac{\Delta R_1}{R_1}-\frac{\Delta R_2}{R_2}+\frac{\Delta R_3}{R_3}-\frac{\Delta R_4}{R_4}\right)$$

二者之比

$$\frac{\Delta U}{\Delta U'}=\frac{1}{2}\left(1+\frac{R'}{R}\right)$$

因此，应变读数修正公式为

$$\varepsilon=\frac{1}{2}\left(1+\frac{R'}{R}\right)\varepsilon_\mathrm{d} \tag{4-19}$$

如果采用半桥接线法，且 $R_1=R_2=R'$ 为应变计电阻，$R_3=R_4=R$ 为应变仪内部固定电阻，类似推导可得应变修正公式为

$$\varepsilon=\frac{1}{4}\left(3+\frac{R'}{R}\right)\varepsilon_\mathrm{d} \tag{4-20}$$

式(4-19)、式(4-20)是由一般功率桥推导出的关于应变计电阻不同的应变读数修正公式。在应变仪说明书中，一般都给出了应变计电阻不同的修正曲线或公式，实验时应根据具体应变仪的说明，对应变读数进行修正。

■ 4.8　长导线引起的误差

实际应变测量时被测构件往往不得已而远离应变仪，需要用长导线将应变计与应变仪

连接。由于导线自身有一定电阻，这个电阻与应变计电阻串联接入桥臂，但它并不随应变变化，故引起桥臂电阻相对变化率减小，使应变读数减小，其影响相当于减小了应变计的灵敏系数。

设应变计电阻为 R，感受应变后的电阻变化为 ΔR，灵敏系数为 K，则当无导线电阻影响时，用应变仪测得的应变为

$$\varepsilon = \frac{1}{K}\frac{\Delta R}{R}$$

若桥臂上导线的电阻为 R_L，应变仪仍调整到应变计灵敏系数 K 进行测量，则测得的应变读数将为

$$\varepsilon_d = \frac{1}{K}\frac{\Delta R}{R + R_L}$$

由上二式可得考虑长导线影响时的应变修正公式

$$\varepsilon = \varepsilon_d\left(1 + \frac{R_L}{R}\right) \tag{4-21}$$

也可以先对应变计灵敏系数进行修正，取仪器的灵敏系数

$$K_d = K\frac{R}{R + R_L} \tag{4-22}$$

则读出的应变读数

$$\varepsilon_d = \frac{1}{K_d}\frac{\Delta R}{R + R_L} = \frac{1}{K}\frac{\Delta R}{R} = \varepsilon$$

即可使应变读数正好等于欲测应变。

关于导线电阻的确定，如图 4-6 所示的公共地线接桥法，公用地线部分可不予考虑，只计算一根导线的电阻即可。

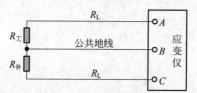

图 4-6 公共地线接桥法

■ 4.9 多点测量和接触电阻

在静态应变测量中，经常遇到有大量测点的情况，为了有效地利用仪器，各测点的应变即是通过预调平衡箱的切换开关与应变仪连接的。切换开关的"刀"与"掷"之间有接触电阻存在，接触电阻的大小与开关的材料、接触压力、表面氧化、电腐蚀及清洁程度等多种因素有关，并有随机性。如果接触电阻与应变计电阻之间为串联关系，势必会引起测量误差。一般切换开关的接触电阻 $R_k = 0.1 \sim 0.8\Omega$，其变化可达 $10\% \sim 50\%$。设单臂切换（图 4-7）时接触电阻变化为 $\Delta R_k = 0.04\Omega$，应变计电阻为 $R = 120\Omega$，灵敏系数 $K = 2$，则由此引起的虚假应变为

$$\varepsilon_k = \frac{1}{K}\frac{\Delta R_k}{R} = \frac{1}{2} \times \frac{0.04}{120} = 170\mu\varepsilon$$

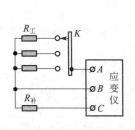

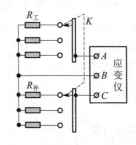

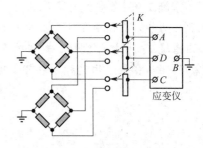

图 4-7　单臂切换线路　　　　图 4-8　半桥切换线路　　　　图 4-9　全桥切换线路

由此可见，单臂切换法对接触电阻的变化是很敏感的。此外，这种方法的补偿应变计一直通电，发热温度的影响对各点各不相同，补偿效果不好。实际的平衡箱并不采用单臂切换，半桥测量时为双臂切换（图 4-8），全桥测量时为全桥切换（图 4-9）。

双臂切换时，工作应变计和补偿应变计同时切换，通电发热平衡较好，但切换电阻变化的影响可能有所抵消（若两接触电阻变化同号），也可能加剧（若两接触电阻变化异号）。正常情况下，切换电阻比较稳定，切换误差一般不超过 ±5με。但在平衡箱使用年久时，由于触点磨损，会使切换误差过大且不稳定，对同一点重复读数时，很容易出现每次读数相差甚远的情况。出现这种情况，可用酒精清理切换开关触点上的污垢或氧化层，改善其稳定性。情况严重时最好更换切换开关。

最好的办法是采用全桥切换。这时接触电阻变化只对供桥电压稍有影响，由于接触电阻变化与整个桥路电阻相比还是很微小的，因此可以不予考虑。但此法占用开关触点多，使用的应变计也多，故仅适用于要求较高的全桥测量线路。顺便指出，这种把接触电阻引到桥臂之外以减小测量误差的方法，在实用中有重要的意义。例如对于旋转件的测量，就应把集流环的触点接在桥臂之外（见 6.2 节、7.4 节）。

▌ 4.10　电噪声的影响与抑制

应变电桥的输出电压是非常小的（通常小于 $10\mu V/\mu\varepsilon$），如果测量导线附近有市电电缆等干扰源，干扰电线中流过的交流电流会产生随时间变化的磁场，该磁场的磁力线切割应变电桥的导线，将在信号回路中感应出一个电压，称为噪声电压。如图 4-10 所示，当距离 d_1、d_2 不等，两根导线处的磁场强度不等，就要引起一个噪声电压 E_N，叠加在应变信号电压 ΔU 上。这个电压与干扰电流 I 和信号回路被包围的面积成正比，与干扰电缆到信号回路的距离成反比。在干扰很大的情况，噪声电压将很明显，测量时很难把真实应变信号与其分开，引起示值抖动。通常采用下面简单的措施就可以抑制噪声。

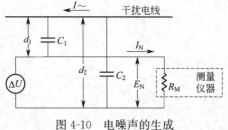

图 4-10　电噪声的生成

措施 1：避免导线与干扰源电线平行，即让导线横穿干扰源电线。这样导线不切割干扰源磁力线，即便有微小感生电压也是相互抵消的。

措施 2：可把导线捆扎或绞编在一起，将信号回路的面积化为最小，并使各导线到干扰源的距离相等。用这种方法可使噪声电压为最小。

习　题

[4-1]　一批应变计的横向效应系数 $H=3\%$，其灵敏系数 K 是在泊松比 $\mu_0=0.285$ 的标定梁上标定的。现将其用于测量铝梁（$\mu=0.36$）最大弯矩截面处的最大弯曲应变，应变计沿梁的纵向纤维方向粘贴在梁上下表面，若试验时仪器的灵敏系数取为 K，试计算由应变计横向效应引起的相对误差。

[4-2]　一根钢制圆轴，直径 80mm，材料的 $E=206$GPa，$\mu=0.28$。应变计 1 沿母线粘贴，应变计 2 与其成 $45°$粘贴，该轴不受弯曲，只作用扭矩 M_T 和轴向压力 P，应变计的横向效应影响可以忽略。第一次试验（纯扭），两枚应变计测得的应变分别为 $\varepsilon_1=0$，$\varepsilon_2=183\mu\varepsilon$；第二次试验（$M_T$ 和 P 同时作用），$\varepsilon_1=-163\mu\varepsilon$，$\varepsilon_2=204\mu\varepsilon$，试求扭矩和压力各为多少？

[4-3]　一点的主应力及其方向未知，用三轴 $45°$应变花测得应变读数

$$\varepsilon_0=-379\mu\varepsilon,\varepsilon_{45}=-322\mu\varepsilon,\varepsilon_{90}=-475\mu\varepsilon$$

已知材料的 $E=210$GPa，$\mu=0.3$，应变计横向效应系数 $H=5\%$，应变计灵敏系数标定梁的泊松比 $\mu_0=0.285$，试计算测点主应力和主方向。

第 5 章　动态应变测量

随时间而变化的应变称为动应变。动应变测量的特点是必须把应变随时间变化的过程记录下来，然后再用适当的方法进行分析。本章介绍动应变测量中要特别考虑的问题及动应变分析的内容和方法等。

5.1　动应变的分类

产生动应变的原因可以是载荷随时间的变动，也可以是构件的运动。例如，汽车在不平道路上行驶时，底盘大梁上的应变是由载荷变动而引起的动应变；轴类部件上某点的弯曲应变则因轴的旋转运动而循环交变。

动态应变可按随时间变化的性质划分为确定性应变和非确定性应变两类。若应变变化规律可明确地用数学关系式进行表述，称为确定性应变，否则为非确定性应变。确定性应变视其能否用周期性时变函数来表述，又可分为周期性应变和非周期性应变。非确定性应变又称为随机应变。下面对周期性、非周期性和随机应变及其分析方法作以简要介绍。

5.1.1　周期性应变

一个复杂的周期性应变（图 5-1）可用傅里叶级数表示为

$$\varepsilon(t) = \varepsilon_0 + \sum_{n=1}^{\infty} \varepsilon_n \cos(2\pi n f_1 t - \theta_n) \tag{5-1}$$

即一个复杂的周期性应变可以看作是由一个静态分量 ε_0 和无限多个谐波分量所组成，而各谐波分量具有不同的振幅 ε_n 和相位角 θ_n，频率为基频 f_1 的整数倍 nf_1。$n = 1$ 的谐波称为基波或一次谐波，$n = 2$ 的谐波称为二次谐波，其余类推。

图 5-1　周期性应变

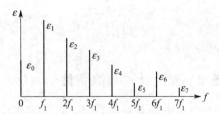

图 5-2　周期性应变的频谱

在实际分析中，相位角常不予考虑，并且谐波分量也只有有限个。此时可用图 5-2 所示的振幅—频率图来表示，这种图也称为频谱图，它直观表示出复杂周期性应变波中各谐波分量的频率和振幅。由于谐波分量只在分散的特定频率上出现，所以这种频谱图又称为离散谱。

5.1.2　非周期性应变

当一台机组由几个转速不成比例的发动机同时工作时，虽然各发动机独自工作时引起

的振动应力是周期性的，但合成振动应力是非周期性
的。这样的非周期性应变也称为准周期性应变。它的
功率谱也是离散的，但谐波分布是无规律的，如图 5-3
所示。

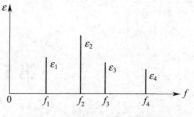

图 5-3　准周期性应变的频谱

结构受到非周期性突加载荷、碰撞，如土建工地
的打桩、枪炮发射炮弹等，在结构中引起的应变都是
非周期瞬变性应变，也称冲击应变。瞬变信号通常含
有从零到无穷大连续分布的频率成分，其时变函数是
用傅里叶积分表示的，频谱也不再是离散谱，而是连续谱，如图 5-4 所示。

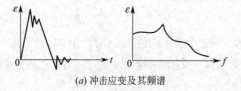

(a) 冲击应变及其频谱　　　　　(b) 突加应变及其频谱

图 5-4　瞬变应变

5.1.3　随机性应变

许多机械或构件，如运输与采矿机械、机床上加工的零件，所受的载荷都是杂乱无章
的，应变的时间历程无法用确定的数学关系来表示，这种性质的应变称为随机性应变，如
图 5-5 所示。这种应变从表面上看无法预测它未来时刻的值，但在大量重复试验中又具有
某种统计规律性，因而可用概率统计的方法来描述和研究。

图 5-5　随机性应变

从应变测量的观点来看，对于确定性应变，要
注意估计应变变化规律所包含的频谱内容，选择适
用其频率范围的测试记录仪器，力求能真实记录应
变变化规律，然后进行频谱分析，研究各谐波分量
的频率和振幅，以便对结构进行分析；而对随机应
变，则要选用频率响应范围足够宽的测量记录仪器，
进行必要的大量重复试验，根据统计分析结果解决
结构强度问题。

■ 5.2　应变计的频响特性

当应变变化频率很高时，需要考虑应变计对构件应变的响应问题。由于应变计的基底
及胶层很薄，应变从构件传到敏感栅的时间大约为
$0.2\mu s$，这个时间很短，可以认为是立即响应的，
故只需考虑应变沿应变计栅长方向传播时应变计的
动态响应问题。

如图 5-6 所示，设被测构件表面 A 点处贴一应
变计，其栅长为 L，应变按正弦规律变化，且沿应
变计的纵向传播，波长为 λ。图中曲线表示某瞬时

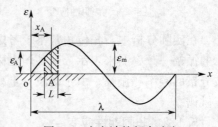

图 5-6　应变计的频率响应

构件表面上的应变分布情况。设曲线表达式为

$$\varepsilon = \varepsilon_m \sin \frac{2\pi}{\lambda} x \qquad (5\text{-}2)$$

则 A 点（应变计栅长的中点）的真实应变为

$$\varepsilon_A = \varepsilon_m \sin \frac{2\pi}{\lambda} x_A \qquad (5\text{-}3)$$

A 点应变的测量值 ε_A' 等于在应变计栅长范围内的平均应变，即

$$\varepsilon_A' = \frac{1}{L} \int_{x_A-L/2}^{x_A+L/2} \varepsilon_m \sin \frac{2\pi}{\lambda} x \, dx = \frac{\lambda \varepsilon_m}{\pi L} \sin \frac{2\pi}{\lambda} x_A \sin \frac{\pi L}{\lambda}$$

若令 $\varphi = \pi L / \lambda$，则

$$\varepsilon_A' = \varepsilon_m \sin \frac{2\pi}{\lambda} x_A \frac{\sin \varphi}{\varphi} \qquad (5\text{-}4)$$

将式(5-4)与式(5-3)进行比较可知，测量读数的相对误差为

$$\delta = \frac{\varepsilon_A - \varepsilon_A'}{\varepsilon_A} = 1 - \frac{\sin \varphi}{\varphi} \qquad (5\text{-}5)$$

由此可知，相对误差与 λ / L 的关系极大，该值愈大，误差愈大。由于

$$\lambda = vT = \frac{v}{f}$$

其中，v 为应变波在构件材料中的传播速度，T 为应变变化周期，f 为应变变化频率。因此，对一定栅长的应变计，当被测应变频率愈高时，其测量读数的相对误差就愈大。显然，当应变频率高到使 λ 与 L 相当时，ε_A' 将接近零，此时应变计就不能反映应变的变化。

应变计的输出与被测应变频率之间的关系称为应变计的频率响应特性，取决于应变计的栅长 L。当 $L \ll \lambda$ 时，可以利用近似公式

$$\frac{\sin \varphi}{\varphi} \approx 1 - \frac{\varphi^2}{6}$$

将式(5-5)写成

$$\delta = \frac{1}{6}\left(\frac{\pi L}{\lambda}\right)^2 = \frac{1}{6}\left(\frac{\pi L f}{v}\right)^2 \qquad (5\text{-}6)$$

由物理学，应变波在金属材料中的传播速度 v 可用材料杨氏模量 E 和材料质量密度 ρ 表示为

$$v = \sqrt{\frac{E}{\rho}}$$

对于钢材，$v \approx 5000\text{m/s}$。如果要求误差 $\delta \leqslant 0.5\%$，则 5mm 栅长应变计的极限工作频率为

$$[f] = \frac{v}{\pi L}(6\delta)^{\frac{1}{2}} = \frac{5 \times 10^6}{\pi \times 5}\sqrt{6 \times 0.005} \approx 55000\text{Hz}$$

一般结构的应变变化频率远比这个值小，使用 20mm 以下栅长的应变计，其频率响应是足够的。

■ 5.3 动态测量仪器系统

动态应变测量需要获得应变随时间变化的过程，故在测量仪器系统中除了动态应变仪

之外，还必须配备必需的记录仪器。仪器系统的选择，取决于应变信号的频率范围。在按频率选配仪器系统的同时，还需注意仪器之间的阻抗匹配问题。图 5-7 为仪器组配的方框图，并给出了所适应的频率范围，供选用时参考。

滤波器的选用要根据测量目的而定。如希望获得某一频带范围内的谐波分量，选用相应频带的带通滤波器；只需测定低于某一频率的谐波分量时，选用有相应截止频率的低通滤波器；无特殊要求时，可不用滤波器。

数据采集及虚拟仪器系统是最为方便、集数据采集与分析处理为一体的现代仪器系统，便于及时分析，可大大缩短试验分析周期，提高试验研究工作效率。磁带记录器也是比较灵活方便的仪器系统，现场记录，回到试验室后可用多种方式进行再现处理。这两种仪器系统比较轻便，便于现场测量。其他仪器系统是传统仪器，比较笨重，不便于现场测量，并需人工分析，工作效率相对低下。

当测量冲击应变时，由于应变信号中包含的频谱非常丰富，一般的应变仪不能满足这样高的频响要求，可用直流电位计线路来测量记录，如图 5-8 所示。

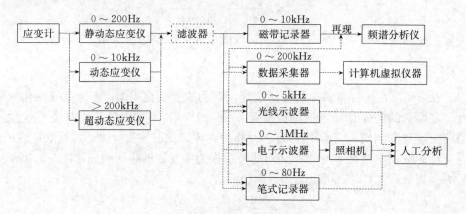

图 5-7　动应变测量仪器系统

触发电路的作用是保证电子示波器在冲击应变发生的同时作单次直线扫描，及时记录应变波形，如果使用半导体应变计，由于它的输出要比普通应变计大得多，可考虑省去直流放大器。当然，电位计线路的输出经直流放大后也可直接接入现代高采样频率的数据采集与虚拟仪器系统，通过软件设置触发记录（见第 3 章）。

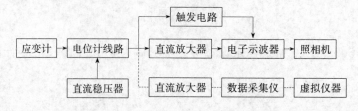

图 5-8　冲击应变测量系统

■ 5.4　仪器系统的动态特性检测

动态应变仪和记录仪器都有自己的振幅特性和频率特性。测量要求由应变仪和记录器测量仪器系统有输入与输出成线性的振幅特性和平坦的频率响应（响应不随频率而变化）。

实际上这些要求只能在一定振幅和频率范围内得到满足。了解所用仪器系统的这些特性，对于衡量仪器系统的适用性和把握测量的准确度具有非常重要的意义。

仪器系统输入与输出之间的关系是一个三维问题，输出幅值 z 是输入幅值 x 和频率 y 的函数，即 $z = f(x, y)$，如图 5-9 所示。函数 z 的空间曲面与 oxz 平面的交线 OA 为静态振幅特性。试验确定该区面时，由于要做大量测时工作，一般只测定静态特性曲线 OA 和一个（或几个）定幅输入时的频率特性曲

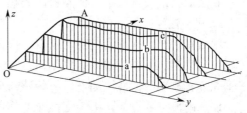

图 5-9　仪器系统的振幅、频率特性

线，如图 5-9 中的 a、b 和 c 曲线。依此来确定系统的适应范围和误差。

5.4.1　(静态)振幅特性的测定

可使用应变计灵敏系数标定试验装置进行，给定不同的标准机械应变，由仪器系统测量出相应的应变测量值，或者用标准应变模拟仪给出模拟应变输入到仪器系统，并测定相应的测量值。由此得到振幅特性曲线，一般以特性曲线上非线性误差不大于 3% 的最大应变值作为该系统的振幅测量范围。该项内容可参照静态应变仪的标定内容进行。

5.4.2　频率特性的测定

一般情况下不需要对系统的频率特性进行测量，只有在被测应变中不可忽略的谐波频率足够高，可以与应变计、动态应变仪及记录器的工作频率相比拟时，才有必要对仪器系统的频率特性进行测定。测定时输入到动态应变仪的标准信号可用电学法或机械法产生。

1. 电学法

测定频率特性的电学法，是在应变计上并联一个动态电阻，其大小按正弦规律变化。采用图 5-10 所示电路可以实现这一目的。将两个真空三极管的屏极和阴极各自接在外半桥的两个桥臂上，这样加在桥臂电阻 R 上的桥压也同时加在两三极管的屏、阴极之间，屏、阴极之间的内电阻就并联在相应桥臂上。音频信号发生器给两个三极管的栅极加以相位相反的信号电压，使两三极管的内阻产生符号相反的变化，应变电桥就会产生相当于动应变作用的信号输出。这个虚拟的动应变的幅值和频率可由改变信号发生器的输出信号电压和频率来调节。固定信号发生器的输出电压在某一值上，单独改变其输出频率 $f_i (i = 1, 2, \cdots)$，测定仪器系统的一组输出 z_i，选定频率为 f_0（可以是 0 或某特定值）时的 z_0 作为比较标准，则在某一频率 f_i 时的频率响应误差为

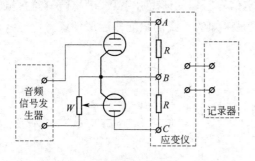

图 5-10　测定频率特性的电学法

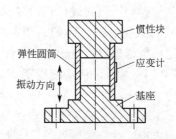

图 5-11　测定频率特性的传感器

$$e_f = \frac{z_0 - z_i}{z_0} \times 100\%$$

此法的测试设备简单，但测得的频响特性不包括应变计的性能在内。

2. 机械法

用机械法产生标准动应变，获得的仪器系统的频率特性包括应变计在内，因而更接近实际。可以制作一个如图 5-11 所示的动态应变标定传感器，弹性元件为一圆筒，下端与基座固连，上端与惯性块固连。将传感器牢固安装在振动台上。用振动台可以产生频率不同而加速度恒定的振动，由于惯性块的作用，圆筒就受到相应的动载荷，产生频率不同而幅值恒定的动应变。应变的幅值与振动加速度成正比，频率为振动台的激振频率。振动台的激振频率可达 1000～3000Hz。

这种方法更接近实际，但需要制作传感器，并备有昂贵的振动台。

■ 5.5 周期信号的计算处理

在 5.1 节中已经提到，一个复杂的周期应变信号可以用傅里叶级数表示，如果能确定式(5-1) 中的系数 ε_0、ε_n、θ_n，动应变的变化规律就可用数学形式加以描述。对于一般的周期信号 $y(t)$，通常把周期信号的傅里叶级数写成下面形式

$$y(t) = a_0 + \sum_{n=1}^{\infty} (a_n \cos n\omega t + b_n \sin n\omega t) \tag{5-7}$$

式中 a_0、a_n、b_n 为傅里叶系数：

$$\left. \begin{aligned} a_0 &= \frac{1}{T} \int_{-T/2}^{T/2} y(t) dt = \frac{1}{T} \int_0^T y(t) dt \\ a_n &= \frac{2}{T} \int_{-T/2}^{T/2} y(t) \cos n\omega t dt = \frac{2}{T} \int_0^T y(t) \cos n\omega t dt \\ b_n &= \frac{2}{T} \int_{-T/2}^{T/2} y(t) \sin n\omega t dt = \frac{2}{T} \int_0^T y(t) \sin n\omega t dt \end{aligned} \right\} (n = 1, 2, \cdots, \infty) \tag{5-8}$$

这样，第 n 次谐波的振幅 y_n 及初相位 θ_n 可由傅里叶系数来确定

$$\left. \begin{aligned} y_n &= \sqrt{a_n^2 + b_n^2} \\ \tan\theta_n &= \frac{a_n}{b_n} \end{aligned} \right\} (i = 1, 2, \cdots, \infty) \tag{5-9}$$

因此，对周期信号的计算，实质上是要确定信号历程的傅里叶系数。但对于实测得到的应变信号时间历程曲线，$y(t)$ 的解析表达式是未知的，我们只能作近似计算。首先将记录曲线离散化处理，得到一组数字量数据，然后利用这组数据进行数值积分。具体步骤如下：

如图 5-12 所示，将基波周期 T 分为 N 等分，分点编号 $k = 0, 1, 2, \cdots, N-1$。分点时间间隔为 Δt，用 t_k、$y_k = y(t_k)$ 表示分点横坐标和纵坐标。然后，用矩形法进行数值积分。因为

$$T = N\Delta t, t_k = k\Delta t, \omega = \frac{2\pi}{T} = \frac{2\pi}{N\Delta t}$$

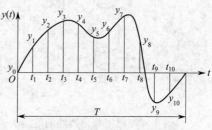

图 5-12 周期信号的数值计算

可以得到傅里叶系数的计算公式为

$$\left.\begin{array}{l} a_0 = \dfrac{1}{N}\sum_{k=0}^{N-1} y_k \\[3mm] a_n = \dfrac{2}{N}\sum_{k=0}^{N-1} y_k \cos\dfrac{2\pi nk}{N} \\[3mm] b_n = \dfrac{2}{N}\sum_{k=0}^{N-1} y_k \sin\dfrac{2\pi nk}{N} \end{array}\right\}(n=1,2,\cdots,\infty) \tag{5-10}$$

关于傅里叶级数的项数可以这样来考虑，设级数有 m 项，则级数有 $2m+1$ 个待定傅里叶系数，而用上述离散方法取点得到 N 个数值（即 N 个条件），把式(5-10)看作一个方程组，它必须满足条件 $2m+1=N$。因此，用离散方法计算周期信号的频谱时，所得的最高谐波次数不超过 $(N-1)/2$。如果 N 取为偶数，因为对于 $n=N/2$，恒有 $b_{N/2}=\sin k\pi=0$，傅里叶系数只有 $2m$ 个，即要求 $m=N/2$。因此，当 N 取偶数时，用离散法计算得到的最高谐波次数不超过 $N/2$。在实用上，为了计算方便，常取 $N=6$、12、24 等偶数值，最多能够求得的谐波次数分别为 3、6、12 等。

在计算求得傅里叶系数以后，再由式(5-9)计算谐波振幅和相位，于是便可得到周期信号的幅频谱和相频谱。

5.6　瞬变信号的计算处理

瞬变信号属于非周期信号，其时间历程 $y(t)$ 不能展开成式(5-1)或式(5-7)所示的傅里叶级数形式（傅里叶级数只可用来表达周期函数）。但我们可把瞬变信号看作周期趋于无穷大的周期信号，由此便得到与傅里叶级数对应的另一形式，即傅里叶积分。下面便介绍傅里叶积分的推导过程，并引出频谱密度概念。

首先，利用欧拉公式把式(5-7)中出现的三角函数写成复数形式（为了方便，这里将周期信号的基频用 ω_1 表示）

$$\cos n\omega_1 t = \frac{1}{2}(e^{in\omega_1 t} + e^{-in\omega_1 t}), \sin n\omega_1 t = \frac{1}{2i}(e^{in\omega_1 t} - e^{-in\omega_1 t})$$

其中 $i=\sqrt{-1}$ 为虚数单位。则式(5-7)可写成

$$y(t) = a_0 + \sum_{n=1}^{\infty}\left(\frac{a_n - ib_n}{2}e^{in\omega_1 t} + \frac{a_n + ib_n}{2}e^{-in\omega_1 t}\right)$$

上式可合并表示为

$$y(t) = \sum_{n=-\infty}^{\infty} c_n e^{in\omega_1 t} \tag{5-11}$$

这里，$n=0$，$c_0=a_0$；$n>0$，$c_n=(a_n-ib_n)/2$；$n<0$，$c_n=(a_n+ib_n)/2$。由式(5-8)（注意这里的 n 为任意整数），得

$$c_n = \frac{1}{T}\int_{-T/2}^{T/2} y(t)e^{-in\omega_1 t}\mathrm{d}t \tag{5-12}$$

c_n 称为信号 $y(t)$ 的复数频谱分量。按照复数的表示方法，它又可表示为

$$c_n = |c_n|e^{i\theta_n}$$

其中复数的模 $|c_n|$ 和幅角 θ_n 分别等于信号第 n 次谐波的振幅及相位。

上面得到傅里叶级数的复数形式［式(5-11)］。现在来考虑 $T \to \infty$ 的情况。

对于周期信号，各次谐波仅出现在离散的 $\omega_n = n\omega_1$ 各点处，频率间隔 $\Delta\omega = \omega_1 = 2\pi/T$。若将复数频谱分量 c_n 除以圆频率的间隔 $\Delta\omega$，由式(5-12)，可得

$$\frac{c_n}{\Delta\omega} = \frac{1}{2\pi}\int_{-T/2}^{T/2} y(t)e^{-in\omega_1 t}dt = \frac{1}{2\pi}\int_{-T/2}^{T/2} y(t)e^{-i\omega_n t}dt$$

当 $T \to \infty$ 时，$\Delta\omega = \omega_1 \to 0$，相邻谐波频率无限接近，信号的频谱将由离散的线谱变为无限密集的连续谱。用连续变量 ω 代替上式中的离散 ω_n，并用符号 $Y(\omega)$ 表示这一极限，即

$$Y(\omega) = \frac{1}{2\pi}\int_{-\infty}^{\infty} y(t)e^{-i\omega t}\,dt \tag{5-13}$$

$Y(\omega)$ 称为瞬态信号 $y(t)$ 的频谱密度。

另一方面，当 $T \to \infty$ 时，$\omega_1 = \Delta\omega$ 可用 $d\omega$ 代替，式(5-11) 右端将为

$$\sum_{n=-\infty}^{\infty} c_n e^{in\omega_1 t} = \sum_{n=-\infty}^{\infty}\frac{c_n}{\Delta\omega}e^{i\omega_n t}\Delta\omega \to \int_{-\infty}^{\infty} Y(\omega)e^{i\omega t}\,d\omega$$

即由式(5-11) 所表达的求和运算将变为积分运算。因此，可将瞬态信号表示为

$$y(t) = \int_{-\infty}^{\infty} Y(\omega)e^{i\omega t}\,d\omega \tag{5-14}$$

式(5-14) 称为傅里叶积分。即非周期瞬态信号的时间历程可用傅里叶积分形式来表示。

$Y(\omega)$ 和 $y(t)$ 存在某种对偶关系。$Y(\omega)$ 称为 $y(t)$ 的傅里叶积分变换，$y(t)$ 称为 $Y(\omega)$ 的傅里叶积分逆变换。$y(t)$ 和 $Y(\omega)$ 称为傅里叶变换对。在一般情况下，$y(t)$ 的频谱密度 $Y(\omega)$ 为复数

$$Y(\omega) = |Y(\omega)|e^{i\theta(\omega)}$$

它的模 $|Y(\omega)|$ 称为信号 $y(t)$ 的幅值谱密度，幅角 $\theta(\omega)$ 称为相位谱密度。

由于 $\omega = 2\pi f$，按同样的推导可得到与式(5-13) 和式(5-14) 类似的傅里叶变换对

$$F(f) = \int_{-\infty}^{\infty} y(t)e^{-2\pi ift}\,dt \tag{5-15}$$

$$y(t) = \int_{-\infty}^{\infty} Y(f)e^{2\pi ift}\,df \tag{5-16}$$

$F(f)$ 为 $y(t)$ 的频率谱密度函数。它们完全为一种对偶关系。使用时注意 $F(f)$ 与 $Y(f)$ 的区别。

如果已知信号的时间历程 $y(t)$，则可以通过傅里叶积分变换求得其频谱密度函数。对于实测得到的非周期信号记录曲线，可以通过数值积分法或离散傅里叶变换来完成式(5-13)或式(5-15) 的计算。下面简要介绍离散傅里叶变换计算法。

式(5-13) 和式(5-15) 表达的傅里叶变换，为时间范围从 $-\infty$ 到 ∞ 的无限傅里叶变换。而对于实测记录曲线，计算只是在有限的时间区间 0 到 T 内进行，此时的傅里叶变换为有限傅里叶变换。有限傅里叶变换的定义为

$$F(f,T) = \int_{0}^{T} y(t)e^{-2\pi ift}\,dt \tag{5-17}$$

其中 $F(f,T)$ 为有限傅里叶变换的频谱密度函数，T 应理解为瞬变信号所在的时间范围。进行数值计算时，先用与上节相同的方法将信号的时间历程离散化，获得采样数据 $y_k = y(t_k)$ $(k=0、1、2、\cdots、N-1)$。设采样时间间隔为 Δt，则通过计算能够得到相应离

散频率值为

$$f_j = \frac{j}{N\Delta t}(j=0,1,\cdots,N-1) \tag{5-18}$$

式中，$N=T/\Delta t$ 为离散数据个数。这样，信号在频率 f_j 处的频谱密度可用有限傅里叶积分的离散化公式计算

$$F(f_j,T) = \sum_{k=0}^{N-1} y_k e^{-2\pi ijk/N}\Delta t (j=0,1,\cdots,N-1) \tag{5-19}$$

它与频率间隔 $\Delta f=1/(N\Delta t)$ 的乘积为频率 f_j 处的频谱分量

$$Y(f_j) = F(f_j,T)\Delta f = \frac{1}{N}\sum_{k=0}^{N-1} y_k e^{-2\pi ijk/N}(j=0,1,2,\cdots,N-1) \tag{5-20}$$

信号的频谱分量 $Y(f_j)$ 为离散采样数据 y_k 的有限离散傅里叶变换。同样可知数据 y_k 为频谱分量 $Y(f_j)$ 的有限离散傅里叶变换，并且有

$$y(t_k) = \sum_{j=0}^{N-1} Y(f_j) e^{2\pi ijk/N}(k=0,1,\cdots,N-1) \tag{5-21}$$

式(5-21)实际上是傅里叶级数的复数表示形式，它与周期信号的傅里叶级数在形式上没有任何区别。也就是说，尽管周期信号与瞬变信号在理论上是不同的，然而当根据实验曲线用离散方法进行频谱计算时，却有着相同的形式。在有限离散傅里叶变换中，记录或采样的有限时间范围 T 被当作傅里叶级数的周期。

用离散方法进行计算时应注意，为了确定一个简谐信号的频率，至少需要在它的一个周期内取两个离散值。设要求通过计算能够分辨的最高频率为 f_N，则采样的时间间隔应该取为 $\Delta t=1/(2f_N)$。这时 N 为偶数，并且由式(5-18)知，能正确反映信号频率成分的离散频率值最多有 $N/2$ 个，即当按式(5-19)或式(5-20)计算信号的频谱时，只能取 $j=0$、1、2、$\cdots$、$N/2-1$。

在按式(5-19)计算出信号的频率密度 $F(f_j,T)$ 之后，取其模 $|F(f_j,T)|$ 即为信号的幅值谱密度，并且可以画出幅值谱密度曲线。如果需要得到信号的频谱分量 $Y(f_j)$，则应按式(5-20)进行计算。$Y(f_j)$ 的模 $|Y(f_j)|$ 表示当按有限离散傅里叶变换进行计算时信号中频率为 f_j 的谐波分量的振幅。要提醒注意的是，对于瞬变信号，所谓的频谱分量或谐波分量，只有计算上的意义，它与周期信号是不同的。

5.7 随机信号的统计计算

随机信号的单个时间历程具有不确定性，但其总体（无穷多个时间历程）是具有统计规律的。对于随机信号的研究，也采用数理统计的方法。

随机信号的单个时间历程称为样本函数；在有限时间内获得的随机信号称为样本记录；全部可能的样本函数的总体称为随机过程。研究一个随机过程，需要大量的样本函数或样本记录。

一个随机过程可用四种主要统计特性来描述，即均方值、概率密度函数、自相关函数和功率谱密度函数。

如果随机过程的统计特性与时间无关，则称之为平稳随机过程；研究平稳随机过程，只需要在某一时刻，对总体取平均值。在计算随机过程统计特性时，如果对整体取平均值

和在某一样本中对时间取平均值的效果相同，则称这种随机过程为各态历经随机过程。各态历经随机过程的统计特性可从单个样本函数中得到，它可以使试验和分析工作大大简化。

经验表明，工程实际中的多数随机过程都可认为是平稳的同时又是各态历经的随机过程。因此，对随机信号特征参数的定义和计算，都可以根据信号的单个样本函数或单个样本记录来进行。

设随机过程的样本函数为 $y(t)$，样本记录时间为 T，下面定义各种特征参数。

5.7.1 均值、均方值和方差

随机信号的均值定义为

$$\mu = E(y) = \lim_{T \to \infty} \frac{1}{T} \int_0^T y(t) \mathrm{d}t \tag{5-22}$$

它用来描述信号的静态分量。

y^2 的均值定义为均方值

$$\psi^2 = E(y^2) = \lim_{T \to \infty} \frac{1}{T} \int_0^T y^2(t) \mathrm{d}t \tag{5-23}$$

它是随机信号的一个重要参数。均方值的算术平方根 ψ 称为均方根值。

y 对 μ 的偏差的平方的均值称为方差

$$\sigma^2 = E\{[y - E(y)]^2\} = \lim_{T \to \infty} \frac{1}{T} \int_0^T [y(t) - E(y)]^2 \mathrm{d}t \tag{5-24}$$

方差的算术平方根 σ 称为标准差，它用来描述信号的动态变量，反映信号在均值附近的分散程度。

因 $E(y)$ 为随机信号的特征参数（常数），有

$$E\{[y - E(y)]^2\} = E(y^2) - [E(y)]^2$$

故均值、均方差与方差之间的关系为

$$\sigma^2 = \psi^2 - \mu^2 \tag{5-25}$$

5.7.2 概率密度函数

随机信号的瞬时值落在某指定区间内的频数与该区间长度之比在区间长度趋于无穷小时的极限，定义为随机信号的幅值概率密度，即

$$p(y) = \lim_{\Delta y \to 0} \frac{\mathrm{P}[y < y(t) \leqslant y + \Delta y]}{\Delta y} \tag{5-26}$$

（符号 P 为概率 Probability 之缩写），其计算方法如图 5-13 所示。

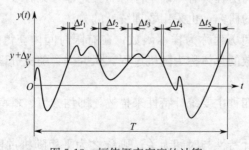

图 5-13 幅值概率密度的计算

在时间历程曲线上截取幅值区间 $(y, y+\Delta y)$，测量曲线被截在此区间内各段的时间间隔 Δt，设其总和为 $T_y = \sum \Delta t$，则信号瞬时值出现在区间 $(y, y+\Delta y)$ 内的概率为

$$P[y < y(t) \leqslant y+\Delta y] = \lim_{T \to \infty} \frac{T_y}{T}$$

因而幅值概率密度为

$$p(y) = \lim_{\Delta y \to 0} \frac{1}{\Delta y} \left[\lim_{T \to \infty} \frac{T_y}{T} \right] \tag{5-27}$$

概率密度函数恒为实值非负函数。实践表明，工程中的大量随机信号 $y(t)$ 服从或近似服从高斯（或正态）概率分布，概率密度函数为

$$p(y) = \frac{1}{\sigma \sqrt{2\pi}} e^{-\frac{y^2}{2\sigma^2}}$$

5.7.3 自相关函数

自相关函数用来描述信号在一个时刻 t 的值 $y(t)$ 与另一时刻 $t+\tau$ 的值 $y(t+\tau)$ 之间的相互关系，定义为

$$R(\tau) = \lim_{T \to \infty} \frac{1}{T} \int_0^T y(t) y(t+\tau) dt \tag{5-28}$$

自相关函数是时间位移 τ 的函数。显然，它恒为偶函数。在 $\tau = 0$ 时有最大值，且等于均方值，即 $R(0) = \psi^2$；在 τ 足够大时，$R(\tau)$ 趋于 0。自相关函数的计算如图 5-14 所示，给定一个时间位移 τ，通过采样计算式(5-28)的数值积分。自相关函数的变化曲线如图 5-15 所示。

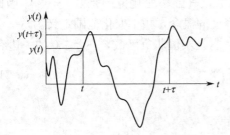

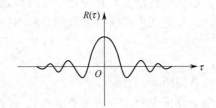

图 5-14　自相关函数的计算　　　　图 5-15　随机信号的自相关图

通过计算自相关函数的值，可以检验样本记录长度是否适宜，这只要不断增加 τ 值，计算 $R(\tau)$，如果 $R(\tau)$ 趋近于零，就说明由这个样本获得的数据足以代表随机数据的整体。

5.7.4 功率谱密度函数

在工程实际中，研究信号的能量或功率要比研究信号的幅值更为重要，而信号的能量与幅值的平方成正比。所以，在幅值为随机的情况下，应当考虑信号的均方值。前面已经看到，随机信号的均方值是对全部"谐波"分量而言的，如果我们仅对 f 到 $f+\Delta f$ 范围内的谐波成分感兴趣，就要计算信号在这一频率范围内的均方值。这可用具有精确截断特性的带通滤波器对样本记录进行滤波，将该频率范围之外的谐波分量全部滤掉，然后计算滤波器输出量之平方的平均值。在记录时间 $T \to \infty$ 时，这一平均值就是在该频率范围内的均方值，记作

$$\psi^2_{f,\Delta f} = \lim_{T \to \infty} \frac{1}{T} \int_0^T y^2_{f,\Delta f}(t) \mathrm{d}t \tag{5-29}$$

其中 $y_{f,\Delta f}(t)$ 表示 $y(t)$ 在 f 到 $f+\Delta f$ 频率范围内的部分。当 $\Delta f \to 0$ 时，上式所表示的均方值与 Δf 之比的极限定义为随机信号 $y(t)$ 的功率谱密度函数，用 $G(f)$ 表示，即

$$G(f) = \lim_{\Delta f \to 0} \frac{\psi^2_{f,\Delta f}}{\Delta f} = \lim_{\substack{\Delta f \to 0 \\ T \to \infty}} \frac{1}{T\Delta f} \int_0^T y^2_{f,\Delta f}(t) \mathrm{d}t \tag{5-30}$$

功率谱密度函数 $G(f)$ 为实值非负函数。以频率 f 为横坐标，相应的功率谱密度 $G(f)$ 为纵坐标，所得曲线称为功率谱密度函数曲线（或功率谱图）。它表示随机信号的能量在频域上的分配情况。如图 5-16 所示，图 5-16(a) 为窄带功率谱图，图 5-16(b) 为宽带功率谱图。由这种图可以了解随机信号的能量主要由哪些频段内的"谐波"分量所产生。

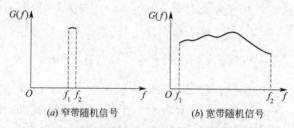

(a) 窄带随机信号　　　　(b) 宽带随机信号

图 5-16　窄带随机信号和宽带随机信号的功率谱图

应当注意，式(5-30) 所定义的功率谱密度函数，其频率变化范围是 $0 \sim +\infty$，因此称为单边功率谱密度。相应地，还有双边功率谱密度的概念，频率变化范围定义为从 $-\infty$ 到 $+\infty$，双边功率谱密度函数用符号 $S(f)$ 表示，它是实值非负函数，在 $f \geqslant 0$ 的一边有

$$S(f) = \frac{1}{2}G(f) \tag{5-31}$$

这种关系如图 5-17 所示。

理论分析表明，双边功率谱函数 $S(f)$ 与自相关函数 $R(\tau)$ 互为傅里叶变换，即

$$S(f) = \int_{-\infty}^{\infty} R(\tau) e^{-i2\pi f\tau} \mathrm{d}\tau$$
$$R(\tau) = \int_{-\infty}^{\infty} S(f) e^{i2\pi f\tau} \mathrm{d}f \tag{5-32}$$

由式(5-31)，对于单边功率谱密度函数，有

$$G(f) = 2\int_{-\infty}^{\infty} R(\tau) e^{-i2\pi f\tau} \mathrm{d}\tau$$
$$\tag{5-33}$$
$$R(\tau) = \int_0^{\infty} G(f) e^{i2\pi f\tau} \mathrm{d}f$$

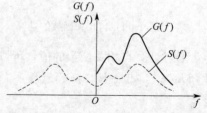

图 5-17　单边与双边功率谱密度的关系

在随机信号的数据处理中，根据情况，可以选择上述不同关系表达式作为功率谱密度的计算依据。

第6章 特殊条件下的应变测量

前面介绍了一般条件下的静应变和动应变测量方法及应注意的问题。在工程实际中，有很多构件是工作在高（低）温环境、运动状态，或受高压液体作用等特殊条件下，为了保证这些构件的工作安全、可靠，常常需要进行上述特殊条件下的应变测量。本章仅介绍高（低）温条件、运动状态和高液压作用下构件的应变测量，第4、5章中介绍的方法仍然适用于本章内容。这里仅介绍特殊条件应变测量中的特殊问题和方法。

▓ 6.1 高(低)温条件下的应变测量

和常温应变测量比较，高（低）温条件下应变测量的特点主要有三个，即需要专用应变计、专门的应变计安装及连接方法和需要测定温度场。下面首先介绍高温应变计。

6.1.1 高(低)温应变计的构造和类型

根据国内研制生产情况，主要介绍以下几种高低温应变计：

1. 单丝式自补偿应变计

用于300℃以下应变测量的单丝自补偿应变计一般为粘贴式的，应变计敏感栅采用耐高温的康铜、镍铬、卡玛合金等丝材，粘贴式应变计基底材料为胶膜或浸胶玻璃纤维布，引出线用镀银铜线；在350～700℃，一般为焊接式基底，材料为镍铬、卡玛、不锈钢等合金箔片，敏感栅与基底之间的粘结用陶瓷胶，引出线为扁带线。700℃以上的应变计，采用临时基底，使用时，利用高温胶粘剂或陶瓷喷涂粘贴，先将框架窗口内的丝栅粘在构件上，然后用溶剂去掉框架，再将其余丝栅粘上。

自补偿应变计是利用某些金属丝由于冶炼、热处理及冷加工等工艺条件不同而使其电阻温度系数不同的特性制成的。由式(2-14)可知，温度变化引起的虚假电阻变化为

$$\Delta R_t = [\alpha + K_s(\beta_m - \beta_s)]R\Delta t$$

这里，α 为丝材的电阻温度系数，β_m、β_s 分别为构件材料和丝材的线膨胀系数。对于一定的构件材料，β_m 为已知，只要在一定温度范围内使加工的敏感栅丝材满足条件

$$\alpha = -K_s(\beta_m - \beta_s)$$

就可使 $\Delta R_t = 0$，实现温度自补偿。

这种应变计工艺比较简单，成本相对较低，可分别针对不同膨胀系数的构件材料（如低碳钢、不锈钢、铝合金等）制作。其构造如图6-1所示。

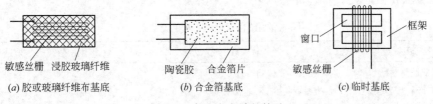

(a) 胶或玻璃纤维布基底　　　(b) 合金箔基底　　　(c) 临时基底

图 6-1 高温应变计的构造

2. 组合式自补偿高温应变计

这种应变计的敏感栅是选择电阻温度系数符号相反的两种金属丝，按一定长度比串接组合而成的（图 6-2）。在一定温度范围内，使两段丝栅因温度引起的电阻变化大小相等、符号相反而相互抵消，从而实现温度补偿。这种应变计的温度补偿效果较好，补偿范围也比单丝自补偿应变计大。

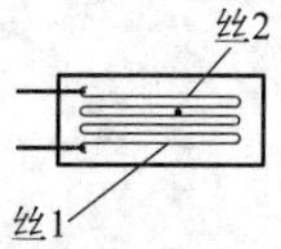

图 6-2 组合式自补偿高温应变计

3. 半桥和全桥焊接式高温应变计

除了上述应变计类型之外，还有半桥或全桥焊接式高温应变计（图 6-3）。在同一金属片上制作感受应变的工作栅与不感受应变的补偿栅，在测量时构成半桥或全桥，如图 6-3(a)、图 6-3(b) 所示。或者将补偿栅绕在工作栅上（彼此绝缘）置于不锈钢细管中，管内用氧化镁填实，一端压扁封口，测量时也按半桥接线，如图 6-3(c) 所示。用镍铬丝作敏感栅，极限工作温度低于 400℃；用铂钨丝作敏感栅，工作温度可达 650℃。这种应变计已成功应用于燃气轮机的涡轮盘和超音速飞机的应变测量，对高温液下应变测量也有独特的实用性。

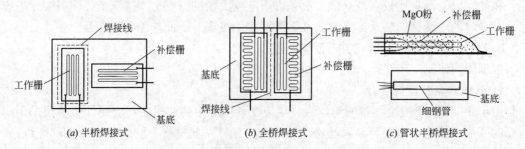

(a) 半桥焊接式   (b) 全桥焊接式   (c) 管状半桥焊接式

图 6-3 全桥及半桥焊接式高温应变计

4. 低温应变计

国内研制有 −100℃ 和 −200℃ 低温应变计，他们是一种单丝式自补偿应变计，丝材采用卡玛或铁铬铝合金丝，基底使用浸酚醛树脂胶（JSF-2、J_06_2）的玻璃纤维布。这种低温应变计适用于铬镍钛合金构件。国外已有适用于太空 −270℃ 低温条件的应变计。

6.1.2 高(低)温应变计的安装方式及胶粘剂

安装高温应变常用下列三种方法：

1. 粘贴法

与常温应变计粘贴工艺类似,使用胶粘剂粘贴。只是这里需要使用高温胶粘剂,其固化温度较高。高(低)温胶粘剂分有机和无机两类。有机胶粘剂由高分子有机硅树脂、无机填料和溶剂配制,使用温度一般不超过 500℃;无机胶粘剂(又称陶瓷胶)采用磷酸氢铝等胶粘材料,加入氧化硅或金属氧化物等填料配制而成,使用温度可超过 500℃。目前国内常用的几种高(低)温胶粘剂见表 6-1。

国内常用的高(低)温应变胶粘剂　　　　　　　　　　　　　　表 6-1

胶粘剂及其型号	主 要 成 分	固化条件	使用温度
酚醛环氧胶粘剂(J-06-2)	酚醛、环氧树脂、石棉或云母粉	150～250℃,2h	−200～250℃
聚酰亚胺胶粘剂(J-25)	聚酰亚胺、环氧树脂等	350℃,2h	≤350℃
有机硅胶粘剂(J-26)	有机硅树脂等	400℃,3h	400～500℃

胶粘剂及其型号	主 要 成 分	固化条件	使用温度
有机硅胶粘剂(4107)	有机硅树脂、云母粉、氧化铬、钢玉粉等	300℃,3h	−50～400℃
有机硅胶粘剂(B19)	有机硅树脂、氧化硅、石棉粉等	300℃,3h	−50～450℃
有机硅胶粘剂(F18)	有机硅树脂、氧化硅、磷酸锌等	400℃,4h	−50～400℃
无机磷酸盐胶粘剂(GJ-4)	磷酸氢铝、氧化硅、氧化铝、氧化铬等	400℃,1h	550～700℃
无机磷酸盐胶粘剂(LN-3)	磷酸氢铝、氧化硅、氧化铝、氧化铬等	400℃,1h	550～700℃
超低温胶粘剂(DW-3)	四氢呋喃聚醚改性环氧树脂、590固化剂等	60℃,1h	≥−196℃

2. 陶瓷喷涂法

此法适用于安装临时基底式高温应变计。其做法是用一支特制的火焰喷枪（图6-4）将陶瓷微粒喷涂到应变计上。火焰喷枪靠燃烧室内的乙炔气体混合物产生很高的温度。高纯度的氧化镁棒材被送入燃烧室后被高温熔化，并被燃烧着的氧炔气体吹出而散成半溶状的软化微粒。这种微粒射到构件表面即形成一个连续的覆盖层，将丝栅固定。喷涂的覆盖层与构件表面具有很高的粘结强度，且不须固化处理。用这种方法安装的应变计，在静态测量时使用温度可达650℃，动态测量可达1000℃。

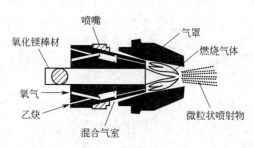

图6-4 火焰喷枪示意图

3. 焊接法

焊接法只适用于金属箔片基底的高温应变计。安装时采用电容点焊或滚焊的方法将应变计基底箔片固定在构件表面上。

6.1.3 高(低)温应变计的防护

根据高（低）温应变计的工作环境不同，要对应变计采用不同的防护措施。工作在300℃以下的高温应变计，当无气体、液体冲刷作用时，可采用涂耐热树脂进行防护；高于300℃或有冲刷时，一般只能考虑用不锈钢箔片焊接密封防护。对于低温应变计，一般采用耐低温树脂进行防护。

6.1.4 高(低)温应变计的连接

在高温条件下的应变测量,连接导线应满足下述要求,即电阻温度系数小、电阻率低、高温下不易氧化。温度低于350℃时,可使用康铜线;350～700℃时,可选用卡玛合金线或铁铬铝线。温度再高时,可选用铂钨线。

由于锡的熔点低,在高温时一般的锡焊焊点会自动脱离,高温应变测量时导线与应变计引线的焊接应采用电火花焊。电火花焊接的方法如图6-5所示。将变压器输出电压调至20V左右,用输出端的一根连线上的线夹将应变计引出线与导线夹在一起,再用输出端另一根连线上的碳棒"挂"一下被夹在一起的线头,这样便会引起短路而产生电火花,电火花产生的瞬时高温会使线头熔化而形成光滑焊点。碳棒可用废电池碳芯制作。

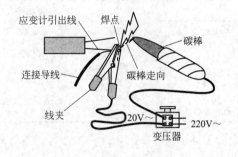

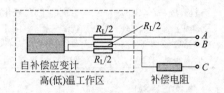

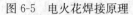

图 6-5　电火花焊接原理　　　　　　　　　图 6-6　三线接线法

应变计的导线焊接处要使用的绝缘套管，在温度低于 350℃时，可用玻璃纤维管；温度更高时，可选用陶瓷套管。

低温条件下，连接导线不能使用一般塑料或橡胶外皮导线，因为塑料和橡胶在温度很低时会变硬发脆。焊接方法可用锡焊。

由于高(低)温应变测量时，导线电阻也随温度变化而变化，为了消除此影响，可采用三线接线法。对于温度自补偿应变计，可不用补偿应变计，而使用补偿电阻。用三根同型号导线将应变计引出工作区，并使导线经过相同的路径，如图 6-6 所示。这样，由温度引起的导线电阻变化是相同的，通过半桥连接，将使桥臂上导线因温度变化所产生的电阻变化相互抵消。

对于非自补偿应变计，和常温应变计一样，使用温度补偿应变计进行补偿，但必须考虑用与上面类似的方法消除导线因温度变化产生的电阻变化。

6.1.5　温度场的测量

高温应变测量时需要测量测点的温度，以便进行应变读数的修正和为计算热应力提供温度数据。常用的测温元件是热电偶，它有很高的准确度和灵敏度，测温范围较广，热惯性小，可在短时间内反映温度变化。常用的热电偶为镍铬-镍铝(镍硅)，平均 100℃产生热电势 4.1mV，直径常为 $\phi 0.2 \sim 0.5$mm，直径越小，热惯性越小，更便于测量温度变化快的情况。较细的热电偶比较柔软，便于在构件上走线，粗的热电偶不便于使用。

为了绝缘，热电偶需使用绝缘套管与构件隔离，套管的选择与上面应变计连接中套管的选用类似。

热电偶的热电势用电位差计进行测量(如 UJ-36 或 UJ-33a 型电位差计)，便于静态指零读数。动态测量还要配用其他记录仪器(如函数记录仪等)。热电偶应在标准热电炉中进行校验。测量时，冷端应置于 0℃冷水中。

6.1.6　高(低)温应变计的工作特性

高(低)温应变计与常温应变计相比，其工作特性增加了不少项目。阻值、灵敏系数、横向效应系数、机械滞后、蠕变、应变极限、疲劳寿命和绝缘电阻等工作特性，在第 1 章中已经介绍过，这里仅介绍与应变计工作温度有关的、在高(低)温应变测量中必须加以考虑的特殊工作特性，如应变计的极限工作温度、灵敏系数随温度的变化和热输出特性等。

1. 极限工作温度

高（低）温应变计的极限工作温度，指应变计能正常工作所允许使用的最高（低）温度，应变计在使用时不得超过其极限温度。

2. 灵敏系数随温度变化的特性

高（低）温应变计的灵敏系数 K 随使用温度 T 的升高呈下降趋势，其变化曲线如图 6-7 所示。应变计的温度变化曲线一般由生产单位提供。

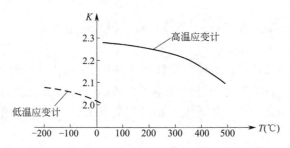

图 6-7　高（低）温应变计灵敏系数－温度曲线

3. 热输出特性

由于应变计在高（低）温条件下工作，其热输出非常显著。在进行应变测量之前，应先根据设计的试验接线方法，测定应变输出随温度变化的曲线，以便在处理数据时进行修正。

应变计的热输出通常通过抽样进行测定，测定方法如图 6-8 所示。将所抽样片安装在与被测构件相同材料的试件上，将试件平置于电热炉中（低温热输出测定时，将试件置于液氮低温容器中），处于不受力状态。采用三线接线法将应变计接至应变仪。利用热电偶测定试件上的温度。为了减小应变计在升温和降温过程中热输出的差异，在正式测量前应使应变计从室温到极限工作温度经历热循环 2～3 次。然后在室温下调节仪器平衡，按与实际测量时相近的升温速度升温，每隔 50℃ 或 100℃，保温数分钟后从应变仪读取热输出应变值，直到极限工作温度。最后将各样片的热输出取平均，绘制 ε_T—T 曲线，得到该批应变计的热输出曲线。最好同时由各样片测量结果计算出同一温度下的标准差，以所测温度范围内的最大标准差作为该批应变计的热输出分散度。如果分散度大，将影响测量精度，分散度越小越好。

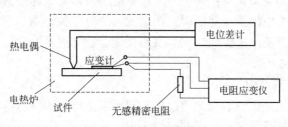

图 6-8　热输出测定装置

6.1.7　测量数据的修正

与常温应变测量比较，高（低）温应变测量在数据处理上有很大的不同，特别是应变读数，须经以下几个步骤的修正才能得出真实应变。常温应变测量中数据处理的其他方法对高（低）温测量仍然适用，这里不再赘述。

1. 导线电阻修正

高（低）温应变测量时，由于导线采用合金线，其电阻率大，因而导线电阻较大，在处理数据时，虽然这时的导线并不一定很长，但也应按长导线修正的方法进行修正。修正后的应变为

$$\varepsilon' = \varepsilon_d \left(1 + \frac{R_L}{R}\right) \tag{6-1}$$

其中 ε_d 为应变仪原始读数，R_L 为接入工作桥臂的导线电阻。

2. 热输出修正

采用温度自补偿应变计时，虽然应变计本身具有自补偿结构，但由于应变计使用温度与常温相差较大，应变计的热输出仍然是相当可观的，有时可达几百，甚至上千微应变，在数据处理时，应按照事先测定的热输出曲线进行修正。设应变计在某温度 T 相应的热输出应变为 ε_T，则修正后的应变为

$$\varepsilon'' = \varepsilon' - \varepsilon_T \tag{6-2}$$

对于半桥或全桥焊接式应变计虽然采用了补偿应变计，但由于补偿应变计的基底不像工作应变计的基底那样牢固焊接到构件上，因而当应变计基底材料与构件材料的热膨胀系数不同时，仍有较大的热输出，对此也必须进行修正。

3. 灵敏系数修正

根据测点的实际温度，再由应变计的灵敏系数温度曲线查得应变计在该温度下的实际灵敏系数 K_T，修正后的真实应变为

$$\varepsilon = \frac{K_d}{K_T} \varepsilon'' \tag{6-3}$$

其中，K_d 为应变仪灵敏系数。

■ 6.2　运动构件的应变测量

机械工程中许多构件为运动构件，常常需要在实际工作条件下进行应变测量。对于平动构件，如行驶中汽车的大梁、耕地作业中拖拉机的牵引杆等，应变测量可以将仪器放在运动机械上"跟车"测量，只要注意固定好导线，用普通方法进行测量即可，并不需要采取特殊措施。但对于轴类旋转构件，或者一些不能将仪器与之连接的非旋转构件，测量时如何将构件上应变计的电信号传递给固定在地面上的应变仪，则存在一些技术问题必须加以考虑。目前，国内外解决这类问题大多采用集流器法和遥测方法。

6.2.1　集流器法

1. 集流器分类及其结构

集流器是一种电信号传输装置。通过集流器可以把旋转构件上的应变电信号传送到固定在地面上的应变仪进行测量。

集流器主要由转子和定子两大部分组成。转子安装在旋转构件上，与构件上的应变计连接；定子则与地面上的应变仪连接。利用转子和定子之间的滑动接触或电磁耦合效应来传输应变电信号。利用滑动接触传输信号的激流器，称为接触式集流器。这类集流器有拉线式、水银式和电刷式等几种。利用电磁感应传输应变信号的激流器，称为非接触式集流器。接触式集流器的接触电阻变化引起的噪声将直接影响应变测量结果。因此，对这种集

流器，要求接触电阻小，而且要稳定。下面介绍几种集流器的工作原理。

（1）拉线式集流器

拉线式集流器的结构如图 6-9 所示。以拉线（多用铜线或银线）作为定子，并与应变仪相连。滑环（铜或银）作为转子，通过绝缘层固定在旋转轴上，并与粘贴在轴上的应变计连接。弹簧使拉线与滑环之间有一定接触压力。利用拉线与滑环的接触传输应变电信号。

拉线式集流器结构简单，便于自行加工，但一般寿命较短，并且由于滑环与旋转轴之间难免有不同心、振动等因素的影响，一般接触电阻变化较大，产生幅值约为 $60\mu\varepsilon$ 左右的虚假应变噪声。因此，这种集流器一般用于应变信号大、旋转线速度较低、测量要求不高的场合。

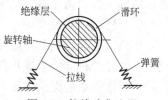

图 6-9　拉线式集流器

（2）电刷式集流器

电刷式集流器有周面电刷式和端面电刷式两种，其结构如图 6-10 所示。它们的结构形式虽然不同，但都是利用电刷与滑环之间的滑动接触来传输应变电信号。这里的电刷是定子，与应变仪连接。用弹簧对电刷加一定压力，使接触电阻减小并使之稳定。电刷材料一般为含银石墨，含银量为 60%～85%；滑环材料常用铜、纯银或蒙乃尔合金（60%～70%Ni，25%～35%Cu，1%～3%Mn，1%Fe，1%Si）。同一滑环一般应有几个电刷对称安装并串通，以减小接触电阻变化。

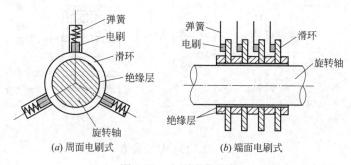

(a) 周面电刷式　　　　　　(b) 端面电刷式

图 6-10　电刷式集流器

这类集流器与拉线式相比，结构稍复杂，但寿命较长，接触电阻也小。因为端面线速度及振动都比周面处小，端面接触式要比周面接触式稳定性好。端面电刷式集流器的使用转速也较高，转速可达 10000r/min，线速度可达 15m/s。

（3）水银式集流器

水银式集流器是利用水银与金属导电环的接触来传输应变电信号的，其结构如图6-11所示。内套筒固定在被测轴上，与轴一起旋转，内套筒上安装转子绝缘环及表面经过汞化处理的铜制转子导电环，应变计的引线与转子导电环连接。外套筒上装有定子绝缘环和定子导电环，转子导电环与定子导电环之间有 0.2～0.7mm 的间隙，通过孔注入水银，借助于水银与转子及定子的接触传输应变电信号。定子导电环通过螺钉

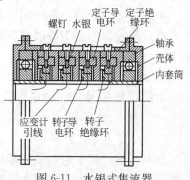

图 6-11　水银式集流器

引线接至电阻应变仪。

水银式集流器的优点是，接触电阻小，而且稳定、噪声小，可用于高速旋转轴上。转速可达 40000r/min，线速度可达 15m/s。其缺点是，水银在常温下就会蒸发，高温时蒸发更快，蒸发逸出的水银对人体有害。因此，这种集流器的结构应设计为封闭式的，把水银蒸汽通过管道排泄到安全地方；使用时也应采取防护措施。不锈钢与水银不粘连，用不锈钢做轴可有效防止水银从轴颈间隙泄漏。

（4）感应式集流器

感应式集流器是利用电磁感应原理，将旋转构件的应变电信号耦合到固定的电阻应变仪上，这是一种非接触式集流器。图 6-12(a) 为感应式集流器的电器原理图。电阻应变仪的振荡器供给的交流电压，由应变仪的 A、C 端加给线圈 S_2，并通过电磁感应耦合到线圈 S_1，供给测量电桥。电桥的输出应变电信号经线圈 S_3 耦合到线圈 S_4，由 S_4 输送至应变仪。线圈 S_1、S_3 与应变计测量电桥相连接，随轴一起旋转，因此称为转子线圈。线圈 S_2、S_4 与应变仪连接，不转动，称为定子线圈。

感应式集流器的结构如图 6-12(b) 所示。在集流器的内套筒上装有转子槽形环（材料为纯铁），转子线圈绕在其中。内套筒固定在被测轴上，与轴一起旋转。外套筒固定在台架上，其上也装有定子槽形环，定子线圈绕在其中。为防止两线圈相互干扰，中间用非磁性材料屏蔽环。

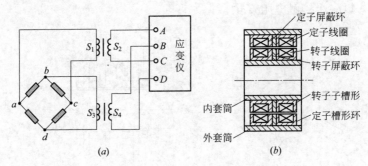

图 6-12 感应式集流器

感应式集流器不存在接触电阻影响，但存在磁阻影响，当定子线圈与转子线圈之间的间隙有变化时，就会使磁阻发生变化，对测量结果造成影响。此外，这种集流器不能与直流电桥式应变仪配合使用。

2. 应用集流器的测量线路

一般的应变测量，多采用半桥接线法。工作应变计和补偿应变计均安装在旋转构件上，通过集流器的三个通道与应变仪连接，如图 6-13(a) 所示。设此三个通道的接触电阻变化分别为 Δr_1、Δr_2 和 Δr_3。由于 Δr_2 是接在输出端的，相对于输出端阻抗来说，可以忽略不计。Δr_1 和 Δr_3 分别串接在两个相邻桥臂上，如工作应变计和补偿应变计的阻值 R 和灵敏系数 K 相同，则通过集流器产生的虚假应变为

$$\varepsilon' = \frac{1}{K}\left(\frac{\Delta r_1}{R} - \frac{\Delta r_2}{R}\right) \tag{6-4}$$

如果各通道接触电阻变化规律完全相同，虚假应变为零。但因集流器各通道的接触电阻变化是随机的，所以接触电阻变化引起的噪声必然存在。用这种接线方法测量时，最好

先空载测定集流器各通道的噪声，以便对实际测量结果进行修正。

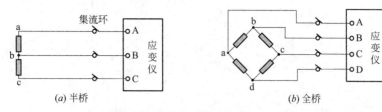

图 6-13　集流器测量线路

由式(6-4) 看出，使用大灵敏系数或大阻值应变计，可以减小虚假应变。另外，在可能的情况下（例如测扭矩），最好在旋转轴构件上就把测量电桥构成全桥接线，如图 6-13(b)所示。将电桥的四个端点 a、b、c、d 接到集流器的转子滑环上，再将定子的相应引出线与应变仪的 A、B、C、D 接线柱连接。这时集流器接触电阻均在桥臂之外。由于接触电阻相对于桥源端 AC 及输出端 BD 的阻抗要小得多，因此接触电阻对测量结果的影响就很小。但用全桥接线的缺点是需要占用较多的集流器通道。

6.2.2　无线电遥测法

对于旋转或非旋转运动构件的应变测量，均可以采用无线电遥测方法。遥测法需要高质量遥测装置，称为遥测应变仪。遥测应变仪包括无线电发射机和无线电接收机两大部分。测量时，将发射机安装在运动构件上，与应变计电桥连接。构件的应变电信号经发射机调制后由发射天线以电磁波发射出去，固定在地面的无线接收机将接收到的电磁波信号调制复原为与原应变信号一致的电信号，由记录器记录。这种方法避免了一般方法的引线困难，也不存在接触电阻问题，因而测量精度较高，可用于较高速度运动构件的应变测量，特别适应于那些不能安装集流器或无法连线的运动构件。

早期的遥测应变仪一般只能进行近程测量，遥测距离为几米至上百米。利用中转设备，也可扩大遥测距离。现代遥测设备使用类似手机信号的数字传输方式，距离可不受限制。遥测发射器体积做得很小，约 $6cm^3$，如图 6-14 所示。

1. 遥测信号调制方式

遥测应变仪采用的信号调制方式要考虑抗外界干扰能力和结构是否简单，主要有调幅—调频（AM-FM）、调频—调频（FM-FM）、脉频调制—调幅（PAM-AM）等方式。下面分别作以简要介绍。

（1）调幅—调频方式

此类遥测应变仪的原理方框图如图 6-15 所示。测量电桥由载波振荡器供给桥压，使测量电桥因应变计产生应变而输出一调幅波，再经放大器放大后送给调频发射器，实现对载

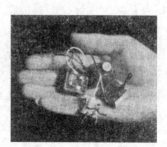

图 6-14　遥测发射器

波频率的调制，经调制后的高频载波再经功率放大后由天线发射出去。接收器在接收信号后，须经两次检波。第一次由比例式鉴频器将收到的调频信号解调为调幅信号，然后在经带通放大器滤杂放大，得到频率与桥源载波频率一致的电信号；第二次检波，由检幅器检波得到与应变符号一致的电信号，最后经直流放大后送给记录器记录。

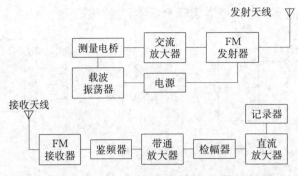

图 6-15 调幅—调频遥测应变仪方框图

（2）调频—调频方式

此类遥测应变仪的原理方框图如图 6-16 所示。测量电桥采用直流电桥。电桥的输出应变信号由直流放大器放大后，经副载波振荡器进行第一次调制，将信号的幅值变化调制为频率变化，副载波振荡器输出振幅不变而频率变化的信号电压，再由主载波射频振荡器第二次调制后，由天线发射出去。

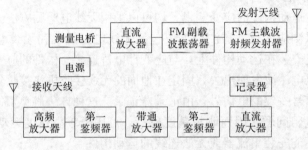

图 6-16 调频—调频遥测应变仪方框图

接收信号经第一鉴频器解调还原为与副载波振荡器中心频率相同的等幅调频信号，此信号由带通放大器放大后，再由第二鉴频器解调，把信号变换为与被测应变信号一致的电信号，经直流放大后送记录器记录。

（3）脉频调制—调幅方式

此类遥测应变仪的原理方框图如图 6-17 所示。测量电桥采用直流电源。电桥输出的应变信号经直流放大器放大后，输给"电压/脉频"转换器，将信号的幅值变化调制为脉冲频率变化，输出的调频脉冲信号通过主载波射频振荡器再进行幅值调制，变为调频—调幅射频信号，经天线发射。

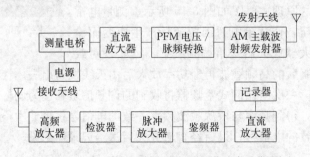

图 6-17 脉频调制—调幅遥测应变仪方框图

接收信号经放大器放大后，经由检波器检波，解调为脉冲调频信号，然后经脉冲放大器放大，由检频器把等幅调频脉冲信号解调为与应变信号一致的电压信号，经直流放大后送记录器记录。

由于被测应变信号包含在脉冲频率中，因此，在有效接收范围内，距离的远近不影响测量结果。

2. 多路遥测系统

当被测应变信号较多时，可以采用多路遥测系统。多路遥测系统是在一条无线电传送通道上，传输多路信号。多路遥测系统主要采用频分制和时分制两种方式。

（1）频分制方式

频分制调制方式的发射装置是把各路应变信号调制为中心频率各不相同的调频信号，经混合后再统一送主载波射频振荡器，由天线发射。由接收天线接收到的信号，通过解调器和滤波器，把混合在一起的不同中心频率的调制信号分离出来，复原为与原各路信号一致的电信号，供记录器记录。

（2）时分制方式

时分制多路遥测系统的发射装置是将各路应变电信号按时间顺序轮流取样，把各路信号变为按时间顺序排列的一串脉冲信号，然后再调制成高频载波，由天线发射出去。接收装置接收到信号后，经放大、解调，再送入与发射原理相同的分配器，将各路信号按时间先后顺序分开，并复原为与原应变信号一致的电信号，供记录器记录。

时分制中对取样脉冲的调制可采用不同方式，其中被广泛采用的是脉码调制（PCM）方式，把取样脉冲转换为数码。这种方式传送精度高，抗干扰能力强，便于输入计算机进行自动处理。

3. 遥测方法应注意的若干问题

（1）遥测发射机的安装

对运动构件上的应变进行无线电遥测时，发射机应尽可能安装在常温和惯性力小的部位。使用温度不能超过发射机的允许温度。加速度也必须在规定范围内。发射机不可避免要承受冲击、振动等因素影响时，要采取措施减振，可在安装发射机时在下面垫一层2～3mm厚的橡皮，如图6-18所示。应变计与发射机的连线应采用屏蔽线，屏蔽层和发射机接地端也应通过运动构件适当接地，以防止电磁场干扰。

（2）天线

在应变遥测中，信号的传输是通过天线来实现的。因此，天线的形式和安装要合理，否则将会给测量带来严重的干扰影响。由于电磁波遇到金属表面会反射，如果天线放置不当，由这种反射产生的干扰将比其他杂波干扰更为严重。

对于旋转构件，发射和接收天线一般都采用开口环形天线，如图6-18所示。

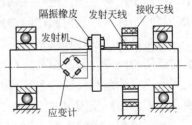

图6-18 遥测发射机安装图

（3）电池

发射机的电池要求体积小、重量轻、使用寿命长，并能耐受一定的温度、冲击和加速度。常用的电池有锌汞电池、镍镉电池及锰干电池。新电池的输出电压一般不太稳定，最好在使用前先将电池接上一定负载适当放电，等电压稳定时再使用。

高速旋转的构件，也可采用感应供电解决发射机电源问题。这种供电方式，使用时间不受限制，但安装调试比较麻烦。近年来还出现一种电池叫光能电池，它可以长期供电。

（4）应变标定

用遥测法测定运动构件应变时，应当按照实际使用条件，提前对遥测系统进行标定。标定的方法可以采用标定梁法，也可以用并联电阻法。标定梁法使用等强度梁代替运动构件，通过加载获得标定梁上的实际应变与测量结果之间的关系曲线；并联电阻法可以直接在旋转构件上进行，由并联电阻的大小通过计算得到模拟应变，并由相应的测量值得到标定曲线。

■ 6.3　高压液下应变测量

在动力、化工、石油等工程中，有诸如锅炉、化工容器、压力泵等许多承受液压或气压的设备，有些设备的工作压力可高达几千或上万个大气压。因此，设备的强度必须可靠，否则因压力造成的设备破坏，后果将不堪设想。由于容器结构和形状一般都比较复杂，用理论计算的方法往往得不到理想的强度计算结果，为了确保设备安全，此类设备或部件在使用前都要进行耐压试验。通过耐压试验，可以衡量设备的可靠性，并提高强度设计水平。而容器内壁的应力一般都比外壁大，所以对压力容器进行强度校核时，必须测定内壁应力。

电测方法是高压容器内壁应变测量唯一可用的方法。高压液下应变测量时，除考虑电测的一般技术以外，还必须考虑解决以下三个特殊问题，即应变计和导线在高压液体介质中的防护问题、应变计引线从容器内引出时的密封问题和应变计的压力效应问题。

6.3.1　应变计和导线的防护

压力试验一般都是用油或水作加压介质，一般不允许加气压，因为气压作用下容器一旦破坏，气体将会迅速膨胀引起爆炸，造成人身伤害和财产损失。应变计和导线防护的目的是防止液体在压力作用下向应变计和引出线焊点处渗透，破坏绝缘和胶层的粘结力。对于油和水这两种介质，可采用不同的防护方法。

1. 用油作加压介质

对于小容积容器，通常用含酸量低的变压器油作加压介质。这种油绝缘性好、腐蚀性小，一般不用对应变计进行特别防护，可在未加油之前，为防止应变计吸潮，在应变计上涂一层凡士林或环氧树脂作防护即可。

油对某些应变计和胶粘剂可能会有明显的腐蚀作用，导致粘结力下降。因此，最好提前对选用的应变计和胶粘剂进行脱胶试验，以鉴定其耐油性能。方法是将应变计粘贴到标定梁上，浸油前和浸油后 72 小时分别测定应变值进行比较，如差别较大则不能使用。在油介质中，最好使用耐油性好的胶基应变计和环氧胶粘剂。

对于容积较大的容器，用油作加压介质不够经济，一般是用水作加压介质，此时的防护问题就相当重要了。

2. 用水作加压介质

水是一种非绝缘介质，应变计与水接触后会使其绝缘电阻大大下降、应变传递能力降低（甚至脱开）、敏感栅遭到腐蚀。因此，高压水下应变测量的成败与否，应变计的防护是关键问题，必须使应变计与水完全隔离，杜绝任何微小渗漏。

水下应变计的密封方法有机械法和化学涂层法。机械法使用金属薄板做成密封罩，依靠焊接在测点附近的螺钉，压住覆盖在测试面上的橡皮膜实现密封。其优点是可以抵抗水流冲刷，但存在结构复杂、对构件有局部加强作用的缺点。由于这些原因，高压水下应测量的应变计防护方法多采用化学涂层法，它是在应变计和引出线处涂一层或几层化学防水剂进行防护。防水剂应满足下述要求，即应有良好防水和绝缘性能、有较强的附着性能、低弹性模量、对应变计无腐蚀作用、耐高（低）温、在水压作用下不开裂和便于操作等。常用的几种防水剂及其性能见表 6-2。其中，凡士林和黄油具有良好的防水性能，附加应变小，不易开裂，但耐温性能差，温度稍高易呈流状，经不起冲刷，也不易固定引出线；松香油合剂既具有一定硬度，又具有一定韧性，硬度随松香所占比例的增加而增加，韧性和附着力则随松香所占比例的增加而降低。温度高时，松香的比例要大。加工时，是将松香和油按比例配好后加热熔化，并同时进行搅拌，待松香完全熔化后再继续搅拌 30 分钟，使两种材料完全混合。半固化环氧树脂是按 1.7 节中常温固化环氧树脂配方，适当减少固化剂，以达到半固化的目的。半固化环氧树脂，具有一定硬度和韧性，防水性能好，粘结力强，附加应变小，使用温度较高。固化环氧树脂硬度高、耐冲刷、使用温度高，但压力大时容易开裂而导致防水失效，所以一般不单独使用。

各种防水剂及其性能   表 6-2

防水剂名称	配　　方	可承受压力 (MPa)	使用温度 (℃)	绝缘电阻 (MΩ)	压力效应 ($\mu\varepsilon$/MPa)
凡士林	—	100	10～25		1
黄油	—	20	10～25		1
炮油	—	100	10～25		1
二硫化钼	—	30	10～25		1
松香油合剂	松香：变压器油＝5：1～7：1 或松香：凡士林＝3：1～6：1	70	10～40	＞200	1.5
半固化环氧树脂	E-42 或 E-44 环氧树脂：乙二胺＝100：3	30	70		1.5
固化环氧树脂		10	100		10

为了达到最佳防水效果，多采用组合式防水涂层。组合式防水涂层可根据水温、水压情况灵活组合。一般在构件表面先涂一层凡士林、黄油之类的软性涂层，再在外面涂一层半固化或固化涂层，这样既能密封，又可固定导线，防止水流冲刷。图 6-19 所示为两种组合式涂层，以供参考。

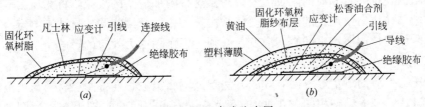

图 6-19 组合式防水层

涂防水层应注意：粘贴应变计前要将构件表面处理好，表面经打磨，平整无砂孔，涂层区用甲苯、丙酮等清理干净，做到无油、无锈；应变计胶粘剂已经完全固化，绝缘电阻达到 100MΩ 以上；涂层面积为应变计面积 10 倍以上。

6.3.2 应变计引线的密封

高压液下应变测量时，连接应变计的导线必须通过密封装置引到容器之外，以防止液体泄漏，引起压力不稳定。引线装置一般通过法兰或螺纹安装在容器之外的接口上。下面介绍两种常用的密封装置。

1. 橡胶引线密封装置

该装置的结构如图 6-20 所示。引线穿过密封橡胶和多孔钢板的小孔（孔径与引线外径相近），旋紧空心螺栓压缩橡胶即可使引线密封。这种装置使用简单、方便，但压力不能太高，一般只适合 2MPa 以下的压力。

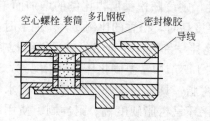

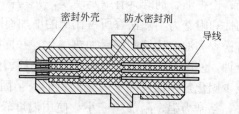

图 6-20　橡胶引线密封装置　　　　图 6-21　防水剂引线密封装置

2. 防水剂密封装置

该装置的结构如图 6-21 所示。引线穿过密封外壳的小孔（各引线必须平行，不能交叉，以免产生间隙），外壳内注入防水密封剂。为了防止导线的塑料包皮因受压收缩产生间隙，要将导线中间一段的外皮剥去。外壳内腔有一定锥度，以保证在压力作用下的密封效果。防水剂可采用松香、凡士林合剂（表 6-2），也可使用常温固化环氧树脂。用这两种防水剂密封装置都可承受较高的压力，后者可达 400MPa。这种装置的承压能力取决于防水剂与圆筒之间的抗剪强度 τ（理想的浇筑质量可使 τ 达到 40MPa）。若按直筒计算，设圆筒有效长度为 L，内径为 d，密封装置承受的压力为 p，由防水剂的平衡条件，可得

$$p = \frac{4L\tau}{d}$$

由此式看出，增大比值 L/d，即可有效地增大密封装置的承压能力。

6.3.3 应变计的压力效应

由于高压液下应变测量时，应变计粘贴在容器内壁，容器内的应变计和导线都要受压力作用，应变计在感受容器因液压所产生的机械应变的同时，应变计及导线因压力作用所产生的电阻变化也导致相应的附加应变。产生这种附加应变的现象，称为压力效应。压力效应通常用单位压力所产生的附加应变值来衡量，一般都用实验的方法来测定。为了准确测得容器受压力作用所产生的真实应变，必须考虑排除压力效应的影响。

1. 压力效应的测定方法

关于压力效应的测定，方便有效的方法是试块测定法。准备两块材料与被测容器材料相同的小试块，其上粘贴相同的电阻应变计，并采用相同的防护工艺。如图 6-22 所示，将一试块放在容器内，而另一试块放在容器外，并保证两试块的环境温度相同。将两应变计构成半桥线路，则当容器受压后，由应变仪读取的应变读数 ε_d 为内试块在三向压力作用下所产生的应变 ε_0 与压力效应所产生附加应变 ε_p 之和，即

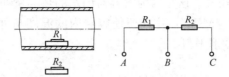

图 6-22　应变计压力效应测定

$$\varepsilon_d = \varepsilon_0 + \varepsilon_p$$

试块因三向受压产生的理论应变为

$$\varepsilon_0 = -\frac{(1-2\mu)}{E}p$$

其中 E、μ 为材料杨氏模量和泊松比。于是，压力效应产生的应变为

$$\varepsilon_p = \varepsilon_d + \frac{(1-2\mu)}{E}p \tag{6-5}$$

只要采用与实测时相同的接线方法，导线压力效应影响已包括在应变读数当中。

许多资料表明，无论采用防护层或不用防护层，单位压力作用下的压力效应附加应变约为 $-0.6 \sim 0.12/\text{MPa}$，因此压力较小时可不予考虑。

2. 压力效应的补偿或修正

高压液下应变测量时，应变计的压力效应与温度影响是混合在一起的，因此，在考虑采用补偿措施消除和修正压力效应影响的同时，还必须考虑温度影响的补偿。通常采用的补偿和修正方法有以下三种。

（1）内补偿法

将贴有补偿应变计 R_2、材料与被测容器相同的补偿块放在容器之内，与工作应变计 R_1 构成半桥，如图 6-23 所示。此时，两应变计的压力效应、温度影响均相同，因而都被补偿掉。而补偿块在容器内三向受压，在应变读数中应扣除由此产生的应变。于是，真实应变为

$$\varepsilon = \varepsilon_d + \frac{(1-2\mu)}{E}p \tag{6-6}$$

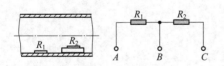

图 6-23　内补偿法

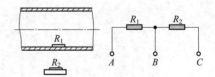

图 6-24　外补偿法

（2）外补偿法

贴有补偿应变计 R_2、材料与被测容器相同的补偿块放在容器之外与容器内温度相近的地方，与工作应变计 R_1 构成半桥，如图 6-24 所示。这样，温度影响基本被补偿掉，但压力效应产生的附加应变 ε_p 被混合在应变读数 ε_d 之中，若事先测定了压力效应，则真实应变为

$$\varepsilon = \varepsilon_d - \varepsilon_p \tag{6-7}$$

应用此法必须保证温度一致，并预先测定压力效应。此外，它仅对小容器较为适用，

对于大容器，则测量误差较大。这是因为大容器内水的热容量和惯性较大，而且随压力增大水温也会增高（大约 $7℃/MPa$），这样便使容器内的温度与外边的温度难以保证一致，补偿应变计不能起到温度补偿作用。

（3）自补偿法

对于筒形容器，如图 6-25(a) 所示，可在容器内、外壁对应位置沿纵向（等应变）各粘贴一枚应变计 R_4、R_3，设 R_1 为容器内的工作应变计，R_2 为容器外补偿块上的补偿应变计，将它们构成全桥，如图 6-25(c) 所示。对于球形容器，由于找不到等应变位置，可外加材料相同的补偿筒，如图 6-25(b) 所示。

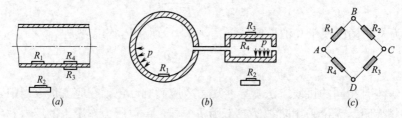

图 6-25　自补偿法

若容器内、外的温度分别为 T_1、T_2，圆筒纵向应变为 ε_L，这时

$$\varepsilon_1 = \varepsilon + \varepsilon_p + \varepsilon_{T1}, \varepsilon_2 = \varepsilon_{T2}, \varepsilon_3 = \varepsilon_L + \varepsilon_{T2}, \varepsilon_4 = \varepsilon_L + \varepsilon_p + \varepsilon_{T1}$$

因而应变读数为

$$\varepsilon_d = \varepsilon_1 - \varepsilon_2 + \varepsilon_3 - \varepsilon_4 = \varepsilon \tag{6-8}$$

即读得的应变读数 ε_d 就等于欲测应变 ε，温度影响及压力效应都得到补偿。

第7章　应变计式传感器

在力学物理量测量中，并不单单局限于测量应变和应力，有时还需要对力、压力、扭矩、位移、速度和加速度等其他物理量进行测量、监视和控制，这就需要使用相应的传感器。用于力学物理量测量的传感器有很多种类，常见的有电阻式、电感式、电容式、光电式、磁电式、热电式、压电式和电磁感应式等。本章将要介绍的是利用电阻应变计作为转换元件的各种传感器，它属于电阻式传感器，称为应变计式传感器。

7.1　基本原理与设计制造

电阻应变计可以将构件上的机械应变转变为电阻变化，用应变计进行测量，因此，任何力学物理量只要能设法转变为应变，都可以用应变计进行间接测量。能够把物理量转变为应变的结构部件称为弹性元件。传感器主要由弹性元件、应变计和外壳构成。

7.1.1　基本原理

应变计式传感器完成物理量到电量的转换，需要经过两个环节，即先通过弹性元件把物理量转变为机械应变，然后再由应变计把弹性元件的应变转变为电阻变化，如图 7-1 所示。

图 7-1　应变计式传感器的基本原理

常见的弹性元件结构形式，有拉压杆、弯曲梁、扭转轴、圆板、圆筒、圆环以及剪切轮辐式结构等。在力、液体压力、扭矩等物理量测量中，通常把物理量直接作为弹性元件所承受的载荷。在静位移测量中，利用刚性极小的弹性元件直接感受位移变化。而在振动测量中，则按照惯性测振原理，利用由弹性元件和惯性质量块组成的弹簧—质量系统来反映被测振动的位移、速度和加速度。传感器的性能很大程度上取决于弹性元件，因而弹性元件的设计对于传感器是至关重要的。

7.1.2　弹性元件的设计

弹性元件的设计应满足下述要求：

（1）在设计量程内，在粘贴应变计的位置应能产生足够大的应变，以便使其具有较高的输出灵敏度。在最大工作载荷作用时，能够产生 $500\sim1000\mu\varepsilon$ 为宜；

（2）保证弹性元件任何部分的应力不超过材料的比例极限；

（3）由弹性元件构成的弹性系统的固有频率，远大于传感器的设计工作频率；

（4）如果弹性元件要作为被测构件的一部分，则弹性元件应有足够的刚度，以免造成构件变形过大，影响构件的正常工作状态；

（5）应变计粘贴部位的应变与被测物理量之间具有线性关系；

（6）弹性元件的外观设计紧凑，但要有足够的空间粘贴应变计，并便于连接导线。

7.1.3 弹性元件的材料选择

弹性元件使用的材料应具有高强度、高比例极限、低杨氏模量、稳定的物理性质，以及良好的机加工和热处理性能。常用的材料有 40Cr、35CrMnSiA、50CrMnA、50CrVA、40CrNiMoA、65SiMnWA 等合金钢，及铍青铜 QBe2、硬铝 LY12、超硬铝 LC4 等有色金属；对于要求不高的传感器，也可使用优质 45 号碳素钢。

7.1.4 弹性元件的加工

弹性元件的加工，通常包括锻造、预先热处理、粗加工、热处理、精加工、动静载处理、人工时效等工艺过程。

预先热处理（退火），目的在于使材料晶粒细化均匀，改善切削条件。

粗加工后的热处理规范，如：45 钢，830～850℃淬火，550℃回火，硬度 HB=255～269；40Cr，850℃油淬，HBC≥53，370℃盐炉回火，保温 3h，HBC≥46～48；铍青铜，760～780℃淬火，320℃回火（2 小时）。

动静载处理可提高弹性、减小零漂和蠕变。动载处理在量程 1/3 到满量程（或超载20%）以每秒 4 次的频率加载。静载处理可在满量程 125%下保持 4～6h，或 110%下保持 18～20h。

人工时效目的是消除残余应力，提高长期稳定性，方法是在 160～180℃下保持18～20h。

7.1.5 应变计的选择与粘贴

对于临时使用的传感器，应变计的选择与粘贴，可与通常应变测量相同。对于长期、反复使用的传感器，应选择高质量、蠕变小、横向效应小、散热性和稳定性好、阻值较高的箔式应变计，采用专用的热固化应变胶粘贴，并要严格控制贴片质量，在应变计上应覆盖良好的防护层。

7.1.6 传感器的电路补偿

按上述要求制作的传感器，按 2.1 节所述方式构成电桥后，即可使用。但由于弹性元件材料、应变计等的实际性能参数不理想，难免出现电桥不能调平衡、零点漂移、灵敏度漂移和输出非线性等缺陷，为了进一步提高传感器的精度和稳定性，对于长期使用的传感器，还应当针对传感器的缺陷在电路上采取一些补偿措施。一般的补偿电路如图 7-2 所示。其中 R_1、R_2、R_3、R_4 为应变计，R_Z、R_T、R_E、R_L 为可选补偿电阻。

1. 电桥不平衡的补偿

如果应变电桥不能平衡，可在某一桥臂中串接一个与应变计敏感栅材料相同的调整电阻 R_Z，来实现电桥初始不平衡的补偿。R_Z 应粘贴在弹性元件上不变形的部位，并应通过试验来确定它应接在哪个桥臂中。应变计生产厂家有补偿电阻成品出售。

2. 零漂的补偿

普通的桥路补偿，有时还不能完全消除应变计的温度效应

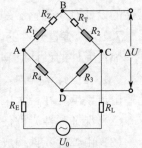

图 7-2 传感器补偿电路

影响，因而传感器的零点会随温度变化，即产生零漂。为了消除零漂，可在桥臂中串接一个补偿电阻 R_T，对 R_T 的要求是阻值小、电阻温度系数很高，它也应粘贴在弹性元件上不变形的位置，并与应变计处有相同的温度环境。它的大小以及具体接在哪个桥臂也应通过试验来确定。

3. 灵敏度漂移的补偿

当环境温度升高时，由于弹性元件的杨氏模量降低，会引起传感器输出灵敏度增高，这称为灵敏度漂移。为了消除灵敏度漂移，可在电桥输入回路中串接一个补偿电阻 R_E。R_E 的电阻温度系数很高，其电阻随温度升高而增大，因而使桥压随温度升高而降低，造成输出灵敏度降低。适当调整 R_E 的大小，就可以实现灵敏度漂移的补偿。R_E 所处的温度环境也应与应变计相同。

4. 输出非线性的补偿

由于弹性元件结构或材料本身的非线性、应变计输出的非线性，以及接入各种补偿电阻的影响等，往往致使传感器的输出与被测力学物理量之间不能呈理想的线性关系，这种现象称为输出非线性。为了消除输出非线性，可在电桥输入回路中串接补偿电阻 R_L。R_L 为灵敏系数很高的半导体应变计，它与工作应变计同样地感受弹性元件的变形。如图 7-3 所示，根据具体情况，如果非线性呈上升趋势，R_L 的灵敏系数可选为正的，使输出降低；反之，R_L 的灵敏系数可选为负的，使输出增高。R_L 的大小也应在传感器加载标定时确定。

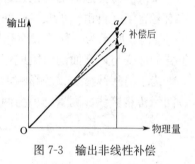

图 7-3　输出非线性补偿

7.1.7　传感器标定

对已加工好的传感器，应根据被测物理量的标准值对其进行直接标定。标定时，逐级提高被测标准量的大小，记录应变仪的相应读数，通过拟合得出标准物理量与应变之比作为传感器的输出灵敏度。线性不好的传感器，应将标准量与读数之间的关系制成表格或绘制成曲线。使用时，根据灵敏度、表格或曲线，由应变读数来确定物理量的大小。在标定和使用时，一般都把应变仪的灵敏系数置于 2.00。传感器在每次使用之前都应当进行校验，以便对传感器的特性及精度做出正确估计。

■ 7.2　测力传感器

根据不同应用目的，测力传感器的弹性元件可以选择不同的结构形式。常见的结构形式有杆式、梁式、环式和剪辐式等，应变计的布置和电桥连接也相应地取不同形式。下面给出一些测力传感器的结构形式、应变计布置和电桥连接线路，以供参考。

7.2.1　杆式测力传感器

杆式测力传感器有拉压力传感器和荷重传感器之分，前者用于测量机械连接件之间传递的拉（压）力，力的方向可以是任意的，后者则专用于测量荷重，力的方向铅垂向下。这类传感器一般采用实心或空心圆柱作为弹性元件，布置 8 枚应变计，如图 7-4(a)、图 7-5 所示；电桥连接如图 7-4(b) 所示，这样不但可以实现温度补偿，同时也可消除因载荷偏心造成的弯曲影响。这种传感器适用于测量较大载荷。

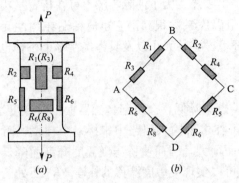

图 7-4 拉压力传感器

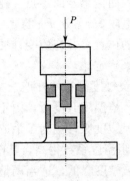

图 7-5 荷重传感器

7.2.2 梁式测力传感器

梁式测力传感器的弹性元件结构简单、灵敏度高，主要用于小载荷测量。梁的结构形式有悬臂梁（自由端承载）和两端固定梁（中点承载）两种。

图 7-6 所示为一种等截面悬臂梁式测力传感器原理图，它的灵敏度高，但由于应变计位置的应变与该截面的弯矩成正比，因此，力的作用点变动对传感器读数的影响较大。

为了消除载荷位置的影响，如图 7-7 所示，在相邻截面（距离为 Δx）处粘贴应变计，按图示桥路接线。测量结果为两截面弯曲应变之差 $\Delta\varepsilon$，由

$$P = Q = \frac{\Delta M}{\Delta x} = \frac{\Delta\varepsilon}{\Delta x}EW$$

有

$$\Delta\varepsilon = \frac{\Delta x}{EW}P$$

这里，E 为材料杨氏模量，Q 为剪力，W 为抗弯截面模量。由此式看出，应变仪的读数反映了力 P 的大小，与其作用位置无关。这种测力传感器实际上是一种剪力测量装置。由于相邻截面的弯曲应变比较接近，所以传感器灵敏度较低。

图 7-8 为两端固定梁式传感器的原理图，它的灵敏度较高，适于测量小载荷。

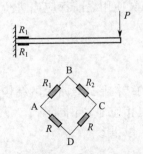

图 7-6 悬臂梁式测力传感器

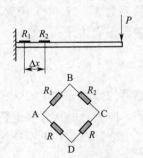

图 7-7 剪力测量原理

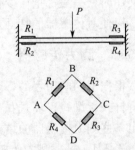

图 7-8 两端固定梁式测力传感器

7.2.3 环式测力传感器

环式测力传感器的特点是结构简单、灵敏度高、固有频率高、工作稳定性好，因此得到广泛应用。如图 7-9 所示几种环式弹性元件，应变计布置在最大弯矩发生截面，此处还存在轴力，为拉（压）弯组合变形，为了使传感器灵敏度高，应变计的桥路连接除考虑温

度补偿外，还应消除轴力产生的应变，因此桥路连接方法如图7-9(d)所示。等截面薄壁环用于测量小载荷，变截面厚壁环用于测量大载荷。

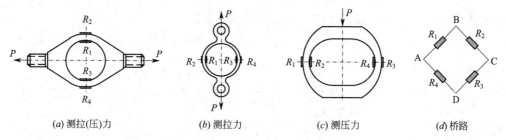

(a) 测拉(压)力   (b) 测拉力   (c) 测压力   (d) 桥路

图 7-9 环式测力传感器

7.2.4 剪辐式荷重传感器

剪辐式测力传感器用来测量荷重，其弹性元件形似一个平放的车轮，辐条为矩形截面。应变计布置在辐条侧面中点处与轴线成45°角，感受辐条的最大剪应力点的主应变，如图7-10(a)所示。应变计 R_1、R_3、R_5 和 R_7 感受最大伸长线应变，R_2、R_4、R_6 和 R_8 感受最大压缩线应变。将应变计构成图7-10(b)所示桥路，测量结果将是最大伸长线应变的4倍，并可消除载荷偏心影响。

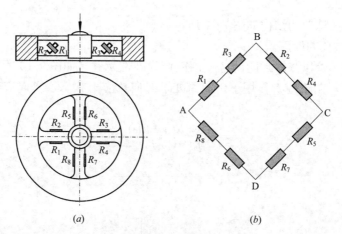

(a)   (b)

图 7-10 剪辐式荷重传感器结构

■ 7.3 压力传感器

压力传感器用来测量气体或液体压力，即压强。根据测量压力的范围，压力传感器的结构可采用不同的形式，常见的有膜片式、圆筒式和组合式等几种。

7.3.1 膜片式压力传感器

膜片式压力传感器的弹性元件是周边固定的圆板形平面膜片。由弹性力学知，半径为 a，厚度为 h，周边固定的薄圆板，在均匀压力 p 作用下，其表面上半径为 r 处的径向和周向应力分别为

$$\sigma_r = \frac{3p}{8h_p^2}[(1+\mu)a^2 - (3+\mu)r^2], \quad \sigma_\theta = \frac{3p}{8h^2}[(1+\mu)a^2 - (1+3\mu)r^2] \qquad (7\text{-}1)$$

相应的径向和周向应变分别为

$$\varepsilon_r = \frac{3p}{8h^2E}(1-\mu^2)(a^2-3r^2), \quad \varepsilon_\theta = \frac{3p}{8h^2E}(1-\mu^2)(a^2-r^2) \tag{7-2}$$

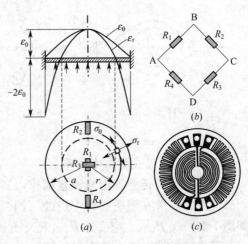

由此看出应变与压力 p 呈线性关系。圆板中的应变分布如图 7-11(a) 所示。$r=0$，$\varepsilon_\theta=\varepsilon_r$，并取极值 ε_0；在 $r_0=a/\sqrt{3}$ 处，$\varepsilon_r=0$；$r=a$，$\varepsilon_\theta=0$，$\varepsilon_r=-2\varepsilon_0$。在 $r<r_0$ 范围内，ε_θ 比 ε_r 大且同号，而在 $r>r_0$ 范围内，ε_θ 与 ε_r 异号，ε_r 数值较大。

如果如图 7-11(a) 所示，在板中心和边缘粘贴 4 枚应变计 R_1、R_2、R_3、R_4，并按图 7-11(b) 构成全桥线路，应变读数约等于 $6\varepsilon_0$。实际的压力传感器是使用专用应变计，称为隔膜压力计，如图 7-11(c) 所示。内层敏感栅用来感受周向应变，外层敏感栅用来感受径向应变。由于敏感栅布满整个膜片，使传感器的灵敏度很高。

图 7-11　膜片式压力传感器原理

膜片式压力传感器的结构如图 7-12 所示。

7.3.2　筒式压力传感器

筒式压力传感器以一端封闭的薄壁圆筒作为弹性元件，如图 7-13 所示。设圆筒外径为 D，内径为 d，在压力 p 作用下，圆筒处于二向拉应力状态，纵向应变和周向应变分别为

$$\varepsilon_x = \frac{p(1-2\mu)}{E[(D/d)^2-1]}$$

$$\varepsilon_t = \frac{p(2-\mu)}{E[(D/d)^2-1]}$$

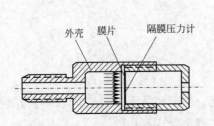

图 7-12　膜片式压力传感器结构

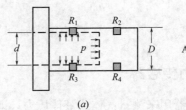

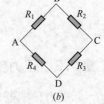

图 7-13　筒式压力传感器

显然，它们与压力 p 成正比，测定纵向应变或周向应变即可确定压力。由于周向应变较大，可在空心筒部分和实心柱部分（不受压力影响）沿周向布置应变计，构成如图 7-13(b) 所示桥路，可以使传感器获得较高灵敏度。

7.3.3　组合式压力传感器

组合式压力传感器从结构上把感压元件和测压元件分开。感压元件有平面隔膜、波纹

隔膜、波纹管等。测压元件有悬臂梁、两端固定梁、空心圆杆等。根据不同要求和使用条件，可以采用不同的组合形式。图 7-14 为几种不同的组合形式，图 7-14(a) 为平面隔膜与悬臂梁组合，图 7-14(b) 为波纹隔膜与圆筒组合、图 7-14(c) 为波纹管与两端固定梁组合，应变计的接桥方法与前面相同。

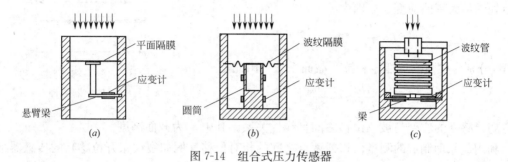

图 7-14　组合式压力传感器

7.4　扭矩传感器

扭矩传感器用来测量旋转轴所传递的扭矩。在材料的弹性范围内，轴表面沿与轴线成 $45°$ 方向的线应变 $\varepsilon_{45°}$ 与轴所传递的扭矩 M_n 成正比例关系，即

$$\varepsilon_{45°} = \frac{16}{\pi D^3} \frac{1+\mu}{E} M_n$$

因此，若测定轴表面的 $\varepsilon_{45°}$，扭矩的大小就可以确定。用于旋转轴的扭矩传感器如图 7-15(a) 所示，以一段联键轴作为弹性元件，在轴表面周向 4 等分处，沿 $\pm45°$ 方向布置 4 枚应变计 R_1、R_2、R_3 和 R_4，构成图 7-15(b) 所示的桥路，可以实现温度补偿，消除轴向力和弯曲影响，并使桥路输出灵敏度提高。

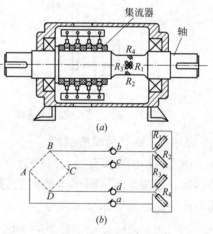

图 7-15　扭矩传感器结构

电桥的四个节点接至集流器转子端，集流环定子端接应变仪，由 4.9 节，接触电阻的影响也被抑制到最小。

如果实际情况不便于利用传感器测量扭矩，也可以在实际的被测轴上贴应变计，用同样的原理来测量扭矩。

信号传输的方式也可以采用遥测的方式。

7.5　位移传感器

测量静位移，或变化缓慢的位移，可使用位移传感器。位移传感器的弹性元件必须刚性很小。在位移传感器中，由与弹性元件相连的触点直接感受测点位移，从而引起弹性元件变形。粘贴在弹性元件上的应变计感受其变形，同时输出反映被测位移的信号。为了保证精度，触点位移与应变计感受的应变之间应保持线性关系。这就是位移传感器的基本原理。

常用应变计式位移传感器的弹性元件为悬臂梁，或圆环。

7.5.1 悬臂梁式位移传感器

悬臂梁式位移传感器的弹性元件是一端固定的弹簧片。其原理图如图 7-16 所示。由材料力学知，在小变形情况下，自由端的挠度 f、粘贴应变计截面处的最大弯曲应变 ε 分别为

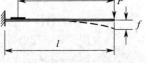

$$f=\frac{Pl^3}{3EI} \text{ 和 } \varepsilon=\frac{Pa}{EW}$$

I、W 分别为梁截面惯性矩和抗弯截面系数。由此得

图 7-16 悬臂梁式位移
传感器原理

$$\varepsilon=\frac{3Ia}{l^3W}f=\frac{3ha}{2l^3}f$$

即应变计感受的应变与被测位移之间呈线性关系。其中 h 为截面高度。

利用此原理制成的测量位移或两点之间的相对位移（例如裂纹张开位移）的传感器结构如图 7-17、图 7-18 所示。

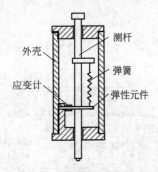

图 7-17 悬臂梁式位移传感器

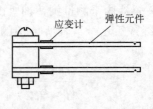

图 7-18 双悬臂夹式引伸计

7.5.2 环式位移传感器

刚度很小的薄圆环也可以作为位移传感器的弹性元件。由材料力学知，等截面闭口圆环当径向受到集中力 P 作用时（图 7-19），两力作用点之间的相对位移为

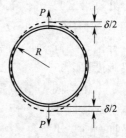

$$\delta=\frac{PR}{EI}\left(\frac{\pi}{4}-\frac{2}{\pi}\right)$$

其中 I 为圆环截面的惯性矩。此时表明，位移 δ 与 P 之间呈线性关系。而圆环表面的应变与力 P 也呈线性关系，因此应变也与位移呈线性关系。

图 7-19 圆环式位移
传感器原理

环式位移传感器的应变计粘贴位置与桥路与载荷传感器相同。

习 题

[7-1] 如图所示，在屋顶上用两只相同的拉力传感器 C_1、C_2 吊起一根横杆，传感器的应变计布置与接线如 7.2 节中的图 7-9(b)、(d) 所示，如果在梁上任意悬挂重物（假定总重量不超过传感器的线性工作范围），这两只传感器如何连接能够用一台电子秤来称量梁上重物 W_1、W_2、W_3 等的总重量（不考虑连接引起的桥臂电阻变化造成的误差）。

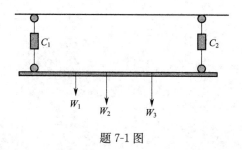

题 7-1 图

[7-2]　图中所示两端固定矩形截面梁的中点作用未知集中载荷 P，为测定该载荷，已在梁固定端附近截面的 $h/2$ 处沿与纵向成 $\pm45°$ 粘贴好四枚相同的电阻应变计 R_1、R_2、R_3、R_4，设梁截面宽度为 b，高度为 h，材料杨氏模量为 E，柏松比为 μ，试绘出应变计桥路，并导出相应的力 P 计算公式。

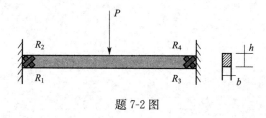

题 7-2 图

第 2 篇　光弹性法

实验应力分析中的光弹性测量方法是利用有些材料在发生变形后会引起某些光学性质变化的现象，用光学方法来获得实验数据的实验方法。这种实验方法以特殊材料制作成与实际工程构件在几何上完全（或不完全）相似的实验模型，并使模型边界条件与构件相似进行试验，最后根据相似关系由实测模型应力换算出构件应力。

光弹性方法的主要优点是：直观性强，能直接观察出应力集中部位，迅速准确地测量应力集中系数；能获得模型应力的全场信息。这种方法的不足之处，主要是制作模型麻烦、实验准备工作量大、实验精度与电测法相比相对较低。

本篇内容学习要求：掌握光弹性方法的基本原理、关弹性实验资料的处理方法、了解相似定律及模型制作技术等。

第8章 光弹性基本原理

作为光弹性应力分析的基础，本章主要介绍光弹性试验方法的基本原理，内容包括光弹性的物理基础、偏振光的琼斯矢量、偏振器、滞后器及其琼斯矩阵、光弹性仪的光场布置、受力模型在偏振场中的光弹性效应等。

■ 8.1 光弹性的物理基础

8.1.1 光波

光学是一门历史悠久的学科，关于光的本性，存在着两种学说，即波动理论和量子理论，它们都在各自的研究领域里解释了一些光学现象。量子理论可以有效地解释光电效应，而对光弹性实验所呈现的光学现象，一般用光的波动理论来解释。

波动理论认为光是一种电磁波，包括电场和磁场的振动，光波波列中任一点的电场强度和磁场强度作同频率、同相位的周期性变化，振动方向互相垂直，并正交于其传播方向，光波是一种横波。光波给视觉产生光感的是其中的电场强度，所以通常只以电场矢量表示光波（图8-1）。

光波可用简谐波来描述，波动方程为

$$E = a\cos\frac{2\pi}{\lambda}(z - ct) \tag{8-1}$$

其中：a 为振幅；λ 为波长，用埃（Å）来度量，$1\text{Å} = 10^{-10}\text{m}$；$z$ 为空间位置坐标，c 为光在介质中的传播速度，t 为时间。光矢量的大小是空间位置的函数，也是时间的函数。在两个不同时刻，光矢量的大小随位置的变化如图8-1所示。

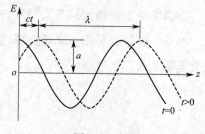

图 8-1 光波

当研究空间一点处光矢量随时间的变化时，也可以把光波方程写成更为简洁的形式，如

$$E = a\cos(\omega t - \varphi_0) \tag{8-2}$$

其中，$\omega = 2\pi f$ 为圆频率，$f = 1/T$ 称为频率，$T = \lambda/c$ 称为周期；φ_0 称作初相位。

理论与实践都证明，光强与光的振幅之平方成正比，即

$$I = Ka^2 \tag{8-3}$$

8.1.2 白光与单色光

当光矢量的振动方向与视线垂直时，就会有视觉；颜色的感觉是由于振动频率引起的，每一种频率都对应一种颜色。光的频率不受介质影响，因此，光在不同介质中传播时颜色保持不变。光的波长、光速与介质有关，即颜色不是波长的函数。但由于不同颜色的光在真空中的传播速度是一样的，习惯上，人们用光在真空中的波长来区分光的颜色。

可见光的波长变化范围从 3900Å 到 7700Å，各种颜色光波的平均波长见表8-1。

光的颜色	紫	蓝	青	绿	黄	橙	赤
平均波长（Å）	4100	4550	4900	5156	5800	6100	7150

通常的太阳光、白炽灯光都是白光，它是各种颜色的可见光同时出现的混合视觉效果。仅有一种波长（或频率）的光称为单色光。光弹性实验中经常用到的光源有三种：白炽灯、水银灯和钠光灯。水银灯通过滤色片可以得到波长为 5461Å 的单色绿光。钠光灯可以产生波长为 5893 Å 的单色黄光。近代激光器可以获得单色性很好的单色光，如氦氖激光器所产生的激光是波长为 6328 Å 的单色红光。

8.1.3 自然光和偏振光

自然光是从一切实际光源发出的普通光波，其光矢量的振动特点是沿垂直于光传播方向的任何方向振动，如图 8-2(a) 所示。

自然光那种杂乱无章的横振动是很容易加以改变的。当它通过某些介质时，可把它的电场振动限制在某一特定的方向上，而使其余方向的电场振动被大大削弱，甚至完全消除。这种经过改变的光波变成只在一个方向振动的横波，区别于自然光，称其为偏振光，如图 8-2(b) 所示。

(a) 自然光　　　　　　　　(b) 偏振光

图 8-2　自然光和偏振光

按偏振光矢端轨迹在光传播方向的投影形状来区分，光弹性实验中要用到的偏振光有三类，即线偏振光、圆偏振光和椭圆偏振光。

线偏振光：偏振光的矢端轨迹在传播方向的投影为一条直线段。轨迹的空间形状为一个平面内的正弦或余弦曲线，也称平面偏振光，如图 8-3(a) 所示。

椭圆偏振光：矢端轨迹投影为一个椭圆。轨迹的空间形状为椭圆螺旋线，如图 8-3(b) 所示。

圆偏振光：矢端轨迹投影为一个圆，它是椭圆偏振光的特殊情况。

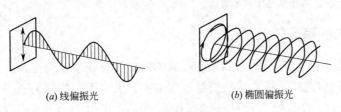

(a) 线偏振光　　　　　　　　(b) 椭圆偏振光

图 8-3　各类偏振光

8.1.4 相干光的干涉

两束频率相同、振动方向相同、相位差恒定的光波称为相干光。

两束相干光在空间某一点相遇时，该点合成光波的振幅为二者在该点处振幅的叠加。

当相位差为 $2n\pi$（$n=1,2,\cdots$）时，两束光的波峰相遇，该点光强最强，出现亮点，称为相长干涉；而当两束光的相位差为（$2n+1$）π 时，波峰与波谷相遇，该点光强为零，出现暗点，称为相消干涉。

以上所说是对单色光而言。对于白光，由于白光由不同波长的七色光组成，当产生光的干涉现象时，不能保证各种颜色的光都同时产生干涉，当一种颜色的光在该点产生相消干涉时，人们看到的将是其余六种色光的混合色，也称为被消色光的互补色。图8-4中对顶角两色为互补色，互补两色混合即成白色。

图 8-4　互补色图

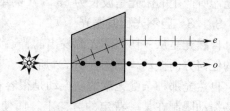

图 8-5　晶体的双折射现象

8.1.5　双折射

光在射入光学各向同性非晶体介质时，将发生折射，但不改变光的振动性质。而当一束自然光射入光学各向异性晶体（如方解石）中时，它原来在各个不同方向的振动被合并为两个互相垂直方向的振动，并分别以不同的折射率和传播速度透过晶体，成为两束互相垂直的线偏振光。这种性质称为双折射。

由晶体的双折射分出的两束传播速度不同的线偏振光，其中一束遵循折射定律，称为寻常光 o，另一束不符合此定律的称为非寻常光 e，如图8-5所示。寻常光 o 的折射率 n_0 是一个常数，与光的传播方向无关；非寻常光 e 的折射率 n_e 随光在晶体中传播方向的不同而不同。在通过晶体后，两束光之间将产生光程差 δ 和位相差 φ，它们之间有如下关系

$$\frac{\varphi}{2\pi}=\frac{\delta}{\lambda} \tag{8-4}$$

晶体的双折射性质是晶体的固有特性，这种双折射称为永久双折射。有些光学各向同性透明材料，如环氧树脂、赛璐珞、玻璃等是不具有双折射性质的，但是当他们受载荷作用时，也会产生双折射现象，而当载荷卸除后，双折射现象又随即消失，这种双折射称为暂时双折射，它是光弹性实验的基础。

■ 8.2　偏振光的琼斯矢量

在光弹性实验中，通过不同光学元件得到的偏振光不外乎前面提到的三种情况，即线偏振光、圆偏振光和椭圆偏振光，我们称这些偏振光具有不同的偏振态。为了避免后面研究不同光场的光学效应时要进行复杂的三角运算，这里引入表示偏振光的琼斯（Jones R. C.）矢量和表示光学元件的琼斯矩阵。

8.2.1　偏振光的一般表示法

椭圆偏振光可看作两个频率相同、相位不同、偏振方向互相垂直的线偏振光的振动分量的合成。假定 Oz 为光的传播方向，x-y 为光的振动平面，E_x、E_y 两个光波分量的振

幅分别为 a_x、a_y，圆频率为 ω，E_x 比 E_y 的相位超前 φ，由于我们关心的是分量间的相对变化，两分量的光波方程可写作

$$E_x = a_x \cos(\omega t + \varphi)$$
$$E_y = a_y \cos\omega t$$

(8-5)

将它们合成，可得一椭圆方程

$$\left(\frac{E_x}{a_x}\right)^2 + \left(\frac{E_y}{a_y}\right)^2 - 2\left(\frac{E_x}{a_x}\right)\left(\frac{E_y}{a_y}\right)\cos\varphi = \sin^2\varphi$$

当 $0 \leqslant \varphi \leqslant \pi$，$y$ 向分量滞后于 x 向分量，若对着光线传播方向观察，光矢量是逆时钟向旋转的，称为左旋椭圆偏振光；而当 $-\pi \leqslant \varphi \leqslant 0$ 时，光矢量是顺时针向旋转的，称为右旋椭圆偏振光。由式(8-5)可知，振幅 a_x、a_y 和相位差 φ 是决定椭圆偏振光的偏振态的三个参数。由于我们关心的是它们的相对关系，可用振幅比 $\tan\alpha = a_y/a_x$ 及 φ 来表征其偏振态（图 8-6）。如当 $\tan\alpha \neq 0$，$\varphi = 0$，上式表示直线，为与 x 轴成 α 角的线偏振光；当 $\tan\alpha = 1$，$\varphi = \pi/2$（或 $-\pi/2$）时，上式表示一个圆，称为左旋（或右旋）圆偏振光。

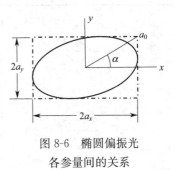

图 8-6　椭圆偏振光
各参量间的关系

用三角函数表示光波，在对光场的效应进行推导时不可避免要进行复杂的三角运算。为了简化运算，可将椭圆偏振光的两个振动分量表示为复数形式

$$E_x = a_x e^{i(\omega t + \varphi)}$$
$$E_y = a_y e^{i\omega t}$$

(8-6)

其实部与式(8-5)一致。

8.2.2　琼斯矢量

由于光矢量总是在垂直于其传播方向的平面内的平面矢量，琼斯认为用 2 维矢量来描述光的振动方程更为简洁和方便。如转播方向为 z，即可把椭圆偏振光表示为

$$\boldsymbol{E} = \begin{bmatrix} E_x \\ E_y \end{bmatrix} = \begin{bmatrix} a_x e^{i(\omega t + \varphi)} \\ a_y e^{i\omega t} \end{bmatrix} = e^{i\omega t}\begin{bmatrix} a_x e^{i\varphi} \\ a_y \end{bmatrix}$$

(8-7)

称为椭圆偏振光的琼斯矢量。式中 $e^{i\omega t}$ 在偏振态变换和合成过程中是公共因子，与偏振态变化无关，可不予考虑，并由图 8-6，有 $a_x = a_0\cos\alpha$，$a_y = a_0\sin\alpha$，故有

$$\boldsymbol{E} = a_0\begin{bmatrix} \cos\alpha e^{i\varphi} \\ \sin\alpha \end{bmatrix}$$

这束偏振光的强度为 $I = |\boldsymbol{E}|^2 = a_0^2$。由于人们关心的是光强的相对变化，所以也可将琼斯矢量归一化，把矢量的模变为 1，得表示一般椭圆偏振光的归一化琼斯矢量为

$$\boldsymbol{E} = \begin{bmatrix} \cos\alpha e^{i\varphi} \\ \sin\alpha \end{bmatrix}$$

(8-8)

对于 x 平面内的线偏振光，由图 8-6，$\alpha = 0$，归一化琼斯矢量成为

$$\boldsymbol{E} = \begin{bmatrix} 1 \\ 0 \end{bmatrix}$$

对于左旋圆偏振光，由图 8-6，$\alpha = 45°$，并有 $\varphi = \pi/2$，由式(8-8)，归一化琼斯矢量为

$$\boldsymbol{E} = \frac{1}{\sqrt{2}} \begin{bmatrix} i \\ 1 \end{bmatrix}$$

表 8-2 给出了常见偏振态偏振光的琼斯矢量表达式。

常见偏振态偏振光的琼斯矢量 表 8-2

偏振态		示意图	复数表达式	琼斯矢量	归一化琼斯矢量
椭圆偏振光			$E_x = a_x e^{i(\omega t + \varphi)}$ $E_y = a_y e^{i\omega t}$ $0 \leqslant \varphi \leqslant \pi$，左旋 $-\pi \leqslant \varphi \leqslant 0$，右旋	$\begin{bmatrix} a_x e^{i\varphi} \\ a_y \end{bmatrix}$	$\begin{bmatrix} \cos\alpha\, e^{i\varphi} \\ \sin\alpha \end{bmatrix}$
圆偏振光	左旋		$E_x = a_0 e^{(\omega t + \pi/2)}$ $E_y = a_0 e^{i\omega t}$	$\begin{bmatrix} a_0 e^{i\pi/2} \\ a_0 \end{bmatrix}$	$\frac{1}{\sqrt{2}} \begin{bmatrix} i \\ 1 \end{bmatrix}$
	右旋		$E_x = a_0 e^{i(\omega t - \pi/2)}$ $E_y = a_0 e^{i\omega t}$	$\begin{bmatrix} a_0 e^{-i\pi/2} \\ a_0 \end{bmatrix}$	$\frac{1}{\sqrt{2}} \begin{bmatrix} -i \\ 1 \end{bmatrix}$
线偏振光	一般		$E_x = a_x e^{i\omega t}$ $E_y = a_y e^{i\omega t}$	$\begin{bmatrix} a_0 \cos\alpha \\ a_0 \sin\alpha \end{bmatrix}$	$\begin{bmatrix} \cos\alpha \\ \sin\alpha \end{bmatrix}$
	水平		$E_x = a_x e^{i\omega t}$ $E_y = 0$	$\begin{bmatrix} a_0 e^{i\omega t} \\ 0 \end{bmatrix}$	$\begin{bmatrix} 1 \\ 0 \end{bmatrix}$
	垂直		$E_x = 0$ $E_y = a_y e^{i\omega t}$	$\begin{bmatrix} 0 \\ a_0 e^{i\omega t} \end{bmatrix}$	$\begin{bmatrix} 0 \\ 1 \end{bmatrix}$

如果两列偏振光 $\boldsymbol{E}_A$ 和 $\boldsymbol{E}_B$ 满足条件

$$\boldsymbol{E}_A^* \cdot \boldsymbol{E}_B = 0 \tag{8-9}$$

则称这两列偏振光是正交的。可以验证，对于线偏振光，正交表示光矢量相互垂直；有相同椭圆度的左旋与右旋椭圆偏振光也是正交的。

任何偏振光都可以分解为两个正交的偏振光；反之，也可把几个给定的偏振光合成为一个偏振光。偏振光的分解与合成要通过光学器件来完成，下节内容就将介绍光弹性实验中要使用的光学器件——偏振器及滞后器及其琼斯表示方法。

■ 8.3　偏振器、滞后器及其琼斯矩阵

8.3.1　偏振器与滞后器

能把入射光分解为两个正交偏振分量，并使得沿定轴方向的分量通过，而垂直于定轴

方向的分量被完全或大部分吸收的光学器件称为偏振器。若能把入射的单色光分解为两正交偏振分量，但使得其中一束光的相位相对于另一束产生一定光学滞后的光学器件称为滞后器。偏振器和滞后器的特性均可用 2×2 阶的琼斯矩阵来描述。

8.3.2 琼斯矩阵及琼斯算法

利用线性原理和光学元件的特定性质就可得到该元件的琼斯矩阵。入射光矢量 $\boldsymbol{E}$ 和出射光矢量 $\boldsymbol{E}'$ 之间的关系可用线性关系表示为

$$\boldsymbol{E}'=\begin{bmatrix} a'_x e^{i\varphi'_x} \\ a'_y e^{i\varphi'_y} \end{bmatrix}=\begin{bmatrix} j_{11} & j_{12} \\ j_{21} & j_{22} \end{bmatrix}\begin{bmatrix} a_x e^{i\varphi_x} \\ a_y e^{i\varphi_y} \end{bmatrix}=\boldsymbol{JE} \tag{8-10}$$

式中，$\boldsymbol{J}$ 为光学元件的琼斯矩阵，j_{11}、j_{12}、j_{21}、j_{22} 为其矩阵元素。上式说明，一光矢量 $\boldsymbol{E}$ 透过某光学器件后的琼斯矢量 $\boldsymbol{E}'$ 等于该元件的琼斯矩阵 $\boldsymbol{J}$ 与入射光矢量 $\boldsymbol{E}$ 的乘积。光学元件实质上起到光的变换作用。

当一束光射入偏振器，设偏振器的透光轴 P 与 x 轴重合、吸收轴 A 与 y 轴重合，则入射光的 x 方向分量完全可以通过，且不改变大小与相位，而 y 向分量要被完全吸收为 0，于是应有

$$\boldsymbol{J}=\boldsymbol{J}_0=\begin{bmatrix} 1 & 0 \\ 0 & 0 \end{bmatrix} \tag{8-11}$$

这样可使

$$\boldsymbol{E}'=\boldsymbol{J}_0\boldsymbol{E}=\begin{bmatrix} 1 & 0 \\ 0 & 0 \end{bmatrix}\begin{bmatrix} a_x e^{i\varphi_x} \\ a_y e^{i\varphi_y} \end{bmatrix}=\begin{bmatrix} a_x e^{i\varphi_x} \\ 0 \end{bmatrix}$$

这时偏振器在 x-y 坐标系的琼斯矩阵等于其自身坐标系 P-A 中的琼斯矩阵，经偏振器变换后光矢量 $\boldsymbol{E}$ 沿吸光轴方向的振动分量可被吸收。

而当 P 轴与 x 轴成夹角 α 时，如图 8-7(a) 所示，可先将 x-y 坐标系的入射光进行到 P-A 坐标系的旋转坐标变换，然后应用式(8-11)。出射后的光矢量再作从 P-A 坐标系到 x-y 坐标系的逆旋转变换，得到出射光矢量

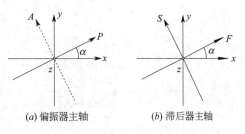

(a) 偏振器主轴　　　　(b) 滞后器主轴

图 8-7　偏振器、滞后器主轴关系

$$\boldsymbol{E}'=\widetilde{\boldsymbol{R}}(\alpha)\boldsymbol{J}_0\boldsymbol{R}(\alpha)\boldsymbol{E}=\boldsymbol{J}_\alpha\boldsymbol{E}$$

这里，$\boldsymbol{R}(\alpha)=\begin{bmatrix} \cos\alpha & -\sin\alpha \\ \sin\alpha & \cos\alpha \end{bmatrix}$ 为坐标变换的旋转矩阵，$\widetilde{\boldsymbol{R}}(\alpha)=\boldsymbol{R}(-\alpha)$ 为其转置矩阵。不难导出，偏振器 P 轴与 x 轴成夹角 α 时在 x-y 坐标系中的琼斯矩阵为

$$\boldsymbol{J}=\boldsymbol{J}_\alpha=\widetilde{\boldsymbol{R}}(\alpha)\boldsymbol{J}_0\boldsymbol{R}(\alpha)=\begin{bmatrix} \cos^2\alpha & \sin\alpha\cos\alpha \\ \sin\alpha\cos\alpha & \cos^2\alpha \end{bmatrix} \tag{8-12}$$

而对于滞后器，类似于上面的推导，并注意滞后器的作用要使沿其快轴 F 的分量较沿慢轴 S 的分量产生一个超前相位差 φ，但不改变振幅，这只要能将 F 轴分量乘以 $e^{i\varphi}$，并能保持 S 轴分量不变即可。当快轴 F 与 x 轴重合时，滞后器的琼斯矩阵可写作

$$\boldsymbol{J}=\boldsymbol{J}_{0\varphi}=\begin{bmatrix} e^{i\varphi} & 0 \\ 0 & 1 \end{bmatrix} \tag{8-13}$$

当 F 轴与 x 轴夹角为 α 时 [图 8-7(b)]，滞后器的琼斯矩阵也可由坐标变换求得

$$J = J_{\alpha\varphi} = \widetilde{R}(\alpha)J_{0\varphi}R(\alpha) = \begin{bmatrix} \sin^2\alpha + e^{i\varphi}\cos^2\alpha & (e^{i\varphi}-1)\sin\alpha\cos\alpha \\ (e^{i\varphi}-1)\sin\alpha\cos\alpha & e^{i\varphi}\sin^2\alpha + \cos^2\alpha \end{bmatrix} \tag{8-14}$$

显而易见，如果光依次通过 n 个偏态元件 J_1、J_2、$\cdots$、J_n，出射光的琼斯矢量为 E_n，则应有

$$E_1' = J_1E', \ E_2' = J_2J_1E, \cdots, E_n' = J_n\cdots J_2J_1E \tag{8-15}$$

当然，J_1、J_2、$\cdots$、J_n 等的顺序是不能随意交换的。

至于出射光的光强 I，计算公式写成

$$I = E_n'^* \cdot E_n' \tag{8-16}$$

其中，$E_n'^*$ 为 E_n' 的共轭转置矢量。

由此看来，用琼斯矩阵表达偏态元件的偏态变换是异常简便的。这种计算偏态元件后面出射光的偏振态的方法称为琼斯算法。

各种常用偏态元件的琼斯矩阵如表 8-3 所示。

偏态元件的琼斯矩阵   表 8-3

偏态元件		琼斯矩阵
偏振器	一般线偏振器 其轴与 x 方向成 α 角	$\begin{bmatrix} \cos^2\alpha & \sin\alpha\cos\alpha \\ \sin\alpha\cos\alpha & \cos^2\alpha \end{bmatrix}$
	水平线偏振器 ($\alpha = 0°$)	$\begin{bmatrix} 1 & 0 \\ 0 & 0 \end{bmatrix}$
	竖直线偏振器 ($\alpha = 90°$)	$\begin{bmatrix} 0 & 0 \\ 0 & 1 \end{bmatrix}$
滞后器	一般线性滞后器 F 轴与 x 轴成 α 角 位相超前 φ	$\begin{bmatrix} \sin^2\alpha + e^{i\varphi}\cos^2\alpha & (e^{i\varphi}-1)\sin\alpha\cos\alpha \\ (e^{i\varphi}-1)\sin\alpha\cos\alpha & e^{i\varphi}\sin^2\alpha + \cos^2\alpha \end{bmatrix}$
	1/4 波片 F 轴与 x 轴成 $45°$ 角 位相超前 $\pi/2$	$\dfrac{1+i}{2}\begin{bmatrix} 1 & i \\ i & 1 \end{bmatrix}$
	1/4 波片 F 轴与 x 轴成 $-45°$ 角 位相超前 $\pi/2$	$\dfrac{1+i}{2}\begin{bmatrix} 1 & -i \\ -i & 1 \end{bmatrix}$

■ 8.4 暂时双折射及应力光性定律

8.4.1 暂时双折射及折射率椭球

早在 1816 年，布瑞斯特（D. Brewster）首先发现了透明玻璃在受外力作用时具有光学双折射效应。这说明光学各向同性透明介质受外力作用后，在发生应力和应变的同时，其光学特性也发生了相应变化，导致光透过介质时在不同方向有不同的传播速度，即折射率发生了变异，成为光学各向异性体，具有双折射特性。一旦解除了外力，透明介质的这种双折射效应就随之消失，恢复透明介质的光学各向同性性质。

当光线射入具有双折射效应介质内某一点 O 时，该点的双折射特性随着光线入射方

向不同而不同。折射率的变化可用折射率椭球（也称为"菲涅尔椭球"）来描述，如图 8-8 所示。折射率椭球有三个长短不等的光学主轴，折射率分别用 n_1、n_2、n_3 表示，并约定 $n_1 \geqslant n_2 \geqslant n_3$。当光线沿任意方向 γ 射向 O 点时，对应的折射率变化规律可由过 O 点并与光线入射方向正交的椭圆截面来表示。

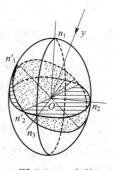

图 8-8　一点的
折射率椭球

与椭圆截面的长、短轴对应的折射率，记为 n_1'、n_2'，代表 O 点在 γ 方向入射光线时的双折射效应，即入射光的双折射效应可用沿 n_1'、n_2' 分解的在互相垂直平面内振动的偏振光来讨论。由于 n_1'、n_2' 仅仅是该椭圆截面的主折射率，而不是整个椭球的主折射率，因此称为次主折射率。

8.4.2　应力光性定律

纽曼（F. Neuman）和麦克斯韦（J. C. Maxwell）在 18 世纪中叶先后对透明介质在任意力系作用下的双折射理论进行了研究，得到本质上一致的结果，建立了应力光性定律。这个定律的主要结论有两个，一是具有双折射效应的弹性体内任一点的三个主应力或主应变的方向分别与该点的三个主折射率方向重合；二是该弹性体任一点处的主应力（或主应变）变化与该方向因变形而引起的主折射率的变化成正比。经过适当变换，该定律可表示为

$$
\begin{aligned}
n_1 - n_2 &= A(\sigma_1 - \sigma_2) \\
n_2 - n_3 &= A(\sigma_2 - \sigma_3) \\
n_3 - n_1 &= A(\sigma_3 - \sigma_1)
\end{aligned}
\tag{8-17}
$$

或

$$
\begin{aligned}
n_1 - n_2 &= B(\varepsilon_1 - \varepsilon_2) \\
n_2 - n_3 &= B(\varepsilon_2 - \varepsilon_3) \\
n_3 - n_1 &= B(\varepsilon_3 - \varepsilon_1)
\end{aligned}
\tag{8-18}
$$

其中，n_1、n_2、n_3 为变形后与主应力 σ_1、σ_2、σ_3 方向一致的主折射率。A 和 B 分别为材料固有的应力光性系数和应变光性系数。式(8-17) 表达的是主折射率差与主应力差的关系；而式(8-18) 表达了主折射率差与主应变差之间的关系。

对于平面应力问题，假定 $\sigma_3 = 0$，偏振光沿与 σ_1、σ_2 垂直的方向入射，由于双折射效应，光线被分解为沿 σ_1、σ_2 方向振动的两个分量，应力光性定律为式(8-17) 的第一式，将其两边同乘以平面介质的厚度 h，左边即为光线出射后产生的相对光程差 δ。于是

$$
\delta = h(n_1 - n_2) = Ah(\sigma_1 - \sigma_2)
\tag{8-19}
$$

即测点的光程差与主应力差成正比。

同理，由式(8-18)，有

$$
\delta = Bh(\varepsilon_1 - \varepsilon_2)
\tag{8-20}
$$

光程差可用光波波长 λ 来度量，设 $\delta = n\lambda$，并令 $f_\sigma = \lambda/A$，则可得到

$$
\sigma_1 - \sigma_2 = \frac{f_\sigma}{h} n
\tag{8-21}
$$

其中，f_σ 称为材料的应力条纹值，单位为 N/mm。它仅与所使用光波的波长和材料的应

力光性系数有关。这是由应力光性定律演变得到的在光弹性试验分析中常用的基本公式。

8.5 偏光弹性仪及其光场布置

8.5.1 偏光弹性仪

偏光弹性仪是进行光弹性实验的必备设备。偏光弹性仪按光路特点可分为两类：准直式偏光弹性仪和慢射式偏光弹性仪。

1. 准直式偏光弹性仪

准直式光弹仪在光路中由点光源、准直透镜系统、偏振光系统、成像系统、机械系统等组成，如图 8-9 所示。入射偏振光系统是准直的平行光，准直透镜要求光源的光点小、功率大，准直透镜的质量也要好。一般备有白光和单色光源。白光源常用白炽灯或各种多光谱光源。单色光源常用钠光灯（黄光，$\lambda=5893\text{Å}$）或水银灯（绿光，$\lambda=5461\text{Å}$）及碘化铊灯（绿光，$\lambda=5375\text{Å}$）等。为了消除其他杂光，一般要外加滤色镜，使光谱频带更窄，单色性更好。偏振光系统包括偏振镜组和 1/4 波片组，它们都有方位调整刻度，并具有同步旋转操纵机构。机械系统包括加载装置和各种传动系统。成像系统主要是成像透镜、屏幕或照相机。如果使用条纹倍增器来加密条纹，只能在这种光弹仪上使用。

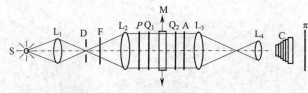

(a) 光路示意图

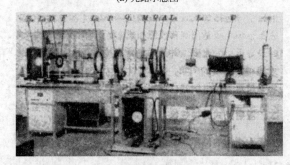

(b) 409-Ⅱ型准直式光弹性仪

图 8-9 准直式光弹仪结构图

S—点光源；L_1—聚光镜；D—光栏；F—滤色镜；L_2，L_3—准直镜；P—起偏镜；A—检偏镜；Q_1，Q_2—1/4 波片；C—照相机；π—屏幕；M—加载架；L_4—成像透镜

2. 漫射式偏光弹性仪

漫射式偏光弹性仪用的是漫射光源，不需要准直透镜组，结构较简单，适用于大视场要求，其他与准直式偏光弹性仪相同。它所使用的光源不是点光源，而是使用分布光源，并在光源前放一块毛玻璃或乳白玻璃等漫射体，获得光强分布均匀的漫射光场，照相可在屏幕前放一个长焦距照相机镜头。这种光弹仪易于调整，使用方便，但要精确成像是不容易的。

8.5.2 偏振光场的布置与调整

1. 平面偏振场

将 1/4 波片移出光路，或把其快、慢轴调整到与各自的偏振片主轴平行或垂直。再调整起偏镜主轴与检偏镜主轴互相垂直，则在光场中形成线偏振光，而偏振光不能通过检偏镜，在检偏镜前完全消光，视场最暗，光路布置如图 8-10(a) 所示，称作正交平面偏振场（暗场）；若调整使二者相互平行，则视场最亮，如图 8-10(b) 所示，称作平行平面偏振场（亮场）。调整时通过观察光场是否最暗或最亮来判定两偏振镜的偏振轴是否垂直或平行。

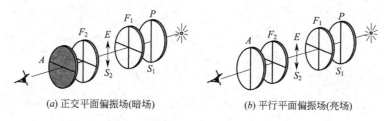

(a) 正交平面偏振场(暗场)　　　　　　(b) 平行平面偏振场(亮场)

图 8-10　平面偏振场

2. 圆偏振场

在起偏镜与检偏镜偏振轴互相垂直情况下，放入 1/4 波片，并旋转调整到视场出现消光，这时 1/4 波片的主轴与检偏镜轴平行，然后再将其旋转 45°，第一块 1/4 波片即调整好。然后放入第二块 1/4 波片，也调整它使视场消光，这时两 1/4 波片的快轴互相垂直，然后再将其旋转 −45°，即告调整完毕。这样形成的光路如图 8-11(a) 所示，称为正交圆偏振场（暗场）。

如果再单独将检偏镜旋转 90°，将使视场变为最亮，形成的光路如图 8-11(b) 所示，称为平行圆偏振场（亮场）。

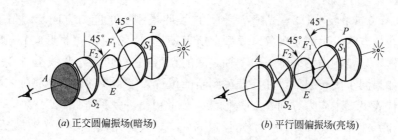

(a) 正交圆偏振场(暗场)　　　　　　(b) 平行圆偏振场(亮场)

图 8-11　圆偏振场

■ 8.6　受力模型在平面偏振场中的光弹性效应

将一个平面应力模型置于正交平面偏振场中，现研究一束单色光波经过光路各元件后的光弹性效应。

如图 8-12 所示，假定模型上一点 M 的主应力为 σ_1、σ_2，入射光经由起偏镜 $\boldsymbol{P}$ 变换后得到的线偏振光 $\boldsymbol{E}$，在经模型 M 和检偏镜 A 变换后的出射光矢量 $\boldsymbol{E}'$ 可由琼斯算法求得，即

$$\boldsymbol{E}' = \boldsymbol{J}_A \boldsymbol{J}_M \boldsymbol{E} \tag{8-22}$$

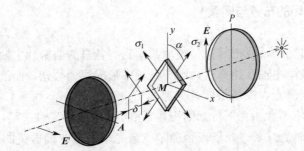

图 8-12　受力模型在正交平面偏振场中的光弹性效应

这里，

$$\boldsymbol{J}_A=\begin{bmatrix}1 & 0\\ 0 & 0\end{bmatrix},\ \boldsymbol{J}_M=\begin{bmatrix}\sin^2\alpha+e^{i\varphi}\cos^2\alpha & (e^{i\varphi}-1)\sin\alpha\cos\alpha\\ (e^{i\varphi}-1)\sin\alpha\cos\alpha & e^{i\varphi}\sin^2\alpha+\cos^2\alpha\end{bmatrix},\ \boldsymbol{E}=\begin{bmatrix}0\\ 1\end{bmatrix}$$

于是出射光矢量 $\boldsymbol{E}'$ 为

$$\boldsymbol{E}'=\begin{bmatrix}1 & 0\\ 0 & 0\end{bmatrix}\begin{bmatrix}\sin^2\alpha+e^{i\varphi}\cos^2\alpha & (e^{i\varphi}-1)\sin\alpha\cos\alpha\\ (e^{i\varphi}-1)\sin\alpha\cos\alpha & e^{i\varphi}\sin^2\alpha+\cos^2\alpha\end{bmatrix}\begin{bmatrix}0\\ 1\end{bmatrix}=\begin{bmatrix}(e^{i\varphi}-1)\sin\alpha\cos\alpha\\ 0\end{bmatrix} \tag{8-23}$$

由式(8-16)，出射光波的光强 I 为

$$I=\boldsymbol{E}'^{*}\cdot\boldsymbol{E}'=\begin{bmatrix}(e^{-i\varphi}-1)\sin\alpha\cos\alpha & 0\end{bmatrix}\begin{bmatrix}(e^{i\varphi}-1)\sin\alpha\cos\alpha\\ 0\end{bmatrix}$$

$$=[2-(e^{i\varphi}+e^{-i\varphi})]\sin^2\alpha\cos^2\alpha=\sin^2\frac{\varphi}{2}\sin^2 2\alpha$$

由相位差 φ 与光程差 δ 之间的关系，上式也可写成

$$I=\sin^2\left(\frac{\delta}{\lambda}\pi\right)\sin^2 2\alpha \tag{8-24}$$

分析式(8-24)可知：

（1）当 $\alpha=0$ 或 $\alpha=\pm\pi/2$，光强 $I=0$，这表明模型上主应力方向与起偏镜或检偏镜的偏振轴重合的点将发生消光现象。模型上所有满足这一条件的点将形成一条暗线，称为等倾线。这样，只要测出偏振轴与参考轴之间的夹角 θ，就可确定暗线上各点的主应力方向。显然，如果同步旋转起偏镜和检偏镜到新的位置，等倾线的位置也将随之移动到新的位置，得到代表另一主应力方向 θ_1 的等倾线。如此可得一系列等倾线。

（2）若 $\delta=n\lambda$（$n=0,1,2,\cdots$），光强也为 0，即只要光程差等于光波波长的整数倍，也同样出现消光条纹。但这种消光条纹与等倾线截然不同。由式(8-19)，光程差 δ 与主应力差 $\sigma_1-\sigma_2$ 直接相关，因此称这种条纹为等差线。等差线与主应力方向无关，因此当同步旋转起偏镜和检偏镜时，等差线的位置丝毫不会变化。

以上是对单色光而言的，等倾线和等差线同时出现，交织在一起，都呈暗色，仅有的区别是当同步旋转起偏镜和检偏镜时，等倾线移动，而等差线不动。图 8-13 所示，为圆盘试样对经受压时的等倾线和等差线图案，虚线标明的条纹是等倾线，其余为等差线，从中可以看到二者的区别。

如果以白光作光源，观察到的现象将是七色光相干后的重叠结果。由于不同波长的光不可能都同时满足消光条件，如果部分波长的单色光被消光，则其他单色光将仍然存在，我们看到的将是被消单色光的互补色。对于光程差为 0（即主应力差为 0）的点，不同波长的光将同时发生消光现象，而呈现黑色暗点，称为 0 级等差线。随着光程差增大，最先满足消光条件的将是波长最短的单色光，看到的互补色最鲜艳；主应力差越大的点，能够同时满足消光条件的单色光就会越多，看到的互补色也就越苍淡。因为应力是连续变化的，有相同主应力差的点将连成一条呈现同一颜色的等差线（这时也称为等色线）。在白光条件下，人们习惯上把红蓝交界线作为准确的整数级等差线位置。从黑色的 0 级等差线开始，依次为 1 级、2 级……等差线（或等色线）。在白光下确定 0 级等差线位置和级次变化顺序是非常方便的。

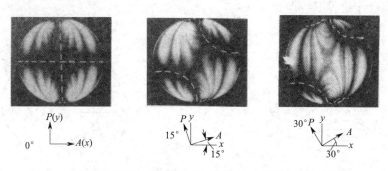

图 8-13　对经受压圆盘的等倾线与等差线（虚线位置为等倾线）

由于等倾线的消光条件与光波波长无关，白光下在暗场观察到的等倾线仍呈黑色。这就便于从颜色上来区分等倾线与非 0 级等差线。虽然等倾线和 0 级等差线都呈黑色，但二者也存在明显区别。从条纹清晰度上来看，一般等倾线较浑浊，而 0 级等差线较清晰；此外，当同步旋转起偏镜与检偏镜时，等倾线会移动，而 0 级等差线则不动，但等倾线始终要通过 0 级等差线。这是因为 0 级等差线上各点的主应力差为 0，是各向同性点，而各向同性点的主方向是任意的，因而代表不同主应力方向的等倾线必定都会通过它。

■ 8.7　等倾线的绘制

等倾线是用白光作光源在正交平面偏振场下测得的。等倾线的记录方法主要是以徒手描绘为主，也可以采用拍照的方法。

描绘等倾线时，以检偏镜的零刻度位置作为起点，逆时针方向同步旋转起偏镜 P 和检偏镜 A，每隔 10°（或 5°）描绘一次，并注明角度。这样即可把模型内所有等倾线都描绘在一张图上，称为等倾线图。拍照等倾线时一次只能得到代表一个主方向角的等倾线，并须注意拍摄的顺序，以免搞乱。此外，由于在白光下等倾线与零级等差线都是黑色，拍照后不易区分，最好使用有相同尺寸、对主应力差反应不灵敏的有机玻璃模型试样进行试验，拍摄基本上单独出现的等倾线。

由于等倾线不够清晰，无论是直接绘制还是根据照片绘制等倾线时，应注意等倾线所应遵循的规律，这对准确绘制等倾线会大有帮助。

8.7.1　各向同性点处的等倾线

由于各向同性点（0 级等差线所在位置）的主方向是任意的，不同参数的等倾线都将通过这些点，随着起偏镜与检偏镜的同步旋转，等倾线将绕各向同性点旋转。如果等倾线的转向与偏振镜转向相同，称其为正各向同性点，反之称其为负各向同性点。当有几个相邻的各向同性点时，则它们必然是正负相间的；在非各向同性点处，等倾线不会相交，如图 8-14 所示。

8.7.2 对称轴处的等倾线

对于对称问题，由于对称轴与其上各点的主应力方向重合与垂直，因此必有等倾线与对称轴重合，过对称轴的等倾线也应与对称轴垂直。

8.7.3 自由边界处的等倾线

自由边界上点的法向和切向倾角就是过该点等倾线的参数，边界上所有具有相同法向和切向角的点应由一条等倾线相连，如图 8-15 所示。根据这一规律，可以确定某条等倾线应当准确交会于边界哪些点处。

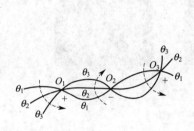

图 8-14　正负相间的各向同性点

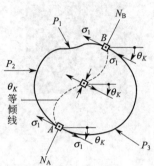

图 8-15　自由边上的等倾线参数

例如，尖头拉杆端部的等倾线如图 8-16 所示。其中 O_1、O_2、O_3、O_4 均为各向同性点，O_1、O_3 为正，O_2、O_4 为负，它们是正负相间的。而在同号各向同性点之间，除 0° 等倾线和 90° 等倾线之外，没有其他等倾线相连。

对径受压圆盘的等倾线如图 8-17 所示，各等倾线与边界交点的准确位置应使从该点到圆心的径向线与水平轴的夹角等于该等倾线的参数。圆盘的纵向和水平对称轴就是 0° 和 90° 等倾线。等倾线与边界的交点可由等倾线参数作相同转角的径向线来确定。

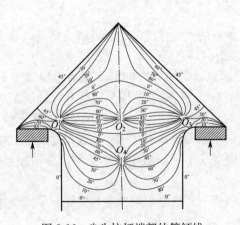

图 8-16　尖头拉杆端部的等倾线

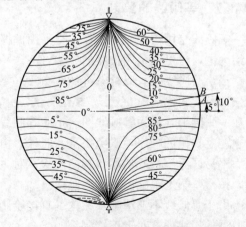

图 8-17　对径受压圆盘的等倾线

■ 8.8　主应力迹线的绘制

主应力迹线是这样一种曲线，该曲线上任一点的切线和法线与该点的主应力方向重合。因此主应力迹线图包含两族正交的曲线。主应力迹线用来表示受力物体中的主应力走向，它在工程实际中具有重要的应用价值。例如钢筋混凝土构件中钢筋的走向就是根据第一主应力迹线的走向布置的。

绘制主应力迹线的基本方法如图 8-18 所示。在各条等倾线上按其参数（主应力方向角）划出许多平行短线，再以这些短线为切线，画出一系列平滑曲线，即得一族主应力迹线 S_1、S_2……。然后再作与 S_1、S_2……正交的另一族主应力迹线。

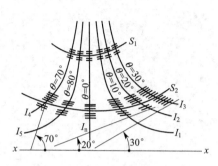

图 8-18　绘制主应力迹线的方法

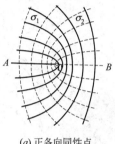

(a) 正各向同性点

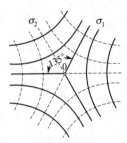

(b) 负各向同性点

图 8-19　各向同性点处的主应力迹线

绘制主应力迹线时，要注意以下几点：

（1）同一族主应力迹线彼此不会相交，而两族主应力迹线是正交曲线族。但集中载荷作用点是一族主应力迹线的放射点，而是另一族主应力迹线的包围点。

（2）对于无各向同性点的自由边及对称轴，其本身就是主应力迹线；直线自由边和对称轴，既是主应力迹线，同时又是等倾线。

（3）在正各向同性点附近，主应力迹线是两族包围该点的抛物线形曲线，如图 8-19(a) 所示；而对于负各向同性点，主应力迹线则是两族由渐近线分割的双曲线型曲线，如图 8-19(b) 所示。

例如，对径受压圆环的等倾线和主应力迹线如图 8-20 所示。从中可看到集中载荷作用点、对称轴处和各向同性点处主应力迹线的变化。

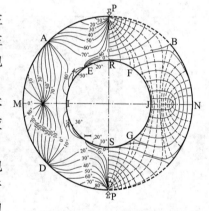

图 8-20　对径受压圆环的等倾线（左）与主应力迹线（右）

8.9　受力模型在圆偏振场中的光弹性效应

将受力模型置于正交圆偏振场中，如图 8-21 所示，我们还用与 8.6 节中类似的方法研究其光弹性效应。由起偏镜产生的线偏振光 E，经第一块 1/4 波片 Q_1、受力模型 M、第二块 1/4 波片 Q_2 和检偏镜 A 的进一步变换后，出射光矢量 E' 仍可用琼斯算法求得，即

$$E'=J_A J_{Q_2} J_M J_{Q_1} E$$

$$=\begin{bmatrix} 1 & 0 \\ 0 & 0 \end{bmatrix} \frac{i+1}{2} \begin{bmatrix} 1 & -i \\ -i & 1 \end{bmatrix} \begin{bmatrix} \sin^2\alpha+e^{i\varphi}\cos^2\alpha & (e^{i\varphi}-1)\sin\alpha\cos\alpha \\ (e^{i\varphi}-1)\sin\alpha\cos\alpha & e^{i\varphi}\sin^2\alpha+\cos^2\alpha \end{bmatrix} \frac{i+1}{2} \begin{bmatrix} 1 & i \\ i & 1 \end{bmatrix} \begin{bmatrix} 0 \\ 1 \end{bmatrix}$$

$$=\frac{1}{2} \begin{bmatrix} e^{i\varphi}-1 \\ 0 \end{bmatrix}$$

$$(8-25)$$

其光强

$$I = \boldsymbol{E}'^* \cdot \boldsymbol{E}' = \frac{1}{4}\begin{bmatrix} e^{-i\varphi}-1 & 0 \end{bmatrix}\begin{bmatrix} e^{i\varphi}-1 \\ 0 \end{bmatrix} = \sin^2\frac{\varphi}{2} = \sin^2\left(\frac{\delta}{\lambda}\pi\right) \tag{8-26}$$

由该式与式(8-24)的比较不难看到，受力模型在正交圆偏振场中仅能看到等差线。如图8-22(a)所示，为对径受压圆盘在正交圆偏振场中得到的等差线条纹图案，等倾线已不再出现。

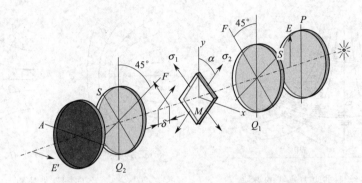

图 8-21　受力模型在正交圆偏振场中的光弹性效应

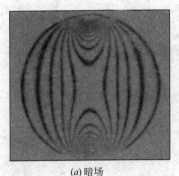

(a) 暗场　　　　　　(b) 亮场

图 8-22　在圆偏振场中圆盘对经受压时的等差线图

　　读者也可以这样来理解这种现象，由于在圆偏振场中光矢量的方向是旋转变化的，在某一瞬时模型上主应力方向与偏振光振动方向一致的那些点所形成的等倾线，瞬间会被另一瞬时与光矢量振动方向一致的另一位置的等倾线所代替，这种快速的变化超出了人们的视觉反应极限而无法观察到，能看到的只有不随偏振光振动方向变化的等差线，这就相当于等倾线消失了。如果在平面偏振场下快速同步旋转起偏镜与检偏镜，也会获得同样的效果。

　　如果模型置于平行圆偏振场中（将图8-21中的偏镜 A 旋转 $90°$），则出射光矢量

$$\boldsymbol{E}' = \boldsymbol{J}_A \boldsymbol{J}_{Q_1} \boldsymbol{J}_M \boldsymbol{J}_{Q_1} \boldsymbol{E}$$

$$= \begin{bmatrix} 0 & 0 \\ 0 & 1 \end{bmatrix} \cdot \frac{i+1}{2}\begin{bmatrix} 1 & -i \\ -i & 1 \end{bmatrix}\begin{bmatrix} \sin^2\alpha+e^{i\varphi}\cos^2\alpha & (e^{i\varphi}-1)\sin\alpha\cos\alpha \\ (e^{i\varphi}-1)\sin\alpha\cos\alpha & e^{i\varphi}\sin^2\alpha+\cos^2\alpha \end{bmatrix} \cdot \frac{i+1}{2}\begin{bmatrix} 1 & i \\ i & 1 \end{bmatrix}\begin{bmatrix} 0 \\ 1 \end{bmatrix}$$

$$= \frac{1}{2}\begin{bmatrix} e^{i\varphi}+1 \\ 0 \end{bmatrix} \tag{8-27}$$

这时的光强

$$I = E'^{\ *} \cdot E' = \frac{1}{4} [e^{-i\varphi} + 1 \quad 0] \begin{bmatrix} e^{i\varphi} + 1 \\ 0 \end{bmatrix} = \cos^2 \frac{\varphi}{2} = \cos^2 \left(\frac{\delta}{\lambda} \pi \right) \qquad (8\text{-}28)$$

显然，当 $\delta = (n+1/2)\lambda$ 时，$I=0$，看到的都是半数级等差线。图 8-22(b) 所示，为对径受压圆盘在平行圆偏振场中得到的半数级等差线黑条纹。

■ 8.10 非整数等差线级次的确定

由上节知，在圆偏振场下，可以得到整数级（在暗场下）和半数级（在亮场下）等差线图。但在应力分析时，有时所关心的测点并不一定正好处于整数或半数级等差线位置，这就需要确定一般的分数级条纹级次。下面介绍几种分数级等差线的测定方法。

8.10.1 内插法

在已知整数或半数级等差线位置后，用图解法或按比例确定测点非整数级条纹级次。这种方法人为主观因素多，误差可能较大。

8.10.2 塔尔迪（Tardy）补偿法

这种方法是通过单独旋转检偏镜使视场在暗场与亮场之间变化，造成等差线条纹位置在整数级之间变化，将条纹移至测量点，根据检偏镜的偏转角来计算非整数条纹级次。具体步骤为：

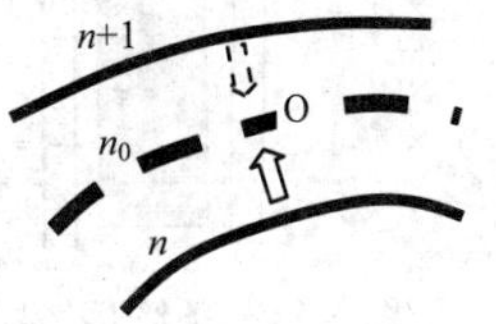

（1）用正交平面偏振场，同步旋转起偏镜和检偏镜，使测点经过一条等倾线。即使该点的主应力方向与起偏镜或检偏镜偏振轴方向重合。

（2）再放入 1/4 波片构成正交圆偏振场。

（3）单独转动检偏镜，使测点 O 附近的 n 级等差线移到该点（图 8-23），若检偏镜转角为 β_n，则测点 O 处的非整数级条纹级次为

图 8-23　Tardy 补偿法测定非整数等差线级次

$$n_0 = \frac{n + |\beta_n|}{180°} \qquad (8\text{-}29)$$

如果反向旋转检偏镜，使 $n+1$ 级等差线移至 O 点，设检偏镜转角为 β_{n+1}，则该点处的非整数等差线级次为

$$n_0 = n + 1 - \frac{|\beta_{n+1}|}{180°} \qquad (8\text{-}30)$$

实验时可双向测量以资比较，并检验 $|\beta_n| + |\beta_{n+1}|$ 是否为 $180°$ 来判别测量是否准确。读者可用琼斯算法对上面计算公式加以证明。

本方法不需要增加设备，便于实施，主应力方向是否准确地与起偏镜方向重合对测量精度影响也不大。

测定非整数级等差线的还可利用石英补偿器等辅助设备来进行，这里不再介绍。

■ 8.11 等差线条纹倍增法

用圆偏振场可直接获得模型的等差线图，但当等差线较稀疏时，光弹性分析的精度较低。这时可使用条纹倍增器，获得条纹数目倍增的等差线条纹图，提高实验精度。但该法要求光弹性仪为准直式的。

条纹倍增器的原理如图 8-24 所示。在模型前后各放置一块部分反射镜I和II，这两块部

分反射镜之间有一微小的夹角 $\Delta\alpha$（约 $0.3°$）。当光线经过两块部分反射镜的反射时，要反复多次通过模型。由于两部分反射镜夹角很小，一条光线仅在模型上一点附近很小的范围内来回通过。光线每通过模型一次，光程差就增加一倍，相当于应力增大一倍，因而条纹加密一倍。但穿过模型不同次数的光线将沿不同方向射出，同次数将同方向，组成许多平行光组，通过透镜聚焦到屏面的不同副焦点上，形成一排各自独立的象点，每一个象点对应不同的倍增倍数 k，如图 8-25 所示。这样，照相机对着不同副焦点位置，就可拍摄到不同倍增倍数的等差线。倍增后的条纹级次 n' 与同一点实际条纹级次 n 之间的关系为

$$n = \frac{n'}{k} \tag{8-31}$$

其中，k 称为倍增因子。在光源一边的副焦点上 k 为偶数，而另一边的 k 为奇数。图 8-26 所示为一偏心拉伸哑铃形模型试样的不同倍增等差线图。

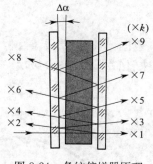

图 8-24　条纹倍增器原理

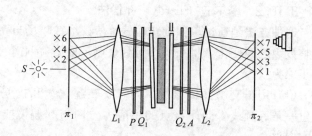

图 8-25　条纹倍增法光路系统

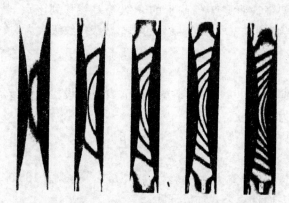

图 8-26　偏心拉伸哑铃形试样的倍增等差线图

习　题

[8-1]　光弹性试验方法的基础是什么？

[8-2]　何谓偏振器，何谓滞后器，它们的作用有什么不同？1/4 波片是什么光学元件？

[8-3]　什么是等倾线，什么是等差线，它们有什么区别？

[8-4]　用琼斯算法证明确定非整数级等差线条纹级次的塔尔迪（Tardy）补偿法。

[8-5]　如果使用条纹倍增器来增密等差线条纹，实验设备需满足什么条件？

第9章 平面光弹性应力分析

由光弹性实验可以获得两类资料，一类是表示主应力方向的等倾线，另一类是表示主应力差的等差线，即通过实验可获得两个条件。而一般的平面应力问题有三个未知应力分量，要完全确定一点的应力状态，还必须增加一个独立的相关条件——补充方程或实验数据。应力分析工作者在实践中提出很多应力分离的方法，本章内容除介绍必须了解的模型边界应力、应力集中系数的确定方法外，主要介绍在普通光弹性试验中常用的模型内部应力分离方法——剪应力差法、数值求解法、科克尔-菲伦计算法等。另外一种应力分离方法——全息光弹性法将在第 14 章中做专门介绍。

■ 9.1 边界应力的确定

在光弹性模型试验中，边界应力的确定是非常重要的。对于强度校核问题，需要测出最大应力，而最大应力往往发生在构件的边界，模型内部应力的分离计算也必须先确定边界应力，因而测定边界应力有着重要的意义。边界应力的大小可直接根据模型边界出现的等差线条纹级次来确定。

对于自由边界，只有平行于边界的切向应力，而法向应力为 0，根据公式(8-21)，即可得到边界应力的大小为

$$\sigma_s = \frac{n_s f_\sigma}{h} \tag{9-1}$$

其中 n_s 为边界点的等差线条纹级次。如果边界作用有载荷，它应当是已知值，略加推理便可求得边界应力。

边界应力符号的确定可用钉压法进行判别。所谓钉压法，就是用钉状物垂直于模型边界加压，观察施压点处等差线条纹级次的变化来确定边界应力符号。如果顶压时使该点条纹级次变高（即该点附近条纹向低级条纹移动），边界应力为正（拉应力）；反之，则为负（压应力）。其原理可由读者自行分析。

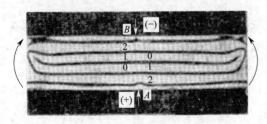

图 9-1 钉压法判别边界应力符号

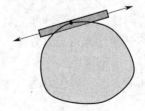

图 9-2 补偿法判别边界应力符号

【例 9-1】 图 9-1 为纯弯梁模型上下缘受钉压时的条纹变化情况。梁的上缘为压应力，顶压时低级条纹向高级处移动，顶压点条纹级次变低；下缘为拉应力，顶压时高级条纹向低级处移动，顶压点条纹级次变高。

　　也可以用补偿法判别边界应力符号，即使用一个条状受拉模型，顺着边界切向叠放在边界点处，如图 9-2 所示。如果看到边界点处条纹级次增高，则边界应力为正，反之为负。在不方便使用钉压法的地方可以用此法进行判别。该方法的原理也请读者自行分析。

9.2　应力集中系数的确定

　　平面光弹性实验可以迅速而准确地确定带孔或切口的复杂形状模型应力集中区的最大应力和应力集中系数，这在工程实际应用中具有重要意义。

　　应力集中系数定义为最大边界应力 $\sigma_{\max}$ 与局部削弱截面上的名义应力 σ_0 之比，即

$$\alpha_{\mathrm{k}} = \frac{\sigma_{\max}}{\sigma_0} \tag{9-2}$$

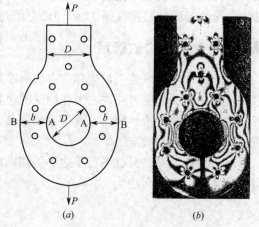

图 9-3　眼杆形状及等差线

　　【例 9-2】　图 9-3(a) 所示为一受拉眼杆，所受拉力 $P = 700\mathrm{N}$，其等差线如图 9-3(b) 所示，材料条纹值 $f_\sigma = 12.5\mathrm{MPa \cdot mm}$，模型厚度 $t = 5\mathrm{mm}$，孔边的宽度 $b = 13.7\mathrm{mm}$，测得孔边 A 点的等差线条纹级次为 $n_\mathrm{A} = 9.56$ 级，圆孔的直径 $D = 26\mathrm{mm}$。现求 A 点应力及应力集中系数。

　　由式(9-1)，A 点应力为

$$\sigma_\mathrm{A} = \frac{n_\mathrm{A} f_\sigma}{t} = \frac{9.56 \times 12.5}{5} = 23.9\mathrm{MPa}$$

由钉压法测知应力符号为正。

　　图中 AB 线上的名义应力为

$$\sigma_0 = \frac{P}{2bt} = \frac{700}{2 \times 13.7 \times 5} = 5.1\mathrm{MPa}$$

故 A 点处的应力集中系数为

$$\alpha_{\mathrm{k}} = \frac{\sigma_\mathrm{A}}{\sigma_0} = \frac{23.9}{5.1} = 4.69$$

9.3　内部应力分离的剪应力差法

　　剪应力差法是由光弹性实验资料——等差线和等倾线数据计算剪应力分量，再根据有限单元体的平衡计算正应力分量。

9.3.1　τ_{xy} 的确定

由平面应力圆，剪应力为

$$\tau_{xy} = \frac{\sigma_1 - \sigma_2}{2} \sin 2\theta_x$$

根据式(8-21)，得

$$\tau_{xy} = \frac{n f_\sigma}{2h} \sin 2\theta_x \tag{9-3}$$

其中 f_σ 为材料的应力条纹值，n 为测点的等差线条纹级次，h 为模型厚度，θ_x 为自 x 轴到 σ_1 的转角，逆时针为正。可由光弹性实验获得的等倾线参数代替 θ_x，按式（9-3）直接计算模型上一点剪应力的大小。剪应力的指向可由图 9-4(a) 所示第一主应力相遇原则确定，即自剪应力作用面的外法向 n 转向较大

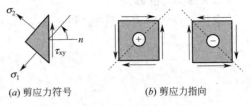

(a) 剪应力符号　　　　(b) 剪应力指向

图 9-4　剪应力指向及符号的判别

主应力 σ_1，切应力的指向与此转向一致。对于一般的内点，我们并不知道第一主应力 σ_1 朝哪个方向，而对边界点则容易判别，所以还要从边界点开始，并注意剪应力变化的连续性，依次进行判别。剪应力的符号沿用弹性力学的约定，如图 9-4(b) 所示。

9.3.2　计算 σ_x 的剪应力差法

假想从图 9-5(a) 所示平面受力模型中取出一有限单元体 i，单元体的受力情况如图 9-5(b) 所示。设模型厚度为 h，不计单元体自重。由平衡条件 $\sum X = 0$，得

$$\sigma_{x,i} = \sigma_{x,i-1} - \frac{\tau_{yx,j} - \tau_{yx,j-1}}{\Delta y} \Delta x = \sigma_{x,i-1} - \frac{(\Delta \tau_{yx})_i}{\Delta y} \Delta x$$

同理，若在该单元体左侧再依次取相邻的单元体 $i-1$，$i-2$，…，直到模型边界单元体 0 为止，可得

$$\sigma_{x,i-1} = \sigma_{x,i-2} - \frac{(\Delta \tau_{yx})_{i-1}}{\Delta y} \Delta x$$

$$\sigma_{x,i-2} = \sigma_{x,i-3} - \frac{(\Delta \tau_{yx})_{i-2}}{\Delta y} \Delta x$$

$$\cdots$$

$$\sigma_{x,1} = \sigma_{x,0} - \frac{(\Delta \tau_{yx})_1}{\Delta y} \Delta x$$

将上述结果依次代入，可得到单元体 i 右侧的正应力分量为

$$\sigma_{x,i} = \sigma_{x,0} - \sum_{k=1}^{i} \frac{(\Delta \tau_{yx})_k}{\Delta y} \Delta x \tag{9-4}$$

其中，$\sigma_{x,0}$ 为边界应力在 x 方向的分量，可由实验得到的边界应力 σ_s 求出；$(\Delta \tau_{yx})_k$ 为第 k 个单元体上下表面的切应力差，可由单元体上下表面中点处的光弹性实验资料求得。

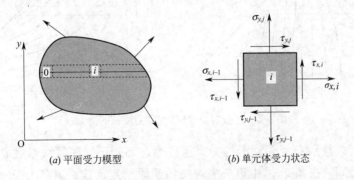

(a) 平面受力模型　　　　　　　(b) 单元体受力状态

图 9-5　平面受力模型及单元体

9.3.3 σ_y的确定

求得一点的应力分量 τ_{xy} 和 σ_x 后，即可进一步计算该点的应力分量 σ_y。由应力圆知

$$\sigma_y = \sigma_x \pm \sqrt{(\sigma_1 - \sigma_2)^2 - 4\tau_{xy}^2} \tag{9-5}$$

或

$$\sigma_y = \sigma_x \pm \frac{nf_\sigma}{h} |\cos 2\theta_x| \tag{9-6}$$

其中，θ_x 为 x 轴与 σ_1 方向的夹角。由平面应力圆，当 $\theta_x < 45°$，有 $\sigma_x > \sigma_y$，上式中应取"一"号，若 $\theta_x > 45°$，有 $\sigma_y > \sigma_x$，上式中应取"+"号。当然，由光弹性实验得到的等倾线的参数并不一定是 σ_1 的方向，但对边界点则容易判别等倾线的参数是代表哪个主应力方向的，因此，最好还是从模型边界开始，由应力变化的连续性，依次进行判别。

9.3.4 主应力σ_1和σ_2的计算

由平面应力圆知，主应力 σ_1、σ_2 分别为

$$\left.\begin{array}{c}\sigma_1 \\ \sigma_2\end{array}\right. = \frac{\sigma_x + \sigma_y}{2} \pm \frac{\sigma_1 - \sigma_2}{2} = \frac{\sigma_x + \sigma_y}{2} \pm \frac{nf_\sigma}{2h} \tag{9-7}$$

【例 9-3】 方板对角受压时描绘得到的 1/4 部分等差线和等倾线如图 9-6 所示。$P = 1150\text{N}$，$h = 27.8\text{mm}$，$d = 5.46\text{mm}$，模型材料为环氧树脂，室温下测得的应力条纹值 $f_\sigma = 13.0\text{MPa} \cdot \text{mm}$。求 OG 截面处各点的 τ_{xy}、σ_x、σ_y。

(1) OG 截面上 τ_{xy} 的计算

如图 9-6 所示，将 OG 分成 6 等份，每等分长 $\Delta x = 2.78\text{mm}$，根据等差线和等倾线图，画出沿 OG 线的等差线条纹级次 n 及等倾线参数 θ 分布曲线，如图 9-7 所示。再由此曲线量出 OG 线上各点处的等差线级次 n 和等倾线参数 θ，由式(9-3) 即可计算各点的剪应力大小。

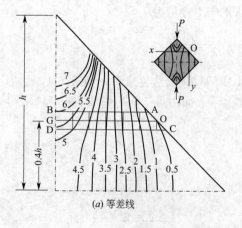
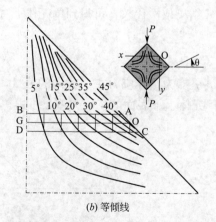

(a) 等差线　　　　　(b) 等倾线

图 9-6　方板对角受压时的等差线和等倾线

由钉压法可以判别 O 点沿边界应力为压应力，因此可知等倾线参数 θ 即为该点的 σ_1 方向与水平轴之间的夹角 θ_x，由第一主应力相遇原则判定该点剪应力符号为正。由应力变化的连续性，不难断定其他各点剪应力符号均为正。计算结果如表 9-1 所示。

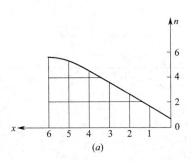
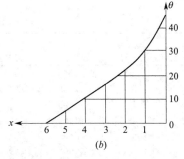

图 9-7 OG 线上等差线级次 n 与等倾线参数 θ 的分布

OG 线上剪应力 τ_{xy} 的计算　　　　　　　　　　　　　　　　表 9-1

点号	等差线级次 n	$\sigma_1 - \sigma_2 = n f_\sigma / d$ $= 2.38n$ (MPa)	等倾线参数 θ (°)	$\sin 2\theta$	$\tau_{xy} = [(\sigma_1 - \sigma_2)/2]\sin 2\theta$ (MPa)
0	0.5	1.19	45	1.00	+0.595
1	1.5	3.57	30	0.866	+1.55
2	2.5	5.95	23	0.719	+2.14
3	3.5	8.33	17	0.559	+2.33
4	4.5	10.7	11	0.375	+2.01
5	5.3	12.6	5.05	0.175	+1.10
6	5.7	13.6	0	0	0

(2) OG 线上 σ_x 的计算

O 点的应力 $\sigma_{x,o}$ 可由该点单元体的平衡条件求出，即

$$\sigma_{x,o} = -\sigma_{2,o}\cos^2 45° = -119 \times \frac{1}{2} = -59.5 \text{MPa}$$

在距离 OG 线上下为 $\Delta x/2$ 处画两条辅助线，辅助线间距 $\Delta y = \Delta x$。用与上面类似的方法，不难计算 AB、CD 截面上各点的 τ_{yx}，然后应用剪应力差法计算 OG 线上各点的 σ_x，计算结果见表 9-2。

用剪应力差法计算 OG 截面上 σ_x　　　　　　　　　　　　　　表 9-2

点号	CD 截面 n	$\sigma_1 - \sigma_2$ (MPa)	θ(°)	$\sin 2\theta$	τ_{yx} (MPa)	AB 截面 n	$\sigma_1 - \sigma_2$ (MPa)	θ(°)	$\sin 2\theta$	τ_{yx} (MPa)	$\Delta\tau_{yx}$平均 (MPa)	σ_x (MPa)
0	—	—	—	—	—	—	—	—	—	—		−0.595
											−0.060	
1	1.6	3.81	24.0	0.743	+1.42	1.3	3.09	37.0	0.961	+1.48		−0.535
											−0.300	
2	2.5	5.95	19.0	0.616	+1.83	2.4	5.71	28.0	0.829	+2.37		−0.235
											−0.730	
3	3.5	8.33	14.0	0.469	+1.95	3.6	8.57	21.0	0.669	+2.87		+0.495
											−0.840	
4	4.4	10.5	9.00	0.309	+1.62	4.6	10.9	13.0	0.438	+2.39		+1.34
											−0.630	
5	5.0	11.9	4.50	0.156	+0.928	5.7	13.6	6.00	0.208	+1.41		+1.97
											−0.241	
6	5.4	12.9	0	0	0	6.1	14.5	0	0	0		+2.21

(3) OG 截面上 σ_y 的计算

计算 OG 截面上各点的 σ_y 可利用式(9-5)。由于本例中的等倾线参数实际上为水平轴与 σ_1 的夹角，且均不超过 45°，因此，在 9-5 式中应取 "—" 号，即

$$\sigma_y = \sigma_x - \sqrt{(\sigma_1 - \sigma_2)^2 - 4\tau_{xy}^2}$$

σ_y 的计算如表 9-3 所示。

OG 截面上 σ_y 的计算 表 9-3

点号	τ_{xy} (MPa)	σ_x (MPa)	$\sigma_1-\sigma_2$ (MPa)	$(\sigma_1-\sigma_2)^2$	$4\tau_{xy}^2$	$\theta(°)$	σ_y (MPa)
0	+0.595	−0.595	1.19	1.42	1.42	45.0	−0.595
1	+1.55	−0.535	3.57	12.7	9.61	30.0	−2.30
2	+2.14	−0.235	5.95	35.4	18.3	23.0	−4.38
3	+2.33	+0.495	8.33	69.4	21.7	17.0	−6.42
4	+2.01	+1.34	10.7	115	16.2	11.0	−8.60
5	+1.10	+1.97	12.6	159	4.84	5.05	−10.4
6	0	+2.21	13.6	185	0	0	−11.4

(4) OG 截面上的 σ_1、σ_2 值

由式(9-7) 计算主应力 σ_1、σ_2，如表 9-4 所示。

OG 界面上的主应力 σ_1、σ_2 计算 表 9-4

点号	σ_x (MPa)	σ_y (MPa)	$\sigma_x+\sigma_y$ (MPa)	$\sigma_1-\sigma_2$ (MPa)	σ_1 (MPa)	σ_2 (MPa)
0	−0.595	−0.595	−1.19	1.19	0	−1.19
1	−0.535	−2.30	−2.84	3.57	0.365	−3.21
2	−0.235	−4.38	−4.62	5.95	0.665	−5.29
3	+0.495	−6.42	−5.93	8.33	1.20	−7.13
4	+1.34	−8.60	−7.26	10.7	1.72	−8.98
5	+1.97	−10.4	−8.43	12.6	2.09	−10.5
6	+2.21	−11.4	−9.19	13.6	2.21	−11.4

(5) 静力校核

为了检查试验精度，用静力平衡法进行校核。绘出沿 OG 线的应力分布如图 9-8 所示。

用求积仪求得 OG 线与 σ_y 分布曲线之间的面积为 26.8cm²，图中 OG=8.34cm，故平均应力

$$\bar{\sigma}_y=\frac{26.8}{8.34}=3.22\text{cm}$$

对应的应力值为

$$\bar{\sigma}_y=3.22\times2=6.44\text{MPa}$$

故 OG 截面上 σ_y 的合力为

$$R_y=0.6hd\bar{\sigma}_y=587\text{N}$$

方板所受实际载荷 $P=1150$N，相对误差

$$e=\frac{2R_y-P}{P}=2\%$$

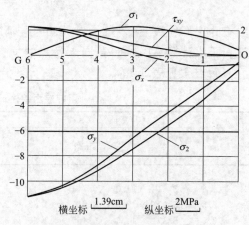

图 9-8 OG 截面上的应力分布

本例分格较少，为层次分明，列表进行手工计算。实际中为了提高精度，往往分格较细，手工计算工作量极大，最好编成程序，用计算机进行计算。

■ 9.4　内部应力分离的数值法

由弹性力学知，弹性体的平面问题在体积力为常数时，任一点的主应力之和满足拉普拉斯方程

$$\nabla^2(\sigma_1+\sigma_2)=0 \tag{9-8}$$

上式又称为调和方程，$\nabla^2=\dfrac{\partial^2}{\partial x^2}+\dfrac{\partial^2}{\partial y^2}$ 为平面问题的拉普拉斯算子。令 $\Sigma=\sigma_1+\sigma_2$，在 oxy 直角坐标系里，Σ 是 x、y 的函数，它在给定的封闭边界条件下，在边界区域内各个点是唯一地被确定了的。这是迭代法的理论基础。要想求得拉普拉斯微分方程准确的精确解，在复杂的边界条件下，是不容易甚至不可能的。所以，很多实际问题都借助实验方法或数值解法来求其近似解。

设 $S(x,y)$、$X(x+\Delta x,y+\Delta y)$ 是区域内相邻两点，将 Σ 函数在 X 点展为泰勒级数

$$\Sigma_X=\Sigma(x+\Delta x,y+\Delta y)$$

$$=\Sigma_S+\left(\Delta x\frac{\partial \Sigma}{\partial x}+\Delta y\frac{\partial \Sigma}{\partial y}\right)+\frac{1}{2!}\left(\Delta x^2\frac{\partial^2 \Sigma}{\partial x^2}+2\Delta x\Delta y\frac{\partial^2 \Sigma}{\partial x\partial y}+\Delta y^2\frac{\partial^2 \Sigma}{\partial y^2}\right)$$

$$+\frac{1}{3!}\left(\Delta x^3\frac{\partial^3 \Sigma}{\partial x^3}+3\Delta x^2\Delta y\frac{\partial^3 \Sigma}{\partial x^2\partial y}+3\Delta x\Delta y^2\frac{\partial^3 \Sigma}{\partial x\partial y^2}+\Delta y^3\frac{\partial^3 \Sigma}{\partial x^3}\right)+\cdots \tag{9-9}$$

略去高于二次的各项，即得函数 Σ 在 S 相邻点 X 的近似值。

取与 S 点相邻的四点 A、B、C、D 组成不等距的四节点网格（图 9-9）。现以 S 为原点，S—B 为 x 轴，S—C 为 y 轴，则有

$$\Sigma_A=\Sigma_S-a\frac{\partial \Sigma}{\partial x}+\frac{1}{2}a^2\frac{\partial^2 \Sigma}{\partial x^2},\ \ \Sigma_B=\Sigma_S+b\frac{\partial \Sigma}{\partial x}+\frac{1}{2}b^2\frac{\partial^2 \Sigma}{\partial x^2}$$

$$\Sigma_C=\Sigma_S+c\frac{\partial \Sigma}{\partial y}+\frac{1}{2}c^2\frac{\partial^2 \Sigma}{\partial y^2},\ \ \Sigma_D=\Sigma_S-d\frac{\partial \Sigma}{\partial x}+\frac{1}{2}d^2\frac{\partial^2 \Sigma}{\partial x^2}$$

将上面四式相加，得

$$\frac{1}{2}\left(\frac{\partial^2 \Sigma}{\partial x^2}+\frac{\partial^2 \Sigma}{\partial y^2}\right)=\frac{\Sigma_A}{a(a+b)}+\frac{\Sigma_B}{b(a+b)}+\frac{\Sigma_C}{c(c+d)}+\frac{\Sigma_D}{d(c+d)}-\Sigma_S\left(\frac{1}{ab}+\frac{1}{cd}\right)$$

由式(9-8)知，上式左边为零，这样就得到不等距网格的四点影响方程为

$$\frac{\Sigma_A}{a(a+b)}+\frac{\Sigma_B}{b(a+b)}+\frac{\Sigma_C}{c(c+d)}+\frac{\Sigma_D}{d(c+d)}=\Sigma_S\left(\frac{1}{ab}+\frac{1}{cd}\right) \tag{9-10}$$

若 $a=b=c=d$，则

$$\Sigma_S=\frac{1}{4}(\Sigma_A+\Sigma_B+\Sigma_C+\Sigma_D) \tag{9-11}$$

这是等距网格的四点影响方程。它表明域内每点处的主应力和 Σ，等于它的上下左右（或斜邻）四周等距离的四个节点处上应力和的算术平均值。在边界区域常要用到不等距网格，而内部区域尽可能安排为等距网格。通常边界节点的 Σ 值是已知的，可以通过等差线求得边界应力来确定。对于每一个内点，都可以由式(9-10) 或式(9-11) 建立一个方程，得到一个未知量个数与方程个数相等的线性方程组，求解方程组

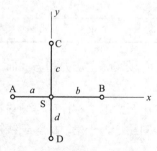

图 9-9　S 点周围的
不等距网格

便可确定各内点的主应力和。由于当今计算机的运算速度不断加快，求解大型方程组并不困难，使用这种数值方法非常有利。

在求得补充数据——主应力和 $\sigma_1+\sigma_2$ 后，与实验得到的主应力差 $\sigma_1-\sigma_2$ 联立求解，即可将主应力分离。

【例 9-4】 一对径受压圆盘，直径 $D=50\mathrm{mm}$，厚度 $d=6.2\mathrm{mm}$，载荷 $P=883\mathrm{N}$，材料条纹值 $f_\sigma=12.32\mathrm{MPa\cdot mm}$，求圆盘水平直径上的主应力 σ_1 和 σ_2 分布。

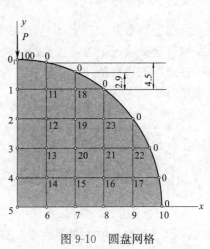

由对称性，取圆盘的 1/4 进行考察即可。如图 9-10 所示，以 5mm 为间隔对圆盘划分网格，并对各节点编号。由圆盘的等差线［图 8-22(a)］，在圆盘边界为 0 级条纹，除载荷作用点有应力外，可以断定其他自由边界点的应力均为零。对于 O_1 处的边界值，不妨随意取一个较大的值（如取 100），计算结果将与实际结果成正比。利用平衡条件就可确定比例常数，最终确定真实的主应力和。对于节点 1、2、3、4、5、6、7、8、9、12、13、14、15、16、19、20、21、23 应用式(9-11) 可建立 18 个等距四点影响方程，其中 1～9 节点影响方程的建立要利用对称性。例如对节点 5，影响方程应为

图 9-10　圆盘网格

$$\sum_5=\frac{1}{4}(2\sum_4+2\sum_6)=0.5\sum_4+0.5\sum_6$$

对于节点 11、17、18、22，应用式(9-10) 可建立四个不等距四点影响方程，例如对于节点 17，代如 $a=c=d=0.5\mathrm{mm}$，$b=\sqrt{25^2-5^2}-20=4.5\mathrm{mm}$，整理得到

$$\sum_{17}=0.249\sum_{16}+0.237(\sum_9+\sum_{22})$$

如此可建立 22 个方程，求解 22 个未知数。计算结果如表 9-5 所示。

圆盘 Σ 值的求解结果　　　　　　　　　　　　　　　　表 9-5

Σ_1	Σ_2	Σ_3	Σ_4	Σ_5	Σ_6	Σ_7	Σ_8	Σ_9	Σ_{11}	Σ_{12}
34.96	16.48	10.17	7.79	7.14	6.49	4.97	3.18	1.470	11.67	10.42

Σ_{13}	Σ_{14}	Σ_{15}	Σ_{16}	Σ_{17}	Σ_{18}	Σ_{19}	Σ_{20}	Σ_{21}	Σ_{22}	Σ_{23}
8.21	6.90	5.10	3.12	1.35	3.38	5.30	5.37	2.86	0.915	2.04

设实际主应力和与上面求得的 Σ 值成比例，即

$$\sigma_1+\sigma_2=\sigma_x+\sigma_y=k\sum \tag{9-12}$$

并由圆盘的对称性或等倾线特点 (图 8-12) 知，在圆盘水平直径上，主应力方向与 x、y 方向重合，于是，由等差线得

$$\sigma_1-\sigma_2=\sigma_x-\sigma_y=\frac{nf_\sigma}{d} \tag{9-13}$$

由式(9-1)、式(9-2) 解得

$$\sigma_y = \frac{1}{2}\left(k\sum - \frac{nf_\sigma}{d}\right) \qquad (9\text{-}14)$$

由半圆的平衡条件$\sum Y = 0$，得

$$P = -2\int_0^R \sigma_y \, \mathrm{d}x \approx -\sum_{i=5}^9 (\sigma_{y,i} + \sigma_{y,i+1}) d\Delta x \qquad (9\text{-}15)$$

通过光弹性实验可以获得圆盘水平直径上各点处的等差线条纹级次，结果如表 9-6 所示。将已知数据、等差线级次 n 及表 9-5 的有关$\sum$值代入式(9-14)，并计算式(9-15)的数值积分（梯形法），有

$$883 = -\frac{k}{2}[7.14 + 0 + 2(6.49 + 4.97 + 3.18 + 1.47)] \times 6.2 \times 5$$

$$+ \frac{1}{2}[3.65 + 0 + 2(3.24 + 2.29 + 1.26 + 0.48)] \times \frac{12.3}{6.2} \times 6.2 \times 5 = -610k + 559$$

于是，得到比例常数 $k = -0.531$。用 k 乘各点的$\sum$值即得实际的主应力和。

水平直径上各点应力的分离计算如表 9-6 所示，由与理论应力比较的相对误差可见结果是令人满意的。

圆盘水平直径上的实验应力计算及与理论比较（$k = -0.531$） 表 9-6

点号	原始数据		实验应力（MPa）				理论应力（MPa）		相对误差（%）	
	$k\sum$	n	$\sigma_x+\sigma_y$	$\sigma_x-\sigma_y$	σ_x	σ_y	σ_x	σ_y	σ_x	σ_y
5	7.14k	3.65	−3.79	7.25	1.73	−5.52	1.813	−5.44	−4.6	1.3
6	6.49k	3.24	−3.45	6.44	1.50	−4.95	1.545	−4.89	−2.9	1.2
7	4.97k	2.29	−2.64	4.55	0.955	−3.60	0.948	−3.60	0.7	0
8	3.18k	1.26	−1.69	2.50	0.405	−2.10	0.410	−2.09	−1.2	0.5
9	1.47k	0.48	−0.781	0.954	0.087	−0.868	0.084	−0.889	3.6	−2.4
10	0	0	0	0	0	0	0	0	0	0

■ 9.5 科克尔—菲伦计算法

由科克尔—菲伦（Coker E. G. -Filon L. N. G.）提出的沿主应力迹线积分法是平面光弹性法中最老的算法之一，称为科克尔—菲伦计算法。这种方法首先要画出主应力迹线、等倾线和等差线图，然后通过计算或图解的方法获得单个主应力值。计算必须选择已知主应力的点（如边界点）作为起始点逐步进行。下面介绍本方法的原理。

9.5.1 拉密-麦克斯韦（Lamé-Maxwell）平衡方程

设 s_1、s_2 为两条在 P 点正交的对应于 σ_1、σ_2 的主应力迹线，θ_x 为 P 点的第一主应力 σ_1 与 x 轴的夹角（可由等倾线参数 θ 及边界应力决定），如图 9-11 所示。由弹性力学，无体力情况下的平面应力平衡方程为

$$\frac{\partial \sigma_x}{\partial x} + \frac{\partial \tau_{xy}}{\partial y} = 0, \quad \frac{\partial \sigma_y}{\partial y} + \frac{\partial \tau_{xy}}{\partial x} = 0 \qquad (9\text{-}16)$$

由平面应力圆，有

$$\sigma_x = \frac{\sigma_1 + \sigma_2}{2} + \frac{\sigma_1 - \sigma_2}{2}\cos 2\theta_x$$

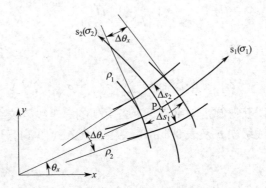

图 9-11 周边为主应力迹线的单元体

$$\sigma_y = \frac{\sigma_1 + \sigma_2}{2} - \frac{\sigma_1 - \sigma_2}{2}\cos 2\theta_x$$

$$\tau_{xy} = \frac{\sigma_1 - \sigma_2}{2}\sin 2\theta_x \tag{9-17}$$

将式(9-17)代入式(9-16)，可得到沿主应力方向的平衡方程为

$$\frac{\partial(\sigma_1 + \sigma_2)}{\partial x} + \frac{\partial(\sigma_1 - \sigma_2)}{\partial x}\cos 2\theta_x - 2(\sigma_1 - \sigma_2)\sin 2\theta_x\,\frac{\partial\theta_x}{\partial x}$$

$$+ \frac{\partial(\sigma_1 - \sigma_2)}{\partial y}\sin 2\theta_x + 2(\sigma_1 - \sigma_2)\cos 2\theta_x\,\frac{\partial\theta_x}{\partial y} = 0$$

$$\frac{\partial(\sigma_1 + \sigma_2)}{\partial y} - \frac{\partial(\sigma_1 - \sigma_2)}{\partial y}\cos 2\theta_x + 2(\sigma_1 - \sigma_2)\sin 2\theta_x\,\frac{\partial\theta_x}{\partial y} \tag{9-18}$$

$$+ \frac{\partial(\sigma_1 - \sigma_2)}{\partial x}\sin 2\theta_x + 2(\sigma_1 - \sigma_2)\cos 2\theta_x\,\frac{\partial\theta_x}{\partial x} = 0$$

若 $\theta_x = 0$，即 σ_1 与 x 方向重合，则 $\partial x = \partial s_1$，$\partial y = \partial s_2$，于是，有

$$\frac{\partial\sigma_1}{\partial s_1} + (\sigma_1 - \sigma_2)\frac{\partial\theta_x}{\partial s_2} = 0$$

$$\frac{\partial\sigma_2}{\partial s_2} + (\sigma_1 - \sigma_2)\frac{\partial\theta_x}{\partial s_1} = 0 \tag{9-19}$$

该方程称为拉密-麦克斯韦平衡方程。

9.5.2 科克尔—菲伦计算法

如果问题具有对称性，对称轴本身就是一条主应力迹线（s_1 或 s_2）和等倾线（参数 $\theta_x = 0°$），在对称轴上的各点处，均满足拉密-麦克斯韦平衡方程，据此，科克尔-菲伦提出了对称截面的应力计算法。下面分两种情况进行讨论。

1. 设 x 轴为对称轴，s_1 与 x 轴重合

这时 $\dfrac{\partial\theta_x}{\partial s_1} = 0$，而 $\dfrac{\partial\theta_x}{\partial s_2} \neq 0$。设 x 轴上 O 点的应力已知，由拉密-麦克斯韦平衡方程(9-19)的第一式，x 轴上任一点 A 处的应力可由沿主应力迹线 s_1 的定积分求得，即

$$\sigma_{1,A} = \sigma_{1,O} - \int_O^A (\sigma_1 - \sigma_2) \frac{\partial \theta_x}{\partial s_2} ds_1 \qquad (9\text{-}20)$$

2. 设 y 轴为对称轴，s_2 与 y 轴重合

这时 $\dfrac{\partial \theta_x}{\partial s_1} \neq 0$，而 $\dfrac{\partial \theta_x}{\partial s_2} = 0$。设 y 轴上 O 点的应力已知，由拉密-麦克斯韦平衡方程（9-19）的第二式，y 轴上任一点 B 处的应力 σ_2 可由沿主应力迹线 s_2 的定积分求得，即

$$\sigma_{2,B} = \sigma_{2,O} - \int_P^B (\sigma_1 - \sigma_2) \frac{\partial \theta_x}{\partial s_1} ds_2 \qquad (9\text{-}21)$$

式（9-20）、式（9-21）很少有积分的可能，一般应用差分式按半图解法进行计算。以情况 1 为例，见图 9-12，可将式（9-20）写成

$$\sigma_{1,A} = \sigma_{1,O} - \sum_{i=1}^k (\sigma_1 - \sigma_2) \frac{\Delta\theta}{\Delta y_i} \Delta s_{1,i} \qquad (9\text{-}22)$$

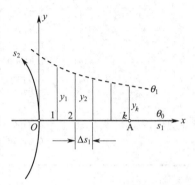

图 9-12 沿 s_1 积分半图解算法

式中，$\sigma_1 - \sigma_2$ 由等差线得到，$\Delta\theta$ 表示对称截面上的等倾线 θ_0 与其最邻近等倾线 θ_1 的差，$\Delta\theta$ 尽量不大于 10°，并以弧度值代入；Δs 表示对称截面上的微分段，长度可以不同，但一般取为常数。

计算时须注意各个量的正负号，正值表示这些变化量围绕初始点 O 逆时针转动而得到，反之为负。

【例 9-5】 图 9-13 所示为水压机上横梁光弹模型的等差线和 10° 等倾线照片。材料条纹值 $f_\sigma = 12.75\text{MPa} \cdot \text{mm}$，载荷 $P_m = 1200\text{N}$，模型厚度 $d = 8\text{mm}$，中间截面高度 42.7mm。欲测定中央对称截面上的弯曲正应力分布。

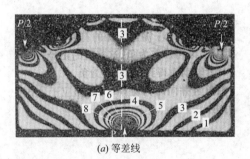

(a) 等差线

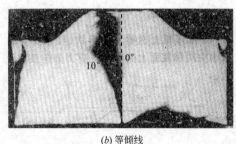

(b) 等倾线

图 9-13 水压机上横梁模型的等差线和等倾线

采用沿主应力迹线积分法，对称截面的应力进行计算使用公式

$$\sigma_{2,i} = \sigma_{2,i-1} - (\sigma_1 - \sigma_2)_i \frac{\Delta\theta}{\Delta x_i} \Delta s_{2,i}$$

逐点进行。由于上边界为自由边界，边界应力为正，垂直于边界的 $\sigma_2 = 0$，我们从上向下计算。原始数据及计算过程如表 9-7 所示（这里为说明方法，仅计算到载荷作用点附近的 8 级等差线位置，其余类推，但需要用读数显微镜准确读取高级次等差线的位置坐标）。

水压机上横梁对称截面上的应力计算
表 9-7

($\Delta\theta = 10° = 0.17453$ rad, $f_\sigma = 12.75$ MPa·mm, $d = 8$mm)

点号	Δs_2 (mm)	Δx (mm)	$\frac{\Delta\theta}{\Delta x}\Delta s_2$ (rad)	n (级)	$n\frac{\Delta\theta}{\Delta x}\Delta s_2$	σ_2		σ_1	
						$-\sum n\frac{\Delta\theta}{\Delta x}\Delta s_2$ (级)	$\times\frac{f_\sigma}{d}$ (MPa)	级	MPa
0	0	15.4	0	3.8	0	0	0	3.8	6.06
1	6	6	0.17453	3.0	0.52359	−0.52	−0.83	2.48	3.95
2	6	8	0.13090	3.12	0.40841	−0.93	−1.48	2.19	3.49
3	6	9	0.11635	3.24	0.37697	−1.31	−2.08	1.93	3.08
4	6	6.8	0.15400	3.20	0.49279	−1.80	−2.87	1.40	2.23
5	6	5	0.20940	3.12	0.65345	−2.45	−3.90	0.67	1.07
6	6	3.8	0.27557	3.12	0.85978	−3.31	−5.28	−0.19	−0.30
7	6.6	2.6	0.44304	4	1.77216	−5.08	−8.10	−1.08	−1.72
8	6.6	1.8	0.63994	6	3.83964	−8.92	−14.22	−2.92	−4.65
9	2	1.6	0.21816	8	1.74528	−10.69	−17.04	−2.69	−4.29
—	—	—	—	—	—	—	—	—	—

第10章　三维光弹性应力分析

实际工程结构或构件的形状和载荷往往比较复杂，多属于三维应力问题，这类问题的理论计算有一定困难，对于应力集中区更是如此。除了当代流行的数值方法外，光弹性实验也是解决这类问题的主要途径。目前常用的光弹性方法有冻结切片法、散光法、三维全息光弹性法等，其中冻结法应用最为广泛。

■ 10.1　冻结应力

在第 8 章中已经了解到，光弹性材料制成的构件模型在室温下承载时将产生暂时双折射现象，一旦卸除载荷，光学效应也随即消失。在高温下也有同样的现象。但一个承载光弹性模型如果从高温逐渐冷却到室温后再卸载，则模型在高温下产生的变形和光学效应将被保留，如果再对模型进行车、铣、锯、锉等机械加工，也基本上不扰乱其已有的光学效应，就像这些应力信息是被"冻结"在里面一样。因此，人们形象地把这种现象称为"冻结应力"。

图 10-1 所示为一个三点弯曲梁冻结模型，可以看到切割前和切割后的变形情况，条纹几乎没有什么差异，说明冻结模型具有良好的可加工性。

(a) 切割前　　　　　　　　　　　　　　(b) 切割后

图 10-1　冻结模型的可加工性

可用有机化合物的多相理论来解释应力冻结现象，即认为某些化合物的内部结构有多种成分组成，各成分具有不同的力学属性，有的是完全弹性的，有的是完全塑性的，有的则表现为黏弹性的，称化合物具有不同的相。常温下，由于黏弹性相的存在，材料具有明显的蠕变特性；当温度逐渐升高时，各种塑性相及黏弹性相逐渐变软，当达到某临界温度——即软化温度时，他们就会被完全"解体"，而弹性相的软化温度要比前二者高得多，因此这时弹性相依然存在，所以材料呈完全弹性（或高弹性）特性。特定温度称为冻结的临界温度。若在临界温度以上对模型加载，载荷当然由弹性相物质独自承受；而当温度逐渐降低时，塑性相及黏弹性相物质又逐渐恢复变硬，将弹性相已经产生的变形固定下来；当回到常温再把载荷卸除时，多相物质之间的相互约束使其不能恢复最初不受载时的形态，而基本上把高温时的应变及双折射效应保留下来。

■ 10.2　次主应力及切片的应力-光学定律

一个三维模型在任意载荷作用下，其内部任一点的应力状态可由 6 个应力分量 σ_x、σ_y、σ_z、τ_{xy}、τ_{yz}、τ_{zx} 或用三个主应力 σ_1、σ_2、σ_3 及三个方向角 α、β、γ 来表示。实验证明，当光线从某方向射入被测点时，与光线方向平行的应力分量是不影响该点的光程差的。例如，如图 10-2 所示，沿 z 轴方向入射偏振光，则光线透过该点产生的双折射效应就只与 x-y 平面内的应力分量 σ_x、σ_y、τ_{xy} 有关，而与应力分量 σ_z、τ_{yz}、τ_{zx} 无关，即只与由应力分量 σ_x、σ_y、τ_{xy} 组成的"平面应力状态"有关。这时入射光的振动将沿这个"平面应力状态"内的最大及最小正应力方向分解，所反映的是这个方向的折射率的变化。由应力状态理论，在最大与最小正应力作用面上，剪应力分量 τ'_{xy} 等于 0，但与双折射效应无关的剪应力分量 τ'_{yz} 仍然存在，所以这两个最大与最小正应力并不是真正空间应力状态的主应力，而称之为次主应力，用 σ'_1 和 σ'_2 表示，它们的作用面称为次主平面。

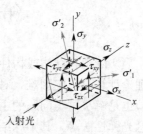

图 10-2　与光线入射方向有关的次主应力

在第 8 章中曾经讨论过，一点的双折射特性可以用一个折射率椭球来表征，当光线从某一方向入射到这一点时，它的双折射效应与垂直于光线的那个椭圆面有关，由该椭圆平面的长、短半轴表示该方向的主折射率。该平面是折射率次主截面，与图 10-2 中单元体的 x-y 平面对应。次主截面的长、短轴与次主应力方向重合。由此可知，次主折射率、次主应力都将随光线入射方向的不同而变化，而主折射率和主应力却与光线入射方向变化无关。

三维光弹性冻结切片分析法，是将一个三维模型通过切片近似表示为平面问题来研究。当光线垂直入射切片后，将沿切片平面内的次主应力方向分解为两束偏振光，由于次主折射率不同，光线出射后将产生光程差，形成干涉条纹。类似于式（8-21）的推导，可得切片的应力光学定律

$$\sigma'_1 - \sigma'_2 = \frac{f'_\sigma}{d'} n' \tag{10-1}$$

其中 f'_σ 为材料的冻结条纹值，n' 是由入射光方向双折射效应产生的等差线级次，d' 为切片厚度。

同样，由切片获得的等倾线 θ' 代表了次主应力方向。

由于实际上沿切片厚度方向的应力是变化的，切片分析结果反映的是切片厚度内的平均效应，为了精确，切片应尽可能薄，但太薄也不便于加工，一般取 3mm 左右为宜。

■ 10.3　三维模型自由表面的应力测定

很多工程问题，构件的危险点往往在表面，只需测定表面应力。而自由表面为平面应力状态，其未知应力分量有 3 个，用冻结切片法很容易测定。常用下述两种方法。

10.3.1　正射法

如图 10-3 所示，从冻结模型自由表面切取的平行于 xy、yz 和 xz 平面的切条，由于应力分量 $\sigma_z = \tau_{xz} = \tau_{yz} = 0$，只需测定 σ_x、σ_y 和 τ_{xy}。

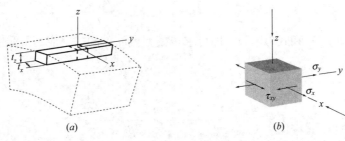

图 10-3　表面应力测量的正射法

首先让光线沿 x 方向（或沿 y 方向）入射，测得表面点的条纹级次 n_x，由式(10-1)，得

$$\sigma_y = \frac{n_x f_\sigma'}{t_x} \tag{10-2}$$

其符号可由钉压法或补偿法判别。

再让光线沿 z 轴入射，测得条纹级次 n_z 和主应力方向 θ_z，得

$$\sigma_x - \sigma_y = (\sigma_1' - \sigma_2')_z \cos 2\theta_z = \frac{n_z f_\sigma'}{t_z} \cos 2\theta_z \tag{10-3}$$

$$\tau_{xy} = \frac{1}{2}(\sigma_1' - \sigma_2')_z \sin 2\theta_z = \frac{1}{2}\frac{n_z f_\sigma'}{t_z} \sin 2\theta_z \tag{10-4}$$

由以上三式即可确定表面点的应力 σ_x、σ_y 和 τ_{xy}。

10.3.2　斜射法

包含表面测点，并垂直于模型表面，切取厚度为 t_x 的切片，如图 10-4 所示。先让入射光沿 x 轴正射 ［图 10-4(b)］，测得测点条纹级次 n_x，则

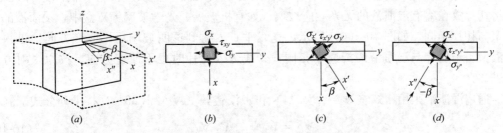

图 10-4　表面应力测量的正射斜射法

$$\sigma_y = \frac{n_x f_\sigma'}{t_x} \tag{10-5}$$

再让光线绕 z 轴偏转 $\pm\beta$ 角，进行两次斜射 ［图 10-4(c)、(d)］，设斜射测得的条纹级次分别为 $n_{x'}$ 和 $n_{x''}$，并考虑斜射时光线路程的变化，有

$$\sigma_{y'} = \frac{n_{x'} f_\sigma'}{t_x}\cos\beta, \quad \sigma_{y''} = \frac{n_{x''} f_\sigma'}{t_x}\cos\beta$$

由平面应力状态斜截面上的应力公式，得

$$\sigma_x \cos^2\beta + \sigma_y \sin^2\beta - \tau_{xy}\sin 2\beta = \frac{n_{x'} f_\sigma'}{t_x}\cos\beta \tag{10-6}$$

$$\sigma_x \cos^2\beta + \sigma_y \sin^2\beta + \tau_{xy} \sin2\beta = \frac{n_{x''}f'_\sigma}{t_x}\cos\beta \tag{10-7}$$

由式(10-5)、式(10-6) 和式(10-7)，即可求得模型表面点的三个应力分量

$$\sigma_y = \frac{n_x f'_\sigma}{t_x}$$

$$\sigma_x = \frac{f'_\sigma}{t_x}\left[\frac{(n_{x'}+n_{x''})\cos\beta - 2n_x \sin^2\beta}{1-\cos2\beta}\right] \tag{10-8}$$

$$\tau_{xy} = \frac{f'_\sigma}{t_x}\left(\frac{n_{x''}-n_{x'}}{4\sin\beta}\right)$$

其中 n_x、$n_{x'}$ 和 $n_{x''}$ 有正负之分，可通过用补偿法等判别符号 σ_x、$\sigma_{x'}$、$\sigma_{x''}$ 的符号来决定 n_z、$n_{z'}$、$n_{z''}$ 的正负。

当表面受分布力作用时，类似的推导不难得到计算公式为

$$\sigma_y = \frac{n_x f'_\sigma}{t_x} + q$$

$$\sigma_x = \frac{f'_\sigma}{t_x}\left[\frac{(n_{x'}+n_{x''})\cos\beta - 2n_x \sin^2\beta}{1-\cos2\beta}\right] + q \tag{10-9}$$

$$\tau_{xy} = \frac{f'_\sigma}{t_x}\left(\frac{n_{x''}-n_{x'}}{4\sin\beta}\right)$$

其中 q 为法向分布载荷，为压力时取负号，为拉力时取正号。

应用斜射法时须注意，由于光线在空气中的折射率与切片材料的折射率不同，入射光线进入切片后要改变方向 [图 10-5(a)]，致使条纹观测产生误差。为了消除这种现象，应将切片放在盛有浸渍液的无光效应玻璃（如有机玻璃、光学玻璃等）盒中，浸渍液的折射率与切片相同。如图 10-5(b) 所示，光线垂直入射到透明玻璃后不改变方向地进入浸渍液，由于切片与浸渍液的折射率相同，光线进入切片时也不改变方向，按原入射方向前进。

通用浸渍液采用石蜡（$N_1 = 1.4544$）和 α-溴代萘（$N_2 = 1.6548$）按下列公式配制

$$VN = V_1 N_1 + V_2 N_2 \tag{10-10}$$

其中，V 为体积，N 为折射率。通常环氧树脂的折射率为 $N = 1.5700 \sim 1.5800$。

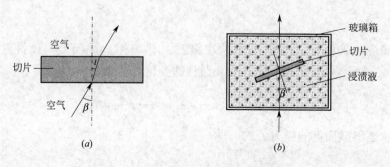

图 10-5　光线在不同和相同介质中的传播

■ 10.4 三维模型内部应力测定的正射法

对三个相同的模型施加相同的载荷,并以相同的冻结温度冻结应力。然后从三个模型包含测点分别切取三个互相垂直方向的切片,如图 10-6 所示。

将 xy 切片 [图 10-6(a)] 沿 z 方向正射,得

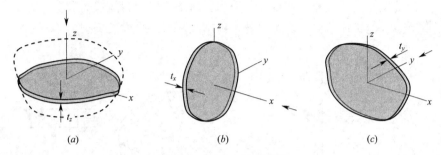

图 10-6 三个切片正射法

$$\sigma_x - \sigma_y = (\sigma_1' - \sigma_2')_z \cos2\theta_z = \frac{n_z f_\sigma'}{t_z}\cos2\theta_z \tag{10-11}$$

$$\tau_{xy} = \frac{1}{2}(\sigma_1' - \sigma_2')_z \sin2\theta_z = \frac{1}{2}\frac{n_z f_\sigma'}{t_z}\sin2\theta_z \tag{10-12}$$

同理,将 yz、zx 切片 [图 10-6(b)、(c)] 分别沿 x、y 方向正射,得

$$\sigma_y - \sigma_z = \frac{n_x f_\sigma'}{t_x}\cos2\theta_x \tag{10-13}$$

$$\tau_{yz} = \frac{1}{2}\frac{n_x f_\sigma'}{t_x}\sin2\theta_x \tag{10-14}$$

$$\sigma_z - \sigma_x = \frac{n_y f_\sigma}{t_y}\cos2\theta_y \tag{10-15}$$

$$\tau_{zx} = \frac{1}{2}\frac{n_y f_\sigma}{t_y}\sin2\theta_y \tag{10-16}$$

由式(10-12)、式(10-14)、式(10-16)可直接计算三个剪应力分量;但由于 $(\sigma_x - \sigma_y) + (\sigma_y - \sigma_z) + (\sigma_z - \sigma_x) = 0$,式(10-11)、式(10-13)和式(10-15)三式中只有两个是独立的,三个正应力分量的求解还需增加条件。一般用一个平衡微分方程作为补充方程,如

$$\frac{\partial\sigma_x}{\partial x} + \frac{\partial\tau_{xy}}{\partial y} + \frac{\partial\sigma_{zx}}{\partial z} = 0$$

求从已知应力点 O(表面点)到被测点 K 的定积分,并用有限差分求和代替,得

$$(\sigma_x)_K = (\sigma_x)_O - \sum_{o}^{k}\frac{\Delta\tau_{xy}}{\Delta y}\Delta x - \sum_{o}^{k}\frac{\Delta\tau_{zx}}{\Delta z}\Delta x \tag{10-17}$$

式中 $(\sigma_x)_O$ 为边界 O 点沿 x 方向的应力。$\Delta\tau_{xy}$ 由 xy 切片求得,$\Delta\tau_{zx}$ 由 zx 切片求得。这就是三维应力的剪应力差法。求得 σ_x 后,代入上述三个正应力式的任两式,便可求解其余正应力分量,剩下一式可用于校核。

这个方法要用三个模型，并要求尺寸、形状、加载及应力冻结完全一致；此外，如果要测出沿一条线的应力分布，就要沿着这条线横切出好多切片。因此，这种方法的模型加工和切片分析工作量很大，这是该方法的主要缺点。

■ 10.5　内部应力测定的一次正射、两次斜射法

为了减少模型加工和切片工作量，可采用斜射法，以获得正应力和剪应力。这种方法仅需一个模型的一个切片，除一次正射外，再用两次不同平面的斜射。

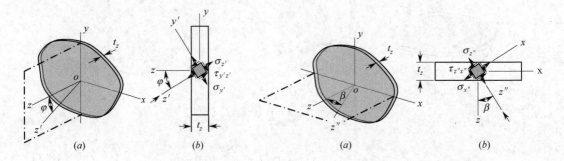

图 10-7　xy 切片 z' 方向斜射　　　　图 10-8　xy 切片 z'' 方向斜射

将 xy 切片沿 z 方向正射，得式(10-11)、式(10-12) 的结果。让光线在 yz 平面绕 x 轴旋转 φ 角的 z' 方向倾斜入射切片，如图 10-7 所示，可得

$$\sigma_x - \sigma_{y'} = (\sigma_1' - \sigma_2')_{z'} \cos 2\theta'_{z'} = \frac{n_{z'} f_\sigma}{t_{z'}} \cos 2\theta'_{z'} \tag{10-18}$$

$$\tau_{xy'} = \frac{1}{2}(\sigma_1' - \sigma_2')_{z'} \sin 2\theta'_{z'} = \frac{1}{2}\frac{n_{z'} f_\sigma}{t_{z'}} \sin 2\theta'_{z'} \tag{10-19}$$

根据由 σ_y、σ_z、τ_{yz} 组成的平面应力状态的斜截面应力公式，得

$$\sigma_{y'} = \sigma_y \cos^2\varphi + \sigma_z \sin^2\varphi + \tau_{yz} \sin 2\varphi \tag{10-20}$$

$\tau_{xy'}$ 为 τ_{xy} 和 τ_{zx} 在 y' 方向分量之和，即

$$\tau_{xy'} = \tau_{xy} \cos\varphi + \tau_{zx} \sin\varphi \tag{10-21}$$

由式(10~18)~式(10~21) 得

$$(\sigma_x - \sigma_y)\cos^2\varphi - (\sigma_z - \sigma_x)\sin 2\varphi - \tau_{yz}\sin 2\varphi = \frac{n_{z'} f_\sigma}{t_z}\cos\varphi\cos 2\theta'_{z'} \tag{10-22}$$

$$\tau_{xy}\cos\varphi - \tau_{zx}\sin\varphi = \frac{n_{z'} f_\sigma}{2t_z}\cos\varphi\sin 2\theta'_{z'} \tag{10-23}$$

再让光线在 xz 平面绕 y 轴转 β 角的 z'' 方向倾斜入射切片，如图 10-8 所示，同理可得

$$(\sigma_x - \sigma_y)\cos^2\beta - (\sigma_y - \sigma_z)\sin 2\beta - \tau_{zx}\sin 2\beta = \frac{n_{z''} f_\sigma}{t_z}\cos\beta\cos 2\theta'_{z''} \tag{10-24}$$

$$\tau_{xy}\cos\beta - \tau_{yz}\sin\beta = \frac{n_{z''} f_\sigma}{2t_z}\cos\beta\sin 2\theta'_{z''} \tag{10-25}$$

综合式(10-11)、式(10-12)、式(10-22)~式(10-25) 即可得到三个正应力差 $\sigma_x - \sigma_y$、$\sigma_y - \sigma_z$、$\sigma_z - \sigma_x$ 和三个剪应力分量 τ_{xy}、τ_{yz}、τ_{zx}，但仍然只有 5 个独立方程，仍需利用式(10-17) 所示的剪应力差法计算公式作为补充方程。由 xy 切片沿 z 方向的正射求 $\dfrac{\Delta\tau_{xy}}{\Delta y}$

Δx，再从 xy 切片中切取平行于 xz 平面的小条（图 10-9），由光线沿 y 方向的正射测取数据，计算 $\dfrac{\Delta \tau_{zx}}{\Delta z}\Delta x$。

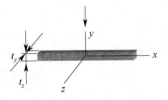

图 10-9　zx 切条正射

■ 10.6　三维模型内部应力分离的数值法

前面在确定内部应力时，涉及由剪应力差法建立的补充方程，也可以像平面问题那样，由数值法建立补充方程进行求解。

由弹性力学知，在三向应力状态下，当体积力为常数时（如重力），模型任一点的主应力和 $\sigma_1+\sigma_2+\sigma_3$ 满足拉普拉斯方程

$$\nabla^2(\sigma_1+\sigma_2+\sigma_3)=0 \tag{10-26}$$

其中，$\nabla^2=\dfrac{\partial^2}{\partial x^2}+\dfrac{\partial^2}{\partial y^2}+\dfrac{\partial^2}{\partial z^2}$ 为三维问题的拉普拉斯算子。

由于自由表面为主平面，其上的主应力为零，所以自由表面为平面应力状态。通过前面介绍的切片实验很容易测定另外两个主应力，使表面点的主应力和成为已知。对于非自由表面，由边界条件也能求出或近似求出主应力和。在已知边界条件的情况下，原则上就可以求解微分方程式(10-26)，但在边界条件复杂的情况下，求解它是很困难的。为此，按照与平面问题类似的方法，把它变为差分方程

$$\frac{\sum_A}{a(a+c)}+\frac{\sum_B}{b(b+d)}+\frac{\sum_C}{c(c+a)}+\frac{\sum_D}{d(d+b)}+\frac{\sum_E}{e(e+f)}+\frac{\sum_F}{f(f+e)}=\left(\frac{1}{ac}+\frac{1}{bd}+\frac{1}{ef}\right)\sum_O \tag{10-27}$$

其中，$\sum=\sigma_1+\sigma_2+\sigma_3$，$A$、$B$、$C$、$D$、$E$、$F$ 的位置见图 10-10 所示，在模型中用于直角坐系的三个坐标平行的三组平面把模型化分成若干正交型立体网格，直线 AC、BD、EF 时与 x、y、z 轴平行的立体网格的棱边，O 点是 AC、BD、EF 三条线的交点。这六个点到 O 点的距离分别为 $OA=a$、$OB=b$、$OC=c$、$OD=d$、$OE=e$、$OF=f$。如果 $a=b=c=d=e=f$，式(10-27) 可写成

$$\sum_A+\sum_B+\sum_C+\sum_D+\sum_E+\sum_F=6\sum_O \tag{10-28}$$

对模型划分好网格后，将各交点编号，对模型内部正六面体网格的每一个交点都可按式(10-28) 写出一个方程，对于表面附近的非正六面体，可由式(10-27) 写出相应的方程，最后建立一个线性方程组，由计算机计算求解即可确定各点处的主应力和 $\sum$。

由弹性力学，$\sigma_1+\sigma_2+\sigma_3=\sigma_x+\sigma_y+\sigma_z$ 为应力不变量，于是模型各点的正应力和 $\sigma_x+\sigma_y+\sigma_z$ 成为已知，把它与式(10-11)、式(10-13)、式(10-15) 中任意两个方程联立即可确定三个正应力 σ_x、σ_y 和 σ_z。

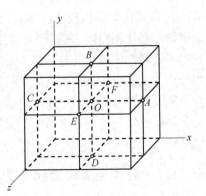

图 10-10　正交型立体网络

第 11 章　模型浇注及材料性质

光弹性应力分析是在与构件几何相似的模型上进行的，所以对模型材料的研究总是和试验原理、实验方法的研究密切相关。因此，掌握光弹性模型的制作与处理工艺与掌握光弹性实验原理和方法同等重要。本章重点介绍目前广泛使用的环氧树脂模型材料的浇铸、加工、处理以及材料性质。

■ 11.1　理想光弹性材料应具备的条件

理想的光弹性材料应具备如下条件：

（1）透明、均质，不受力时为光学各向同性，受力时产生光学各向异性。

（2）有较高光学灵敏度和弹性模量。通常用模型材料条纹值 f 与弹性模量 E 之比——质量系数 $Q=E/f$ 来衡量材料的力学与光学性能，Q 越大越好。

（3）有较高的力学、光学比例极限，以保证大范围的应力-应变、应力-条纹线性关系。

（4）初应力及边缘效应小，力学及光学蠕变小。

（5）制作工艺简单，有良好的机械加工性能。

（6）价格低廉。

光弹性效应发现于 1918 年，但光弹性法被广泛应用则是 19 世纪 30 年代的事情，其主要原因是缺乏合适的模型材料。早期的光弹性实验研究使用玻璃、赛璐珞，后来逐渐使用各种树脂材料，如酚醛树脂、丙苯树脂、丙烯树脂、聚酯树脂和苯乙烯醇酸树脂等。这些材料各有优缺点。有些虽有较高强度、不太脆、加工性能好、光学灵敏度高，但边界效应大，并随温度升高而变化，不宜冻结应力；有些虽边缘效应小，但蠕变大、性脆，加工时还要加压力，导致产生初应力且不易消除，只适合做平板模型；有些则是弹性模量低，线性范围小。

1951 年以来，出现了以环氧树脂为基的各种新型光弹性材料，这种材料有较高的光学灵敏度和比例极限、蠕变小、时间边缘效应小，通过改变固化剂的配比和固化温度可以获得不同弹性模量。此外，易于加工，可以粘结。诸多优点使环氧树脂材料成为光弹性应力分析的主流模型材料，被广泛应用于平面、三向常温或冻结模型光弹性实验，也用于贴片及散光光弹性实验。因此本章重点介绍环氧树脂模型的浇铸、加工及材料的性质。

明胶也是一种具有很高光学灵敏度的材料，它的弹性模量很低，不宜承受外载荷，但仅靠它自身的重量就可产生明显的光学效应，因而可以用作研究自重引起应力的材料。

■ 11.2　制作环氧树脂模型的原料

制作环氧树脂模型的主要材料为环氧树脂，另外还要配用固化剂和增塑剂。

11.2.1　环氧树脂

凡含有环氧基团的高分子聚合物统称为环氧树脂，根据浓缩的程度不同，环氧树脂的颜色和黏度都有所区别，分子量不同，其用途也不同。制作模型的环氧树脂牌号通常为

618 号、6101 号、634 号三种。其中 618 号最佳，色较浅，流动性好，但价格也较昂贵。634 号呈棕黄色，黏度最高，流动性差。

11.2.2 固化剂

固化剂的作用是使环氧树脂固化成型，由线型高聚物固化成立体网状结构。固化剂分高温固化剂和常温固化剂两种。常温固化剂是胺类硬化剂，如乙二胺。高温固化剂常用有机酐硬化剂，如顺丁烯二酸酐（又称苹果酸酐）。乙二胺无色透明、有刺激，与环氧树脂反应要释放大量热量，易产生初应力，因此，除制作光弹贴片和粘结材料外，一般不用来制作光弹模型。制作模型使用高温固化剂。顺丁烯二酸酐常温下为白色晶体，具有刺激性，能升华，易受潮。使用时在 70℃ 左右熔化，弃其沉淀杂质，只取无色溶解液体。

11.2.3 增塑剂

环氧树脂单纯加固化剂固化后比较脆，在脱模、机加工、加载实验时都容易破坏而造成麻烦。为了提高其塑性，在环氧树脂中还要加入一定量的增塑剂，常用的增塑剂为邻苯二甲酸二丁酯。这是一种无色、透明油状液体，不溶于水。

邻苯二甲酸二丁酯虽与环氧树脂反应，但主要起外塑化作用，填充树脂的立体网格间，增加大分子的柔顺度，改善材料的脆性。它并不参与树脂的固化反应，根据化学热力学理论，它将从材料中缓慢挥发出来，从而应起材料的性质不均匀，并增加材料的时间边缘效应。

邻苯二甲酸二丁酯的比重比环氧树脂小，混合时易浮于混合液的表面，不宜搅拌均匀，因而容易在固化模型中形成亮状"云雾"。

鉴于上述原因，现在趋向于不使用增塑剂，而通过改变固化温度和固化时间的办法来提高材料塑性。

11.2.4 原料配比

实践表明，固化剂的用量对材料的室温弹性模量没有影响，但固化剂用量的增加将导致材料条纹值的降低；材料冻结弹性模量与条纹值随固化剂用量的增加，呈现先增大而后又减小的趋势；材料的时间边缘效应也随固化剂的增多而严重。如果固化剂用量不足，使材料固化不完全，材料易产生蠕变，性能不稳定。固化剂用量过多，固化速度则过快，材料脆，且容易使气体不能完全排出，在模型中滞留气泡。因此，适当选择材料配比是非常重要的。每 100g 环氧树脂中固化剂的用量按下式估算

顺丁烯二酸酐用量＝环氧树脂环氧当量值×顺丁烯二酸酐分子量×k

其中，k 为经验系数，一般取 $k＝0.75\sim0.85$。顺丁烯二酸酐的分子量为 98，环氧树脂当量值，E-51 为 51，E-44 为 44，E-42 为 42，按上式计算固化剂的适宜用量如表 11-1 所示。

环氧树脂模型原料的配比　　　　　　　　　　　　　表 11-1

环氧树脂牌号	原 料 配 比		
	环氧树脂(g)	顺丁烯二酸酐(g)	邻苯二甲酸二丁酯(g)
618 号(E-51)	100	35.2～45	0～5
6101 号(E-44)	100	30.2～39.1	0～5
634 号(E-42)	100	27.9～37.5	0～5

环氧树脂的固化时间很长，为了缩短固化时间，在上述用量中可加入 0.1g 催化剂

（二甲基苯胺）。混合液加入催化剂后颜色变红，固化后将会变淡。

实践中也常用改变固化剂、增塑剂用量的办法获得不同弹性模量的材料。

■ 11.3 制造光弹性模型的模具

模具的制造是光弹性模型制作的基础和关键工作，根据模型的特点可采用不同的制作方法。

11.3.1 平板材料的模具制作

制作平板材料的模具可用玻璃板、磨光的钢板、铝板等制成，常用玻璃板模具，如图11-1所示。玻璃的厚度为5～7mm，要求表面光洁、无水纹。在两块玻璃板之间的三边垫上厚度等于模型所需厚度的玻璃隔条，内侧垫用由钢丝定型的橡胶管以防止渗漏，胶管直径应稍大于模型厚度。整个玻璃板用两条钢压条紧固。在压条与玻璃之间要垫一层橡皮条。

模具的制作步骤为：先用丙酮清洗玻璃板。将干净玻璃板的一侧涂一层脱模剂，以便脱模。脱模剂为聚苯乙烯与甲苯的混合液，其配比为：

$$甲苯：聚苯乙烯＝100：（5～10）$$

为了均匀光滑，涂脱模剂的方法是：将玻璃板倾斜侧立靠在钢丝支架上，脱模剂从玻璃板顶部边缘的一端向另一端匀速倾倒，让其自然流动，均匀覆盖玻璃板面。待第一层晾干后，再同法涂第二层、第三层。涂过脱模剂的玻璃板要注意防尘。第三层涂完后10小时即可按图11-1进行合模。

11.3.2 简单立体模型的模具制作

对于形状简单的块体、柱体或形状比较复杂但可机加工的模型，它的模具可用白铁皮制成，模具尺寸留5～8mm加工余量，以便模型浇注成型后进行机加工。如果模型有内芯，内芯必须用弹性大的材料，如橡皮、泡沫塑料等，以防模型在固化过程中在内腔产生裂纹，如图11-2所示。内芯还必须包有聚氯乙烯薄膜。模具的脱模剂仍用聚苯乙烯溶液。

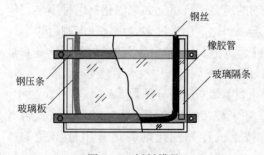

图 11-1 板材模具

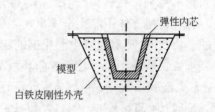

图 11-2 简单立体模型的磨具

11.3.3 复杂立体模型的模具制作

对于复杂形状、不便于进行机加工的模型，可用易脱模材料，如腊、硅橡胶、石膏、硫酸铵铝、低熔点合金等制作模具。

腊模的制作步骤为：先用木料制成阳模。再用配制好的蜡料用压注的方式制成腊模。蜡料的原料配比为：

$$地蜡：硬脂酸：石蜡＝60：30：10$$

将配好的原料放在陶瓷容器内，在 $120\sim140℃$ 恒温箱内加热熔化并搅拌均匀，冷却到 $50\sim60℃$ 即可压注。压注时的压力一般控制在 $0.4\sim0.5N/mm^2$ 左右，型腔复杂时压力还要大些，以防死角不能充满蜡料。压注速度不宜过快，以免产生气泡。脱模的时间要根据腊模的尺寸和时间而定。脱模过早，腊模未完全冷却，易产生变形；脱模过晚，则脱模困难，甚至会造成腊模开裂。这种模具坚韧富有弹性，但收缩性大，可先留有余量，脱模后进一步进行机加工。

硅橡胶是制作立体模具的新型材料，它有很好的弹性，表面光洁，易脱模，适合精密浇注。这种模具浇注的模型尺寸精度高、初应力小，模具还可重复使用。由于硅橡胶比较软，制作大模型模具时，为了保证模型的尺寸和形状，可在阳模表面涂一层 $2\sim3mm$ 的硅橡胶作被模，然后在被模以外涂敷 $4\sim5mm$ 厚的环氧树脂外壳。环氧树脂采用室温固化剂，并添加滑石粉等材料。

石膏制模操作方便、价格便宜、收缩小。但石膏刚度较大，石膏模浇筑的模型易产生初应力，脱模也比较困难，表面光洁度差。常用的石膏为建筑Ⅰ级或模型石膏，调水量分别为：

建筑石膏：水＝100：50～80

模型石膏：水＝100：60～80

调水后的石膏自由浇筑到模具箱中。制作石膏模具时用肥皂水或硅油做脱模剂，用石膏模具浇注模型时可用聚苯乙烯甲苯溶液或硅橡胶作脱模剂。

硫酸铵铝是一种白色粉末，按重量配比：

硫酸铵铝：水＝100：10～15

添加适当水分，加热到 $80\sim100℃$ 即呈液态，可以自由浇注。当温度降到室温时即呈固态。使用这种模具浇注模型，当第一次固化后，可用水洗的办法溶掉模具而脱模，操作非常方便。但这种方法必然有水分浸入光弹模型，从而增加时间边缘效应。

浇注具有内部空洞和复杂曲面外表面的模型，用蜡料等模具达不到尺寸精度要求时，可采用低熔点合金模具。先用石膏做过渡模具，再用它翻制低熔点合金模具。材料第一次固化后，把低合金模具融化，如模型表面残留有合金，可用硫酸洗净。为防止环氧树脂材料发热应调节硫酸溶液浓度并控制清洗速度。低熔点合金价格较贵，适合用来制作对尺寸要求高的小模型模具。使用低熔点合金并采用材料的二次固化法，既能保证模型尺寸精度，又能减小模型的铸造初应力。低熔点合金的元素配比如表 11-2 所示。

低熔点合金的元素配比   表 11-2

合金熔点（℃）	重量配比（%）				元素熔点（℃）	
	铋 Bi	镉 Cd	铅 Pb	锡 Sn	铋	271.0
60.5	50.1	10.8	24.9	14.2	镉	320.9
65-70	50	12.5	25	12.5	铅	327.4
91.5	51.6	8.2	40.2	0	锡	232.0

■ 11.4 光弹性模型的浇注工艺

11.4.1 二次固化法

模型浇注的二次固化工艺，是将环氧树脂混合液浇筑到模具中，在低温下固化成胶凝状，脱模后再作第二次进一步固化。由于第二次固化时模型无外界约束，并相当于一次退火过程，所以可使模型初应力大为减小。二次固化法的具体步骤为

（1）由浇注模型的体积和混合液的比重（约 1.28g/cm^3）计算混合液总重，并按混合液配比计算各原料重量并备好。

（2）将环氧树脂在 60～65℃ 恒温箱中加热，同时把顺丁烯二酸酐在 70℃ 恒温水浴中加热熔化。

（3）依次将顺丁烯二酸酐和邻苯二甲酸二丁酯缓慢倒入环氧树脂中，恒温在 55～60℃ 左右充分搅拌均匀，当混合液搅拌到 50℃ 时，再倒入催化剂二甲基苯胺继续搅拌。混合液在 50℃ 恒温水浴中搅拌 1～2 小时。为防止搅拌时有毒气体侵害人体，搅拌应在抽风柜中进行。同时也将模具放在 50℃ 恒温箱中预热。

（4）搅拌好的混合液在 50℃ 下静放半小时以上，以便杂质沉淀和气泡逸出，或在真空干燥箱中抽真空半小时排出气泡。

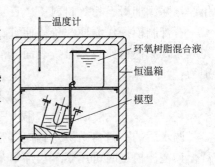

（5）将混合液按图 11-3 所示底注法缓慢注入预热好的模具中，防止注入过急使注入模具中的混合液泛起气泡，影响浇注质量。

（6）混合液浇注后，在 50±5℃ 恒温箱中保持一周左右，进行第一次固化，使材料成胶凝状。

（7）将经过第一次固化的模型从模具中脱出。脱

图 11-3　底注法示意图

模时要耐心慎重，先用刀具将模具与模型粘连的边缘刮开，沿缝隙倒入酒精浸泡一段时间，使材料与模具自动脱离。脱模后锯去飞边和冒口，再放入恒温箱中进行第二次固化。参考固化温度曲线如图 11-4 所示。模型尺寸小，升降温速度可快些，模型尺寸大升降温速度要慢些，以免模型内部温度场不均匀产生初应力。为了防止三维模型因自重产生变形，第二次固化应将模型放在甘油或变压器油中进行。

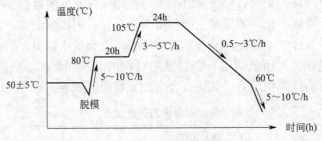

图 11-4　二次固定温度曲线

11.4.2　一次固化法

二次固化法制成的模型一般初应力很小，但所需固化时间很长。当制作厚度小于 10mm 的板材时，可以简化固化工艺，采用一次固化法，参考固化温度曲线如图 11-5 所示。

一次固化法制成的板材会有初应力，必须通过退火来消除。方法是先将板材锯去边料，用酒精洗净脱模剂后平放在玻璃板上，并在其间垫一层聚氯乙烯薄膜，放入恒温箱中按图 11-6 所示温度曲线退火。

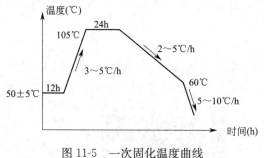

图 11-5 一次固化温度曲线

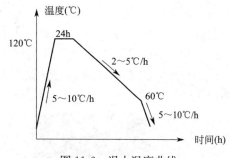

图 11-6 退火温度曲线

11.5 三维模型的应力冻结

在第 10 章中已了解到三维模型需要通过冻结应力和切片进行应力测量。模型应力冻结的过程分为升温（Ⅰ）、恒温（Ⅱ）和降温（Ⅲ）三个阶段，如图 11-7 所示。在确定应力冻结温度曲线时要考虑以下几点：

（1）由材料的热光曲线（见 11.8 节）确定冻结温度。

（2）实践证明在较高的温度下，模型表面易被氧化而产生热时效。因此，升温速度应尽可能加快，恒温时间也不宜过长，保证模型内温度均匀即可。具体时间取决于模型的体积和形状，恒温阶段的作用使模型内部的温度场均匀，以保证模型中各点的弹性模量 E 和条纹值 f 相同。例如，冻结厚度 15mm 的平板模型，可采用升温时间 2h，恒温时间 1h。

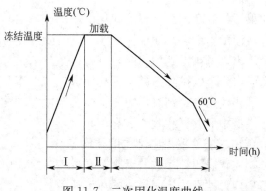

图 11-7 二次固化温度曲线

（3）降温阶段更为重要，必须缓慢地冷却，保证模型内温度均匀下降，使温差引起的温度应力减至最小。在 60℃以上，降温速度可采用 $1\sim5$℃/h，60℃以下可稍快些。

（4）对模型冻结应力时，如在室温下加载后再升温，模型材料会产生较大蠕变，同时模型材料长时间受载会使其强度下降，因此最好到恒温阶段再加载。

（5）实践证明，卸载温度不必降到室温，模型温度降到 60℃时应力即已冻结，这时可关闭温箱电源，随炉冷却即可。

11.6 "云雾"现象及其避免措施

所谓"云雾"，指模型材料在光弹仪的暗场中观察时所呈现的不规则"云状"亮线。图 11-8 所示为圆柱模型横切片在暗场中拍摄到的照片，图 11-8(a) 存在"云雾"，图 11-8(b) 无"云雾"。严重的"云雾"将使条纹发生锯齿状变化，等倾线也被干扰。迄今为止，对于已出现的"云雾"现象尚无有效的消除方法，只能通过提高材料的浇注质量来避免"云雾"的产生。浇注时应注意下述问题。

11.6.1 提高原材料的纯度

环氧树脂含有挥发物和机械杂质，挥发物的外逸将引起液层相对移动，杂质则使材料不均匀，因而都会产生"云雾"。解决办法是将环氧树脂原料在 120℃ 下恒温 3 小时，并不停搅拌使挥发物充分逸出，然后用铜网过滤杂质。

顺丁烯二酸酐含有不容杂质或其他聚合物，他们不但不能使树脂固化，反而起"离间"作用，形成"云雾"。解决办法是在 60～65℃ 下使它熔化，将杂质沉淀，取洁净无色液体使用。

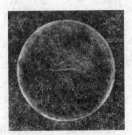 

(a) 有"云雾"　　　　　　　　　(b) 无"云雾"

图 11-8　模型材料中的"云雾"现象

11.6.2　混合液搅拌温度和搅拌时间要适当

混合液在搅拌过程中，环氧树脂与固化剂实际上已经开始固化反映，并放出反应热。如果搅拌温度过高，会使固化反应加速，引起温度继续升高，材料黏度增大，容易造成混合液温度不均匀。如果在 60℃ 下适当延长搅拌时间，使在浇注模型前混合液的反应热大量放出，材料得到均匀混合，就可减少"云雾"。但过长时间的搅拌也会因混合液黏度提高而产生难以排除的微小气泡而形成"云雾"。

当使用增塑剂时，应先将树脂与增塑剂均匀混合，然后再加入固化剂搅拌，否则极易在模型中形成亮线状"云雾"。

11.6.3　模型内部温度要均匀

实践表明，多数"云雾"在模型内呈现由下向上的不均匀流纹。这说明"云雾"是因模型内温度不均匀而形成的热流所致。

这种"云雾"主要产生在胶凝前的第一次固化阶段。对于尺寸大、形状复杂的模型，其内部的温度往往不够均匀，为了减小内部温差，一方面要使用较低的固化温度，另一方面要加强恒温箱内的鼓风，使箱内温度均匀。但须注意过低的固化温度也是不利的，"云雾"反而会增加。

为了减少造成混合液不均匀的因素，浇注时最好采用恒温浇注，也就是将磨具和混合液容器都放在恒温箱中浇注，这对减少"云雾"是有效的。在冬季更须注意采取避免"云雾"出现的措施。

11.6.4　固化剂不可过量

固化剂用量必须适当，过量的固化剂会引起离析和聚集现象，形成"云雾"。

11.6.5　尽量减小胶凝前的约束

制作模具时就应当考虑使用软性内芯材料减小约束，否则约束引起的部分初应力可能会冻结在高分子结构中，也形成"云雾"。

■ 11.7　模型材料的时间边缘效应

在室温下的模型材料即使不受力，经过时间过渡也会在其边缘产生初应力而出现条纹，这种现象称为时间边缘效应。

实验指出，时间边缘效应是由于模型内部的水分与大气中的水分不平衡所致。湿度过高引起的边缘效应为压应力，使模型受力后边缘的压应力处条纹级次增加，而拉应力处条纹级次降低。如果模型材料处于干燥环境中，边缘部分的含水量比内部低，时间边缘效应将是拉应力，对条纹的影响将与上述相反。

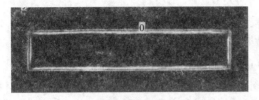 

(a) 边缘效应　　　　　　　　　　　(b) 对等差线的影响

图 11-9　简支梁模型的时间边缘效应及其对等差线的影响

图 11-9(a) 表示简支梁模型在加力前由于压应力时间边缘效应引起的等差线；图 11-9(b) 为简支梁加力后的等差线被歪曲的情形。在上缘受压，条纹变得扁平，条纹级次呈增加趋势；而在下缘受拉，条纹变成卵形，条纹级次呈降低趋势。

工程实际中非常重视边界应力的测量，而时间边缘效应却恰恰降低了边界应力的实验精度，所以必须予以重视。

为了减小时间边缘效应，对于平面模型的实验，应在实验前再对模型进行尺寸精加工。冻结应力实验时，尽管工作速度加快，也很难避免时效的影响，尤其在湿度大的季节更是如此。在这种情况下，减小时间边缘效应的办法是把模型放在 40℃ 恒温箱中缓慢加热数天，或把模型放在储有干燥剂的干燥器中，都可以收到较好的效果。有时在已加工模型的边缘涂一层凡士林等防潮剂，也可以抑制时间边缘效应的发展。

■ 11.8　模型材料的主要性质

11.8.1　材料条纹值

材料条纹值 f_σ 是光弹性模型材料的一个重要性质，它表示材料的灵敏度。

测定材料条纹值需要利用具有理论解的典型试样，常用对径受压圆盘试样来测定。常温下材料条纹值的测定方法是：将圆盘放在圆偏振光场中，对径加压，如图 11-10 所示。观测圆盘中心的条纹级次 n，并记下相应载荷 P 的大小。

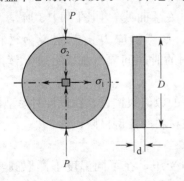 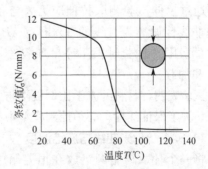

图 11-10　用对径受压圆盘测定材料条纹值　　　图 11-11　634 号环氧树脂材料的 f-T 曲线

由弹性力学，圆盘中心的理论应力为

$$\sigma_1=\frac{2P}{\pi dD},\sigma_2=\frac{2P}{\pi dD}$$

代入到式(8-21)中，得到材料条纹值的计算公式为

$$f_\sigma=\frac{8P}{n\pi D} \tag{11-1}$$

将实验数据代入即可确定材料条纹值。为了减小随机误差，一般在实验时要分级加载，求出条纹值的平均值。

材料条纹值也可以利用纯弯曲试样或单向拉伸试样进行测定。

由不同温度下测定材料条纹值的结果（图 11-11）看到，随着温度升高，光弹性材料的条纹值会降低。所以对于冻结模型的冻结材料条纹值应当在冻结温度下加载，当温度降至室温后卸载，根据冻结的条纹按式(11-1)计算冻结条纹值 f_σ。最好是在冻结模型的同时，再冻结一个径向受压圆盘，以保证冻结工艺条件的一致。

11.8.2 材料弹性模量与泊松比

材料弹性模量 E 与泊松比 μ 是从模型应力到构件应力的相似转换需要的重要性质，测量方法与一般材料的测量方法一样，用卡板连接的板状哑铃型拉伸试样进行测量，试样尺寸如图 11-12 所示。测量时按规定时间（如 1 分钟）读取纵向或横向变形，最后根据力与变形的读数计算 E 与 μ。

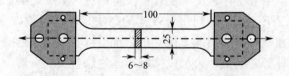

图 11-12　测 E、μ 试样

与材料的条纹值 f-T 曲线类似，材料的 E、μ 值也随温度 T 的升高而下降。冻结模型材料的弹性模量也应当在冻结温度下进行。测定方法是先用刀片在图 11-12 所示试样的均匀拉伸区内刻画纵向线段和横向线段，在冻结温度下对试样加载，温度降至室温并卸载后使用工具显微镜测量纵向和横向线段的变形，从而计算冻结材料的 E 与 μ。

11.8.3 材料的光学比例极限

通过拉伸试验测取拉伸应力 σ 与条纹级次 n 的关系曲线，如图 11-13 所示。当曲线的非线性偏离为直线的 3% 时（$AB/AC=3\%$），B 点的应力 σ_p 就定义为材料的光学比例极限。试验时采用等量加载法，即限定相同的时间间隔（如 1 分钟）读取条纹级次和加载。

试验表明，材料的光学比例极限与力学比例极限的数值很接近。在设计对模型加载大小时，为了保证线性，必须控制模型中的最大应力在材料的比例极限以内。

11.8.4 热-光曲线与冻结温度

将一个环氧树脂圆盘放在恒温箱中，使其径向受压，在不同温度下测取圆盘中心的条纹级次，绘出条纹级次 n 与温度 T 之间的关系曲线如图 11-14 所示，称为该材料的热-光曲线。此曲线明显分为三个阶段：第 I 阶段称为玻璃态。特点是弹性模量

E 大, 蠕变小, 应力-应变及应力-条纹之间呈线性关系; 第 II 阶段称为过渡态, 特点是在较小温度范围内材料的 E 和 f 大幅度降低, 蠕变大; 第 III 阶段称为高弹态 (或橡胶态), 该阶段的特点是材料呈完全弹性, E、f 都比 I、II 阶段小得多。图 11-14 中 A 点对应的温度称为玻璃化温度, B 点对应的温度称为临界温度。临界温度是材料在加载后的变形立即达到最大, 卸载后变形又立即消失的最低温度, 也就是高弹态阶段开始的温度。在光弹性模型冻结应力时, 通常取比临界温度高 5℃ 作为冻结温度。一般也以此温度作为材料的退火温度。

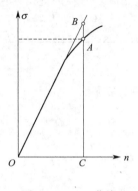

图 11-13　σ-n 曲线

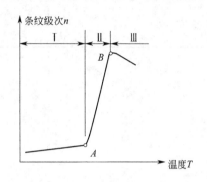

图 11-14　材料的热-光曲线

测定热-光曲线的装置如图 11-15 所示。将圆盘及加载装置放在装有透明玻璃的小型恒温箱中, 并将恒温箱置于圆偏振场光路中。升温到某一温度 (如 50℃), 恒温 15～20 分钟, 然后对圆盘施加径向载荷 P, 在规定的时间间隔 (如 5～10 秒) 内测取圆盘中心的条纹级次; 卸载后继续升温 5℃, 然后再恒温、加载、测条纹级次; 如此继续, 直至出现临界温度之后, 便可绘出热-光曲线。

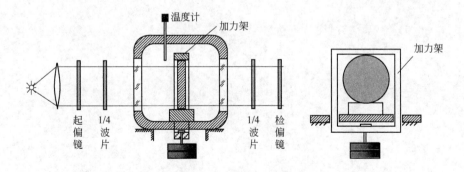

图 11-15　热-光曲线测试装置

11.8.5　材料的质量系数 K

材料的质量系数 K 定义为

$$K = \frac{E}{f} \tag{11-2}$$

这是衡量材料优劣的一个综合性指标。进行模型试验时, 希望材料的 E 值大, 这样模型的变形才能比较小; f 比较小, 材料的灵敏度才比较高, 即较小载荷可得到较高条纹级数。所以，材料的质量系数越大越好。

为便于参考，表 11-3 给出几种国产光弹性模型材料的力学性质。这些数据不仅与材料的牌号与配比有关，也与固化条件和测量条件（光波波长、测定方法和温度等）有关。

国产环氧树脂模型材料的光学和力学性质　　　　　　　　　　　　　　表 11-3

材料牌号	室温下					冻结温度下					冻结温度（℃）
	E (GPa)	μ	σ_p (MPa)	f_σ (N/mm)	K (1/mm)	E (GPa)	μ	σ_p (MPa)	f_σ (N/mm)	K (1/mm)	
634 号	3.36	0.35	31.5	12	280	0.021	0.48	0.88	0.29	75.0	115
6101 号	3.50	0.37	31.5	11	318	0.030	—	1.20	0.32	85.7	120
618 号	3.40	0.37	34.0	12	283	0.025	0.47	1.30	0.35	78.2	122

第 12 章　相似理论与模型设计

光弹性试验属于模拟试验，即要通过模型试验结果去预测原型中的性状。在前述各章中已经了解了如何进行试验和如何加工模型，而怎样去设计模型，设计模型应遵循哪些规则，按什么条件对模型加载，试验结果又如何向原型换算，这些问题尚且悬而未决。解决这些问题需要应用相似理论。本章将介绍这方面的内容，以完善光弹性应力分析方法。

■ 12.1　量纲及物理方程的齐次性

12.1.1　量纲概念

度量任何一个物理量都要用一定的测量单位。例如米、厘米、毫米为长度的测量单位；时、分、秒为时间的测量单位；千牛、牛是力的测量单位；兆帕、千帕、帕为弹性模量、应力或压强的测量单位等。如果我们只考虑物理量的属性，就可以用物理量的类型来表示物理量，如长度、时间、力、应力、应变、速度、加速度等。物理量的类型称为物理量的量纲。量纲实际上就是物理量的广义单位。通常用 $[L]$ 表示长度的量纲、$[T]$ 表示时间的量纲、$[F]$ 表示力的量纲、$[M]$ 表示质量的量纲等。

在国际单位之中，$[L]$、$[T]$、$[M]$ 为三个基本量纲。任何导出物理量 S 的量纲都可以由物理方程导出，可表达为 $[S] = [L^{\alpha} M^{\beta} T^{\gamma}]$。

12.1.2　物理方程的量纲齐次性

由于不同类型的物理量相加减是毫无意义的，根据量纲概念，若一个物理方程包含有若干项，每项的量纲都用基本量纲表达时，各项的量纲应相同。这就是物理方程量纲的齐次性原则。

例如，材料力学中梁的挠曲线微分方程为

$$EI_z \frac{d^2 y}{dx^2} = M_z$$

式中 E 为弹性模量、I 为截面惯性矩、y 为挠度、M_z 为弯矩。方程左边的量纲为

$$\left[EI_z \frac{d^2 y}{dx^2}\right] = [MLT^{-2} L^{-2} L^4 L L^{-2}] = [ML^2 T^{-2}]$$

右边的量纲为

$$[M_z] = [MLT^{-2} L] = [ML^2 T^{-2}]$$

两边量纲相同。

量纲上为齐次的物理方程称为完全方程。不满足量纲的齐次性原则的物理方程是不完全的或病态的方程，它根本就不可能用来描述所研究的物理现象。所以量纲上为齐次的是一个方程能够有效解释物理现象的必要条件。

■ 12.2 相似定理

12.2.1 相似的基本概念

自然界中最简单的相似是几何相似，而进行模型试验时，则要求模型与原型的物理现象相似。所谓物理现象相似，指描述此现象的所有物理量，在空间及时间上各自对应成比例。

例如直杆受轴向拉伸时，原型受力为 P，横截面积为 A；模型受力为 P'，横截面积为 A'。设截面上的应力分别为 σ、σ'，则有

$$\sigma = \frac{P}{A}, \sigma' = \frac{P'}{A'} \tag{12-1}$$

若二者相似，两方程中对应的物理量成比例，设比例系数

$$C_\sigma = \frac{\sigma}{\sigma'}, C_P = \frac{P}{P'}, C_A = \frac{A}{A'} \tag{12-2}$$

C_σ、C_P、C_A 称为相似数。由上二式可得

$$\frac{C_P}{C_A C_\sigma} = 1 \tag{12-3}$$

上式说明，相似物理现象中各物理量或相似数并不是任意的，而要满足一定的约束条件。式(12-3) 左端的相似系数群 $\frac{C_P}{C_A C_\sigma}$ 称为相似指标。此式说明，物理现象相似，相似指标等于 1。这个条件称为相似条件。

若把式(12-3) 改写成

$$\frac{P}{A\sigma} = \frac{P'}{A'\sigma'} \tag{12-4}$$

$\frac{P}{A\sigma}$ 是一个无量纲量，称为相似判据。式(12-4) 表明，彼此相似的物理现象，对应各点的相似判据具有相同的值。

本例仅要求模型与原型的横截面积成比例，并不苛求界面形状的几何相似，所以可用不同截面形状的杆件模型进行试验。几何上不完全相似的模型称为"变态模型"。

12.2.2 相似定理

上面的例子，实际上例证了下述定理。

相似第一定理 彼此相似的物理现象，由完全相同的方程组所描述，对应物理量各自成比例，表示各相似数之间关系的相似指标等于 1，或其相似判据在对应点有相同的值。

该定理阐明了相似现象所具有的性质，也是相似的必要条件。

在已知方程的情况下，通过方程就可寻求现象的相似指标或相似判据。而在理论研究的未及领域，物理现象的控制方程往往是未知的，我们可以利用量纲分析法求得物理现象的相似指标或相似判据。π 定理，又称巴金汉（E. Buckinghan）定理，则给出一个物理现象有几个独立的相似判据以及如何寻求相似判据的途径。

相似第二定理（π 定理） 如果一个物理现象有 n 个物理量起作用，这 n 个物理量中有 k 个基本物理量，则该物理现象可用由这些物理量组成的 $(n-k)$ 个无量纲量群的关系式来描述。这些无量纲群就是相似判据。

证明：设物理现象的控制方程为

$$f(x_1,x_2,\cdots,x_k,x_{k+1},\cdots,x_n)=0 \qquad (12\text{-}5)$$

假定 x_1，x_2，$\cdots$，x_k 为 k 个基本物理量，故可选取 k 个基本单位，基本量纲为 $[x_1]$，$[x_2]$，$\cdots$，$[x_k]$，其余 $n\text{-}k$ 个物理量的量纲可用基本量纲表示为

$$[x_i]=[x_1^{p_i}x_2^{q_i}\cdots x_k^{w_i}] \quad (i=k+1,k+2,\cdots,n) \qquad (12\text{-}6)$$

根据基本单位可任意选取的性质，我们可变更基本单位，使变更后 x_1 的单位增大 x_1 倍，x_2 的单位增大 x_2 倍，$\cdots$，x_k 的单位增大 x_k 倍。则单位变更后各物理量的数值为

$$x_1^*=\frac{1}{x_1}x_1=1,x_2^*=\frac{1}{x_2}x_2=1,\cdots,x_k^*=\frac{1}{x_k}x_k=1;$$

$$x_i^*=\frac{x_i}{x_1^{p_i}x_2^{q_i}\cdots x_k^{w_i}},(i=k+1,k+2,\cdots,n)$$

根据量纲公式(12-6)，可知各量群 $\dfrac{x_i}{x_1^{p_i}x_2^{q_i}\cdots x_k^{w_i}}$ 都是无量纲的，记为 π_i，则有

$$\pi_i=\frac{x_i}{x_1^{p_i}x_2^{q_i}\cdots x_k^{w_i}}=x_i^*$$

按照物理方程的量纲齐次性，采用变更后的单位系统，物理方程仍可写成

$$f(x_1^*,x_2^*,\cdots,x_k^*,x_{k+1}^*,\cdots,x_n^*)=0$$

亦即

$$f(1,1,\cdots,1,x_{k+1}^*,\cdots,x_i^*,\cdots,x_n^*)=0$$

为方便起见，可改写为

$$F(x_{k+1}^*,\cdots,x_i^*,\cdots,x_n^*)=0$$

亦即

$$F(\pi_{k+1},\cdots,\pi_i,\cdots,\pi_n)=0$$

如此，就把物理现象的控制方程转化为用 $(n\text{-}k)$ 个无量纲量群表述的控制方程。

若有另一现象

$$f(x_1',x_2',\cdots,x_k',x_{k+1}',\cdots,x_n')=0$$

与其相似，其中 $x_1'=C_1x_1$，$x_2'=C_2x_2$，$\cdots$，$x_k'=C_kx_k$，$\cdots$，$x_n'=C_nx_n$（C_1，C_2，$\cdots$，C_k，$\cdots$，C_n 为相似数），则也可无量纲化为

$$F(\pi_{k+1}',\cdots,\pi_i',\cdots,\pi_n')=0$$

其中

$$\pi_i'=\frac{x_i'}{x_1'^{p_i}x_2'^{q_i}\cdots x_k'^{w_i}}$$

把相似关系代入，得

$$\pi_i'=\frac{C_i}{C_1^{p_i}C_2^{q_i}\cdots C_k^{w_i}}\pi_i$$

无量纲数应是不变的，即 $\pi_i'=\pi_i$，故得

$$\frac{C_i}{C_1^{p_i}C_2^{q_i}\cdots C_k^{w_i}}=1(i=K+1,K+2,\cdots,n)$$

即有 $n\text{-}k$ 个相似指标。由相似指标，得相似判据

$$\pi_i = \frac{x_i}{x_1^{p_i} x_2^{q_i} \cdots x_k^{w_i}} \, (i = K+1, K+2, \cdots, n)$$

即这 n-k 个无量纲量群就是 n-k 个相似判据。（证毕）

相似第一定理阐明了相似现象的性质；相似第二定理证明了可以把物理方程转化为判据方程。对于相似现象，它们的判据方程相同。这两个定理都是在假定现象相似的基础上研究现象的性质，都是现象相似的必要条件。而如何判断现象相似尚未解决。怎样根据现象的已知情况判断现象是否相似，或者更切合实际地说，模型满足哪些条件才与原型物理相似，这是第三相似定理要解决的问题。

相似第三定理 服从同一物理方程两现象，当单值条件相似，单值量对应成比例、单值量相似判据在数值上相等，则两现象必相似。

所谓单值条件，指一个现象区别于其他现象的那些条件，包括几何特性（物体的形状与大小）、材料特性（物体材料的性能，如 E、μ）、边界条件（约束、载荷和其他限定条件）和初始条件（起始位置和初速度）等。

第三定理给出使现象相似的充分条件，关于第三定理的证明这里不再叙述。

利用上述第一、第二定理可在现象的物理方程已知或未知条件下寻求相似判据或相似条件，第三定理则指出保证两现象的单值条件相似才能保证现象相似。相似三定理是正确进行模型试验的理论依据。

■ 12.3 相似判据的确定

12.3.1 方程分析法

工程中有大量物理现象的基本方程是已知的，由这些方程很容易获得相似判据。下面通过例子说明。

【例 12-1】 建立梁弯曲模型试验的相似判据。

梁的挠曲线微分方程为

$$EI_z \frac{\mathrm{d}^2 y}{\mathrm{d}x^2} = M_z$$

设原型与模型中对应各物理量成比例关系，即

$$\frac{E_p}{E_m} = C_E, \frac{I_{zp}}{I_{zm}} = C_{I_z}, \frac{M_{zp}}{M_{zm}} = C_{M_z}, \frac{y_p}{y_m} = C_y, \frac{x_p}{x_m} = C_x$$

于是相似指标为

$$\frac{C_E C_{I_z} C_y}{C_x^2 C_{M_z}} = 1$$

相应的相似判据为

$$\frac{EI_z y}{x^2 M_z} = k \, (常数)$$

这里不要求几何相似。如果原型与模型几何相似，且梁上只作用集中力 P，则 $C_x = C_y = C_L$，$C_{I_z} = C_L^4$，$C_{M_z} = C_P C_L$，相应的相似指标及相似判据分别为

$$\frac{C_E C_L^2}{C_P} = 1$$

和

$$\frac{EL^2}{P}=k$$

【例 12-2】 讨论薄板小挠度的相似问题。

平板小挠度时的基本方程是

$$\frac{\partial^4 w}{\partial x^4}+2\frac{\partial^4 w}{\partial x^2 \partial y^2}+\frac{\partial^4 w}{\partial x^4}=\frac{q}{D}=\frac{12(1-\mu^2)}{Eh^3}q$$

其中 x、y 为薄板中面坐标，w 为垂直于板面的挠度，h 为板厚。引入相似数

$$\frac{w_{\mathrm{p}}}{w_{\mathrm{m}}}=C_{\mathrm{w}},\frac{x_{\mathrm{p}}}{x_{\mathrm{m}}}=\frac{y_{\mathrm{p}}}{y_{\mathrm{m}}}=C_{\mathrm{L}},\frac{q_{\mathrm{p}}}{q_{\mathrm{m}}}=C_{\mathrm{q}},\frac{\mu_{\mathrm{p}}}{\mu_{\mathrm{m}}}=C_{\mu},\frac{E_{\mathrm{p}}}{E_{\mathrm{m}}}=C_{\mathrm{E}},\frac{h_{\mathrm{p}}}{h_{\mathrm{m}}}=C_{\mathrm{h}}$$

代入基本方程中，得到

$$\frac{C_{\mathrm{w}}}{C_{\mathrm{L}}^4}\left(\frac{\partial^4 w'}{\partial x'^4}+2\frac{\partial^4 w'}{\partial x'^2 \partial y'^2}+\frac{\partial^4 w'}{\partial x'^4}\right)=\frac{C_{\mathrm{q}}}{C_{\mathrm{E}}C_{\mathrm{h}}^3}\frac{12(1-C_{\mu}\mu'^2)}{E'h'^3}q'$$

令模型挠曲面微分方程与原型完全相同，得相似指标

$$\frac{C_{\mathrm{w}}C_{\mathrm{E}}C_{\mathrm{h}}^3}{C_{\mathrm{L}}^4 C_{\mathrm{q}}}=1,C_{\mu}=1 \tag{12-7}$$

由此看到，原型与模型材料的泊松比必须相等。如求板中应力的相似数，利用板中垂直于 x 轴的横截面上正应力 σ_x 的最大值

$$\sigma_x=\frac{6D}{h^2}\left(\frac{\partial^2 w}{\partial x^2}+\mu\frac{\partial^2 w}{\partial y^2}\right)$$

在 $C_{\mu}=1$ 条件下，类似的推导可求得相似指标

$$\frac{C_{\sigma}C_{\mathrm{L}}^2}{C_{\mathrm{E}}C_{\mathrm{h}}C_{\mathrm{w}}}=1 \tag{12-8}$$

由式(12-7) 解的 C_{w}，代入式(12-8)，即得到应力相似数

$$C_{\sigma}=\frac{C_{\mathrm{p}}C_{\mathrm{L}}^2}{C_{\mathrm{h}}^2} \tag{12-9}$$

以上并未要求板在几何上相似。如果要求原型与模型几何相似，则有 $C_{\mathrm{L}}=C_{\mathrm{h}}$；要求变形后仍然保持几何相似，有 $C_{\mathrm{L}}=C_{\mathrm{w}}$。这时式(12-7) 变为 $C_{\mathrm{q}}=C_{\mathrm{E}}$，式(12-9) 变为 $C_{\sigma}=C_{\mathrm{q}}=C_{\mathrm{E}}$。这是严格相似的必然结果。

12.3.2 量纲分析法

如果一个物理现象的控制方程未知，但通过分析可以知道影响该现象的所有物理量，量纲分析法是寻求相似判据的唯一途径。下面通过例子说明如何应用量纲分析法来得到这些相似判据。

【例 12-3】 用量纲分析法寻求非线性弹性力学问题的相似判据。

非线性弹性力学问题指应力应变服从虎克定律，但属大变形情况，应力与载荷不成正比。设弹性体内的应力 σ 与集中力 P、力矩 m、尺寸 l 和弹性常数 E、μ 有关，用一个未知函数来描述，即

$$\sigma=f(P,m,l,E,\mu)$$

选定 P、l 为基本量，$[F]$、$[L]$ 为基本量纲，则其他量的量纲为：$[\sigma]=[FL^{-2}]$、

$[m]=[FL]$、$[E]=[FL^{-2}]$、$[\mu]=[F^0L^0]$。本问题有 6 个物理量，选 2 个为基本物理量，根据 π 定理，应有 4 个无量纲量群（π 项）。令

$$\pi_1=\frac{\sigma}{P^a l^b},\pi_2=\frac{m}{P^c l^d},\pi_3=\frac{E}{P^e l^f},\pi_4=\frac{\mu}{P^g l^h}$$

这里 a、b、c、d、e、f、g、h 等为待定指数。由各物理量的量纲，得

$$[FL^{-2}]=[F^a L^b] \qquad \therefore a=1,b=-2$$
$$[FL]=[F^c L^d] \qquad \therefore c=1,d=1$$
$$[FL^{-2}]=[F^e L^f] \qquad \therefore e=1,f=-2$$
$$[F^0 L^0]=[F^g L^h] \qquad \therefore g=0,h=0$$

于是，该问题的相似判据为

$$\pi_1=\frac{\sigma l^2}{P},\pi_2=\frac{m}{Pl},\pi_3=\frac{El^2}{P},\pi_4=\mu$$

需要指出的是，在应用量纲分析法导出相似判据时，全面地研究与现象有关的全部物理量是至关重要的。如果遗漏一个重要物理量，就将导出错误的判据；相反，如果过多地考虑多余的物理量，将导致多余的相似判据，使相似条件更加苛刻，给模型设计带来困难。另外，选择不同的基本物理量，会得到不同的相似判据，但他们的实质是一样的，独立的相似判据都是 n-k 个。

12.4 光弹性模型设计与相似数误差

12.4.1 光弹性模型设计

光弹性模型的设计，主要依据由问题的性质寻求的相似条件或相似判据。

平面问题的模型设计，由于应力沿模型厚度方向不变，几何相似条件可以放宽，厚度的尺寸比可以与平面内的尺寸比不同，进行变态模型试验。

在三维光弹性模型设计时，首先要根据问题的性质确定相似关系。一般要确定相似数 C_L、C_P、C_q、C_E 等。模型尺寸要在客观允许的条件下尽可能大一些。模型尺寸太小，加工复杂形状有困难，实验载荷的大小一般要根据尺寸相似数、弹性模量相似数等来确定，还应考虑使模型中产生足够的条纹以方便测量和计算。例如，对于三维切片，当切片厚度为 3mm 左右时，以使其产生 3～6 级条纹为宜。条纹过稀，影响测量精度。设计光弹性模型时要综合考虑，妥善设计。

对于薄壁构件，例如薄壁杆、板或壳体等，如果各方向按同一尺寸相似数缩小制作模型的话，壁厚尺寸将非常小，难以制作模型。对于这类问题，我们可以不要求几何上完全相似，也采用变态模型。例如对于受拉压的薄壁杆件，就像 12.2 节中的例子那样，只要求横截面积相似就可以了。选择适当的截面形状，按 12.2 节中的式(12-4) 即可换算原型应力。

应当注意，对于三维模型，由于要通过冻结切片进行分析，几何上不相似就不便于测点几何位置的对应，或者使应力分布规律发生变化，故一般不能采用变态模型。

12.4.2 相似数误差

对于工程中的构件进行模型试验，由于问题往往比较复杂，要完全满足相似条件，有时很难办到。所以进行模型试验时必须具体问题具体分析，学会抓住主要矛盾，忽略一些

次要的、对问题影响不大的因素。这样，由于相似条件不能完全满足，必然使由模型到构件的应力换算结果带有一定的误差，这种误差称为相似数误差。

光弹性试验中最大的困难往往在合适材料的选择上。由上一节中的例子可以看到，相似判据中往往要求模型与原型材料的泊松比相等，这一条要求在三维光弹性冻结法实验中往往难以满足。例如，原型为钢材，其泊松比为 $\mu=0.25\sim0.3$，而冻结光弹性模型材料的泊松比为 $\mu=0.48$ 左右，差别较大。因此柏松比的差异必定给实验结果的换算带来误差。要从理论上对泊松相似数误差的大小作一般性分析是很困难的，有人曾对具体问题进行分析，认为泊松比的不同对最大主应力影响较小，可以不予考虑，而对最小主应力影响较大，有时高达 $15\%\sim20\%$。因此，在光弹性模型实验中，对相似数误差必须予以重视。

 习 题

[12-1]　用方程分析法求周边简支圆板模型与原型间的应力换算公式。

[12-2]　用量钢分析法求弹性结构原型与模型之间的应力、应变与位移换算公式。设弹性结构的物理方程与应力 σ、尺寸 L、外力 P、弹性模量 E 与泊松比 μ 等五个物理量有关。

[12-3]　是否所有光弹性模型试验都不可避免会存在相似数误差？为什么？

第 13 章　贴片光弹性法

　　光弹性贴片法是把普通光弹性实验方法扩展到构件表面全场应变测量的一种实验方法。该方法的要点是，在构件表面粘贴一层应力-光学效应灵敏的光弹性材料，当构件受力变形时，随构件表面一起变形的光弹性贴片将产生人工双折射效应。使用专门为贴片法设计的反射式光弹仪观察光弹性贴片，可得到等差线和等倾线。这里的等差线表示等主应变差；等倾线表示主应变方向。利用等差线和等倾线，通过辅助计算或实验即可求出构件表面各点的应变状态。

■ 13.1　反射式光弹仪

　　进行贴片法实验主要有两种仪器，一种是有较大视场的反射式光弹仪，用于现场大面积的光弹性贴片测量；另一种是反射式偏光显微镜，用于分析很小的局部区域。图 13-1 所示为国产 441 型反射式光弹仪照片。仪器由观测和支撑两部分组成。支撑部分为一个可灵活调节高度和方位的三角支架；观测部分的光路组成见图 13-2，可调节成 V 型或正交型光路进行观测。镜片视场为 ϕ120mm，使起偏镜与检偏镜同步旋转，可测量等倾线（主应变方向），检偏镜单独旋转可确定小数级等差线。仪器带有调节方向的倾斜装置。光源也有白光灯和汞灯两种，汞灯配滤色片可作为单色光源。

图 13-1　441 型反射式光弹仪

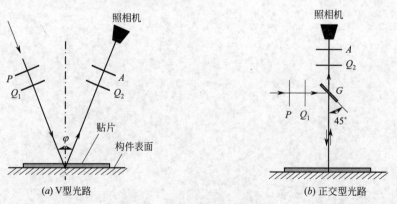

(a) V 型光路　　　　　　　(b) 正交型光路

图 13-2　反射式光弹仪光路图

■ 13.2　贴片光弹性法的基本原理

　　如图 13-3 所示，光弹性贴片 C 牢固粘贴在构件表面 S 上。构件表面与贴片都处于平面应力状态，并拥有相同的变形，即

$$\varepsilon_{1C} = \varepsilon_{1S}, \varepsilon_{2C} = \varepsilon_{2S} \qquad (13-1)$$

由反射光弹仪可测出贴片 C 的等差线条纹级次 n。根据应力-光学定律，并考虑光线是两次通过贴片，贴片的主应力差为

$$\sigma_{1C} - \sigma_{2C} = \frac{n f_\sigma}{2 h_C} \qquad (13-2)$$

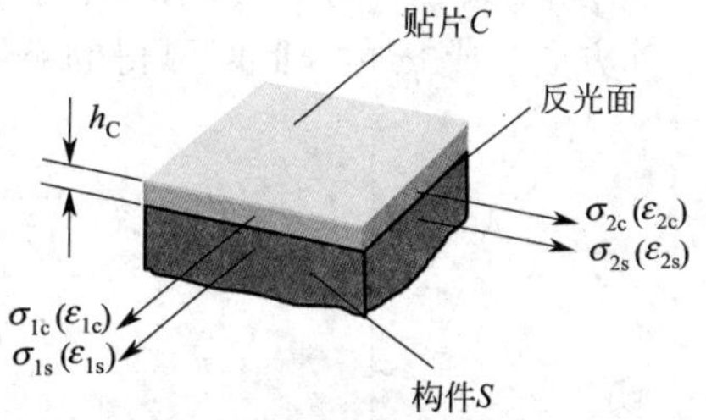

图 13-3　贴片与构件表面点
的应力与应变状态

其中 f_σ 为贴片材料的应力条纹值，h_C 为贴片厚度。

根据虎克定律，得

$$\varepsilon_1 - \varepsilon_2 = \frac{1+\mu}{E}(\sigma_1 - \sigma_2) \qquad (13-3)$$

于是，贴片的主应变差为

$$\varepsilon_{1C} - \varepsilon_{2C} = \frac{1+\mu_C}{E_C}(\sigma_{1C} - \sigma_{2C}) = \frac{n f_\varepsilon}{2 h_C} \qquad (13-4)$$

其中，$f_\varepsilon = (1+\mu_C) f_\sigma / E_C$，称为贴片材料的应变条纹值。由式(13-1)、式(13-3)，构件表面的主应变差和主应力差分别为

$$\varepsilon_{1S} - \varepsilon_{2S} = \varepsilon_{1C} - \varepsilon_{2C} = \frac{n f_\varepsilon}{2 h_C} \qquad (13-5)$$

$$\sigma_{1S} - \sigma_{2S} = \frac{E_S}{1+\mu_S} \frac{n f_\varepsilon}{2 h_C} \qquad (13-6)$$

如此就可由测得的贴片等差线条纹级次确定构件表面的主应变差和主应力差。而构件的主应变或主应力方向可由等倾线参数确定。

当贴片与构件表面的自由边界（孔边、外沿等）一致时，由于垂直于自由边的主应力为零，由式(13-6)，得平行于边界方向的主应力为

$$\sigma_{1S}(\text{或 } \sigma_{2S}) = \pm \frac{E_S}{1+\mu_S} \frac{n f_\varepsilon}{2 h_C} \qquad (13-7)$$

而边界点的主应变为

$$\varepsilon_{1S} = \frac{1}{1+\mu_S} \frac{n f_\varepsilon}{2 h_C}, \varepsilon_{2S} = -\frac{\mu_S}{1+\mu_S} \frac{n f_\varepsilon}{2 h_C} \qquad (13-8)$$

或

$$\varepsilon_{1S} = \frac{\mu_S}{1+\mu_S} \frac{n f_\varepsilon}{2 h_C}, \varepsilon_{2S} = \frac{1}{1+\mu_S} \frac{n f_\varepsilon}{2 h_C} \qquad (13-8a)$$

而对于贴片上的非边界点处的主应变，需要采用一定的分离方法来确定。

13.3　非边界点的主应变分离方法

13.3.1　一次正射一次斜射法

分离构件表面非边界点的主应变的一般方法是一次正射和一次斜射（图 13-4）。由正射得到主应变差

$$\varepsilon_{1S} - \varepsilon_{2S} = \varepsilon_{1C} - \varepsilon_{2C} = \frac{n f_\varepsilon}{2 h_C} \qquad (13-9)$$

采用沿某一主应变方向的斜射。如果斜射方向在 ε_2 所在的 yz 平面内，与贴片法向（z 轴方向）成 φ 角，此时测得的条纹级次为 n_φ，则得次主应变差

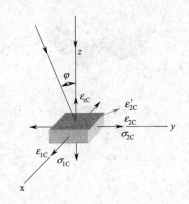

图 13-4　光线对贴片的正射和斜射

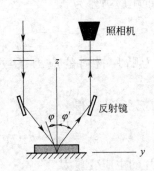

图 13-5　斜射法的光路布置

$$\varepsilon_{1S}-\varepsilon'_{2S}=\varepsilon_{1C}-\varepsilon'_{2C}=\frac{nf_\varepsilon}{2h_C}\cos\varphi \tag{13-10}$$

由应变分析公式知

$$\varepsilon'_{2C}=\varepsilon_{2C}\cos^2\varphi+\varepsilon_{zC}\sin^2\varphi \tag{13-11}$$

其中 ε_{zC} 为贴片的法向应变。由于贴片处于平面应力状态，故

$$\varepsilon_{zC}=-\frac{\mu_C}{1+\mu_C}(\varepsilon_{1C}+\varepsilon_{2C}) \tag{13-12}$$

将式(13-11) 和式(13-12) 代入式(13-10)，得

$$\varepsilon_{1C}(1-\mu_C\cos^2\varphi)-\varepsilon_{2C}(\cos^2\varphi-\mu_C)=\frac{n_\varphi f_\varepsilon}{2h_C}(1-\mu_C)\cos\varphi \tag{13-13}$$

由式(13-9) 和式(13-13) 联立求解，得

$$\varepsilon_{1S}=\varepsilon_{1C}=\frac{f_\varepsilon}{2h_C}\frac{[n_\varphi(1-\mu_C)\cos\varphi-n(\cos^2\varphi-\mu_C)]}{(1-\mu_C)\sin^2\varphi}$$

$$\varepsilon_{2S}=\varepsilon_{2C}=\frac{f_\varepsilon}{2h_C}\frac{[n_\varphi(1-\mu_C)\cos\varphi-n(1-\mu_C\cos^2\varphi)]}{(1-\mu_C)\sin^2\varphi} \tag{13-14}$$

再利用虎克定律不难进一步求得构件表面的主应力 σ_{1S} 和 σ_{2S}。

斜射光路如图 13-5 所示。考虑光线射入贴片时折射率的变化，需要对入射角进行修正，设贴片的折射率为 m，光线经反射镜的入射角为 φ'，则实际入射角为

$$\varphi=\sin^{-1}\frac{\sin\varphi'}{m} \tag{13-15}$$

13.3.2　条带法

条带法是利用一组平行的、等间距的带状贴片代替前述的连续贴片（图 13-6），带的高度 h 与连续贴片的厚度相等，带宽 b 则远小于带高。显然，这些贴片只能传递构件表面沿条带长度方向的应变，而对于宽度方向的应变和剪应变不敏感，可以近似认为条带处于单向应力状态，带宽方向的应变与条带方向的应变之间符合泊松关系。故根据条带得到的等差线条纹级次就可以确定条带长度方向的应变，由式(13-9) 得

$$\varepsilon_S = \varepsilon_C = \frac{nf_\varepsilon}{2(1+\mu_C)h_C} \tag{13-16}$$

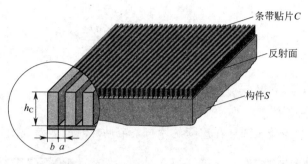

图 13-6　贴片条带示意图

为了分离主应力，可采用下述三种方法：

1. 沿三个不同方向的条带贴片法

采用三个不同方向的条带组对被测部位进行三次观测。如这三个方向分别为 x 轴、y 轴和与 x 轴成 45°的斜方向，根据式(13-16) 及任意方向的应变公式

$$\varepsilon_\varphi = \frac{\varepsilon_x + \varepsilon_y}{2} + \frac{\varepsilon_x - \varepsilon_y}{2}\cos2\varphi + \frac{\gamma_{xy}}{2}\sin2\varphi$$

即可得到

$$\varepsilon_{xS} = \varepsilon_{xC} = \frac{n_x f_\varepsilon}{2(1+\mu_C)h_C}$$

$$\varepsilon_{yS} = \varepsilon_{yC} = \frac{n_y f_\varepsilon}{2(1+\mu_C)h_C} \tag{13-17}$$

$$\gamma_{xyS} = \gamma_{xyC} = \frac{f_\varepsilon}{2(1+\mu_C)h_C}(2n_{45°} - n_x - n_y)$$

其中，n_x、n_y、$n_{45°}$ 是三组条带贴片的等差线级次。

2. 一次连续贴片及一次沿坐标轴的条带贴片法

采用一次连续贴片和一次条带贴片（例如沿 x 方向），得到连续贴片时的等差线级次 n、主应变方向 θ 和条带贴片时的等差线级次 n_x。

根据连续贴片的实验结果，利用式(13-1)，并由应变分析得

$$\varepsilon_{xS} - \varepsilon_{yS} = \varepsilon_{xC} - \varepsilon_{yC} = (\varepsilon_{1C} - \varepsilon_{2C})\cos2\theta = \frac{nf_\varepsilon}{2h_C}\cos2\theta$$

$$\gamma_{xyS} = \gamma_{xyC} = (\varepsilon_{1C} - \varepsilon_{2C})\sin2\theta = \frac{nf_\varepsilon}{2h_C}\sin2\theta \tag{13-18}$$

根据条带贴片的实验结果，由式(13-16)，得

$$\varepsilon_{xS} = \varepsilon_{xC} = \frac{n_x f_\varepsilon}{2(1+\mu_C)h_C} \tag{13-19}$$

式(13-18) 和式(13-19) 联立求解，即可确定构建表面应变状态。这种方法只需两次试验，而且可以直接把连续贴片切割加工成条带，避免第二次贴片。

3. 一次连续贴片及一次沿主方向的条带贴片法

采用一次连续贴片和一次沿主应变方向的条带贴片观测，求对称界面或单独点的应变分量。设连续贴片观测得到的条纹级次为 n，沿主方向条带观测得到的条纹级次为 n'，故有

$$\varepsilon_{1S} - \varepsilon_{2S} = \varepsilon_{1C} - \varepsilon_{2C} = \frac{n f_{\varepsilon}}{2 h_C}$$

$$\varepsilon_{1S} = \varepsilon_{1C} = \frac{n' f_{\varepsilon}}{2(1 + \mu_C) h_C}$$

(13-20)

由此即可求解两个主应变。

图 13-7 所示为对径受压圆环在连续贴片与条带贴片时的等差线图。

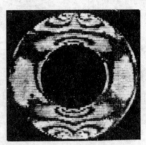

(a) 连续贴片   (b) 纵向条带贴片   (c) 横向条带贴片

图 13-7　圆环的连续贴片与条带贴片等差线

13.4　贴片材料的制作与粘结

13.4.1　贴片材料的制作

应用贴片法进行应力分析时，贴片材料的好坏直接影响测试精度。贴片材料一般应满足下述要求：

（1）应变光学灵敏度高，这对变形小的金属结构物表面应变测量尤为重要；

（2）应力-应变和应变-光学比例极限高，可以测量较大变形；

（3）弹性模量低，可用于非金属结构物的测量而不具明显的加强作用；

（4）初应力小、蠕变小、加工性能好。

目前，贴片材料采用环氧树脂和聚碳酸酯。这里介绍环氧树脂材料的制作。环氧树脂采用 618 号，增塑剂一般选用邻苯二甲酸二丁酯，固化剂选用三乙烯四胺。原材料的重量配比为

618 号环氧树脂：邻苯二甲酸二丁酯：三乙烯四胺＝100：5：11

它为室温固化材料，固化速度较慢，便于操作，适合做曲面贴片。

贴片材料使用敞模进行浇注。敞模底板为金属或玻璃板，上盖一层聚苯乙烯薄膜，模框用厚纸折叠而成。敞模底板具有三个可调螺丝支座以便调水平，如图 13-8 所示。

材料的制作步骤为：预先调好敞模水平待用。再按配比将环氧树脂与增塑剂混合均匀，并加热到 80～100℃除去气泡；然后冷却，至 40～45℃时加入固化剂并搅拌均匀；最后浇入预热到 50℃的敞模，在室温下自然固化。2～3h 后，材料已成半固化胶凝状，谨慎地将薄膜与贴片一同托起，轻覆在预先涂有薄薄一层油脂的欲测结构物表面；然后将薄膜

揭下，用吹风机略加温度，注意要均匀，以免引起初应力，使贴片与预测表面吻合即可停止吹风，然后裁去多余边缘部分；在室温下 24h 左右，贴片就可完全固化，取下曲面贴片，用丙酮清去表面油脂即成。这样制作的贴片形状与欲测表面吻合，且初应力小。

图 13-8　浇注贴片用的敞模

13.4.2　贴片粘贴工艺

对贴片胶黏剂的要求是：粘结强度高、能在室温下固化、粘结应力小。通常使用与贴片配方相同的环氧树脂作胶黏剂，如需增强反光性，可加入 $15\%\sim20\%$ 的铝粉。

粘结前应用砂纸打光被测表面或作喷砂处理，并用丙酮清洗干净，而后均匀涂一层胶黏剂，放上贴片，加压挤出多余胶黏剂和气泡，使胶层尽量薄，固化后即可进行试验。注意贴片时的温度应尽可能与试验温度接近，以免由温差导致温度应力。

■ 13.5　贴片材料应变条纹值的标定

贴片材料的应变条纹值 f_ε 可由应力条纹值 f_σ、材料弹性常数 E_C、μ_C 算出，但一般还是通过标定试验来确定。标定试验可在悬臂梁或单向拉伸试样上进行。

13.5.1　用悬臂梁标定

用金属板条制成悬臂梁，在距梁的自由端 l 处贴一段光弹性贴片。在自由端用螺旋测微计使其产生一挠度 y_0，见图 13-9。梁表面处于单向应力状态，因而，l 处的纵向和横向理论应变为

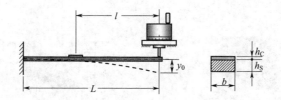

图 13-9　贴片材料应变条纹值的梁标定

$$\varepsilon_{1S}=\frac{3h_S l y_0}{2L^3}\,,\,\varepsilon_{2S}=-\frac{3\mu_S h_S l y_0}{2L^3} \tag{13-21}$$

则主应变差为

$$\varepsilon_{1S}-\varepsilon_{2S}=\frac{3(1+\mu_S)h_S l y_0}{2L^3} \tag{13-22}$$

用反射光弹仪测得 l 处等差线的条纹级次 n。由于弯曲时贴片的应变沿其厚度线性变化，测得的 n 为贴片厚度方向条纹的平均值，所以，由测量结果计算梁表面主应变差时需要将应变差除以修正系数 C_2（13.6 节），即

$$\varepsilon_{1S}-\varepsilon_{2S}=\frac{1}{C_2}(\varepsilon_{1C}-\varepsilon_{2C})=\frac{n f_\varepsilon}{2C_2 h_C} \tag{13-23}$$

由式(13-22) 和式(13-23)，可得材料的应变条纹值计算公式

$$f_\varepsilon = \frac{3C_2(1+\mu_S)h_S h_C y_0}{nL^3} \tag{13-24}$$

13.5.2 用拉伸试样标定

将厚度为 h_C 的贴片材料制成拉伸试样，并沿轴向粘贴应变计。在透射式光弹性仪的光场中加载并测取应变读数 ε_{1C} 和等差线级次 n，则材料的应变条纹值为

$$f_\varepsilon = \frac{(1+\mu_C)h_C \varepsilon_{1C}}{n} \tag{13-25}$$

■ 13.6 影响试验结果的主要因素

13.6.1 增强效应

光弹性贴片对于低弹模构件、薄壁构件的表面有明显增强作用，对弯曲构件法向还有应力分布梯度的影响。因此对实验结果应考虑修正。

1. 平面应力问题

从无贴片和有贴片平面应力构件中分别取单元体如图 13-10 所示。设无贴片构件的主应变差为

$$\varepsilon_{1U} - \varepsilon_{2U} = \frac{1}{C_1}(\varepsilon_{1C} - \varepsilon_{2C}) \tag{13-26}$$

由单元体表面上内力相等的条件和平面应力应变关系，可导出

$$\frac{1}{C_1} = 1 + \frac{h_C E_C}{h_S E_S}\frac{1+\mu_S}{1+\mu_C} \tag{13-27}$$

由于 $h_C \ll h_S$，而对一般金属 $E_S \gg E_C$，C_1 接近于 1，不需要修正。但对非金属或很薄的构件就必须考虑修正。

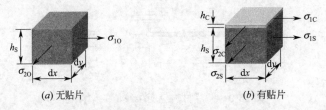

图 13-10　无贴片和有贴片单元应力状态

2. 弯曲问题

对于弯曲问题，除考虑贴片承担部分内力外，还要考虑贴片应变沿厚度的线性分布，由此产生的中性层位置变化的影响，见图 13-11。由此导出增强效应修正关系为

$$\varepsilon_{1U} - \varepsilon_{2U} = \frac{1}{C_2}(\varepsilon_{1C} - \varepsilon_{2C}) \tag{13-28}$$

$$\frac{1}{C_2} = \frac{1+\xi\eta}{1+\eta}\left[4(1+\xi\eta^2) - \frac{3}{1+\xi\eta}\frac{(1-\xi\eta^2)^2}{1}\right] \tag{13-29}$$

其中，$\xi = \dfrac{E_C}{E_S}\dfrac{1-\mu_S^2}{1-\mu_C^2}$，$\eta = \dfrac{h_C}{h_S}$。与平面应力情况类似，对一般金属 $E_S \gg E_C$，$h_S \gg h_C$，ξ、η 接近于 0，C_2 接近于 1，这时不需要修正；而对于非金属或厚度很薄的构件则

必须考虑修正。

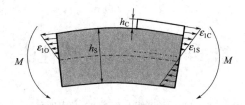

图 13-11　贴片对弯曲构件的加强效应

13.6.2　厚度效应

粘贴在构件表面的贴片的变形是由构件表面的粘结剪应力传递的。很显然，由粘结剪应力传递到贴片中的变形，沿贴片厚度方向是变化的，特别是小面积或较厚的贴片。这样，贴片中的平均应变就会小于构件表面应变。这种影响称为"厚度效应"。传递变形的剪应力只在离周边 2～3 倍贴片厚度的边缘区域存在，而在贴片的中心区域，贴片与构件表面必须协调一致地变形，通常不必考虑厚度效应。

13.6.3　泊松比不匹配

由于构件材料与贴片材料的泊松比不同，使贴片应变状态与构件表面的应变状态亦有所不同，这种泊松比不匹配的影响也是在贴片的边缘比较显著，其他区域也因必须协调变形，泊松比不匹配的影响不必考虑。

第 14 章　全息光弹性法

早在 1948 年，盖伯（Gabor D.）就提出了全息照相原理，但受到光源的限制没有获得成功。自从 1960 年后激光器的出现，人们便获得一种单色性好、时间和空间相干性极佳的新光源——激光，全息照相术才得以迅速发展和应用。19 世纪 70 年代人们将全息照相技术用于光弹性试验，并迅速发展起来一种新的实验应力分析方法——全息光弹性方法。普通光弹性方法中复杂的应力分离工作在全息光弹性法中却变得十分简单。

■ 14.1　全息照相基本原理

全息照相是一种新的成像方法，与普通照相不同，它记录的不是物体的像，而是物体光波本身。

普通照相是将物体反射的光波（物光或 O 光）通过透镜成像在底片上，记录的是与物光光强一一对应的像，即只记录物体光波的振幅信息，而不能记录光波的相位。因此普通照相只能给人以平面图像的感觉，而没有空间立体感。全息照相则不然，他要增加一束与物光相干性好的参考光（R 光），与由物体反射过来的相干光（O 光）同时照射到底片 H 上。不失一般性，假设物光与参考光都是满足相干条件的平面波（图 14-1），他们在底片上叠加在一起。如果在底片上同一点两相干光的相位相同，峰值相遇，就产生相加干涉而出现亮点；如果相位相反，峰值与谷值相遇，则产生相消干涉而出现暗点。这些干涉条纹反映了物光的波阵面（或波前）相对于参考光的振幅与相位变化。例如，在各条纹位置就是物光光波的峰、谷值，相邻条纹处物光光波的相位超前或滞后 2π。所以，底片上记录的不是物体的像，而是包含着振幅与相位信息的密集的干涉条纹。我们把这种特殊的底片称为物光的全息图。

设两条纹中线之间的距离为 b，则从图 14-2 看出有如下关系

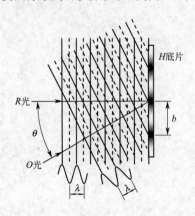

图 14-1　全息图纪录的波前干涉

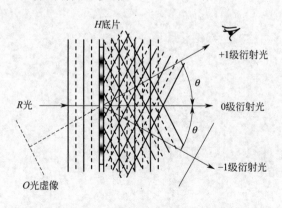

图 14-2　全息图再现的波衍射光

$$b = \frac{\lambda}{\sin\theta} \tag{14-1}$$

由此看出，当波长一定，条纹间距与两束光的夹角有关，夹角愈大，条纹愈密。如采用氦氖激光器作光源，光波波长 $\lambda = 6328\text{Å}$，设 $\theta = 30°$，则由式(14-1)求得 $b = 12656\text{Å} = 1.2656\mu\text{m}$，可见物光全息图的条纹是十分密集的。所以全息照相所用的记录介质应有非常高的解像率。国产全息底片的解像率为 3000 条/mm。

全息底片实际上就是一个光栅。如果用一束相干光照射底片，光栅的狭缝将产生衍射效应，每一个狭缝都可认为是一个子波波源，他们在空间叠加，形成各级衍射波，如图 14-2 所示。0 级衍射波是照射光沿原方向前进的透射光，+1 级衍射光与原来的物光（图 14-1）完全一样，是它的再现。如果面对+1 级衍射光观察，就可看到底片后面有一个与原物体一样的东西，称为物光虚像，如用透镜成像后，就可显现出物像。-1 级衍射波是同一物体发出的光的共轭波，其相位与原物光的相位相反，形成原物体的实像，若把感光底片放在这个实像位置，则无须透镜即可摄取物体的像。

上面假定物光与参考光是平面相干光波，而曲面物体上一点的物光可看作一个点光源，其波前为球面，物体表面物光波前则是一个由各球面波合成的复杂曲面，它在底片上与参考光的波前干涉形成全息图，是疏密及形状变化极其复杂的干涉条纹。当用相同参考光再现原物体的光波时，看到的虚像是与原物体一样的立体图像。全息照相的光路系统如图 14-3 所示。

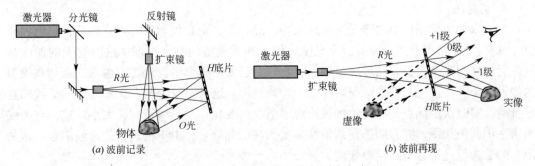

图 14-3 全息照相的记录与再现光路

由上述可知，全息照相分两个步骤，波前记录和波前再现，它记录和再现光波振幅及相位的全部信息。记录靠光的干涉，而再现靠光的衍射。使用相干性好的光源是全息照相的必备条件。激光光源具有很好的时间相干性和空间相干性。这里，时间相干性指光源在不同时刻发出的波列是相干的；空间相干性指光束横截面上各点的光线也是相干的。全息照相都选用单模式、相干长度长的氦氖激光器（其相干长度，即波列长度达几千米）作光源。

■ 14.2 平面全息光弹性实验方法

14.2.1 全息光弹性仪及光学系统

在普通全息照相光路中添加准直径、偏振镜和 1/4 波片等，获得平行偏振光，即构成平面全息光弹性实验光路系统，如图 14-4 所示。激光器发出的激光束经光路开关 1 后被分光镜分成两束光，透射光经反射镜 1、光路开关 2，由扩束镜 1 扩束、准直镜 1 准直后，以平行光透过偏振镜 1 和 1/4 波片 1，再照射模型和底片，此光束为物光；而分光镜的反射光经反光镜 2、扩束镜 2、准直镜 2、偏振镜 2 和 1/4 波片 2 后直接照射底片，此为参考光。物光与参考光干涉即形成全息图。光路开关 1 的作用是控制曝光时间，开关 2 的作用是在全息图再现时关闭物光。

14.2.2 全息光弹实验方法

1. 一次曝光法

应用图 14-4 所示光路，在模型受力时对底片曝光一次，然后进行显影、定影处理，获得一次曝光全息图。将全息图进行再现，便可得到与普通光弹性一样的等差线条纹图。

2. 两次曝光法

在全息光弹性方法中，先对未加载模型作单次曝光法的全息照相，记录加载前 O 光与 R 光第一次干涉的信息。第一次曝光后先不做显影、定影处理，接着对模型加载，再曝光一

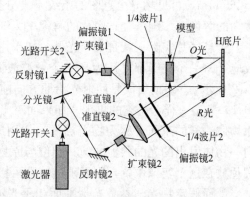

图 14-4　全息光弹光路图

次，两次曝光的信息都记录在同一全息底片上，然后进行显影、定影等工序。经过两次曝光的全息底片，在参考光照明下再现时，模型加载前后的两个物光互相干涉形成的条纹，就反映了模型的变形情况。这种条纹图是等差线与等和线的组合条纹。

3. 实时法

先对未加载模型作单次曝光法全息照相，经显影、定影处理后，再将底片精确放回原位（称复位）。再用参考光照射此全息图，使未加载模型的物光再现，这时物光的像应与复位后的模型完全重合。然后对模型加载，这时已变形模型的物光将与再现的未加载模型的像发生干涉，产生与变形情况对应的干涉条纹图。这种条纹图与两次曝光法的条纹图是等价的。实时法的优点是可以边加载边观察条纹的变化，便于调节载荷大小，以得到条纹疏密适中的条纹图，并有助于判别条纹级次的高低和符号。由于精确复位比较困难，常采用专门装置就地进行显、定影处理。

■ 14.3 全息光弹性基本原理

14.3.1 两次曝光法的基本方程

为了分析二次曝光法全息图再现虚像上的干涉条纹，这里首先导出虚像光强的一般方程。为了推导及讨论方便，我们使用 8.2 节中的归一化琼斯矢量来表示偏振光波，并设物光和参考光是同旋向（左旋）的圆偏振光。在模型未加载时，它没有双折射效应，故通过模型后的物光仍为圆偏振光。但模型的折射率 n_0 与空气不同，所以物光与参考光之间有位相差 φ_0。参看图 14-5，设参考光 R 与通过模型后的物光 O 分别为圆偏振光

$$R=\frac{\sqrt{2}}{2}\begin{bmatrix} i \\ 1 \end{bmatrix}, O=\frac{\sqrt{2}}{2}e^{i\varphi_0}\begin{bmatrix} i \\ 1 \end{bmatrix} \tag{14-2}$$

其中，位相差

$$\varphi_0=\frac{2\pi}{\lambda}(n_0-1)d \tag{14-3}$$

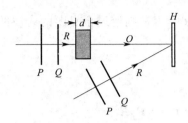

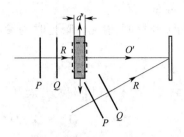

图 14-5　第一次曝光　　　　　　　　　　　　图 14-6　第二次曝光

1. 第一次曝光

第一次曝光时，全息底片感受的光强为

$$I_1 = (O+R)^* \cdot (O+R)$$

若曝光时间为 t_1，曝光量为

$$H_1 = I_1 t_1 \tag{14-4}$$

2. 第二次曝光

对模型加载后产生双折射效应，模型成为一个滞后器，使物光在两个主应力方向的振动分量相对于参考光都将有相位变化，设偏振光 R 沿 σ_1、σ_2 方向振动分量的相位变化分别为

$$\varphi_1 = \frac{2\pi}{\lambda}(n_1-1)d', \varphi_2 = \frac{2\pi}{\lambda}(n_2-1)d' \tag{14-5}$$

其中，变形后的厚度

$$d' = \left[1 - \frac{\mu}{E}(\sigma_1+\sigma_2)\right]d \tag{14-6}$$

假定主应力 σ_1 与 x 轴夹角为 α，可把表 8-2 中的滞后器琼斯矩阵改写成

$$J = \begin{bmatrix} e^{i\varphi_1}\cos^2\alpha + e^{i\varphi_2}\sin^2\alpha & (e^{i\varphi_1} - e^{i\varphi_2})\sin\alpha\cos\alpha \\ (e^{i\varphi_1} - e^{i\varphi_2})\sin\alpha\cos\alpha & e^{i\varphi_1}\sin^2\alpha + e^{i\varphi_2}\cos^2\alpha \end{bmatrix}$$

所以受力模型的物光琼斯矢量为

$$O' = JR = \begin{bmatrix} e^{i\varphi_1}\cos^2\alpha + e^{i\varphi_2}\sin^2\alpha & (e^{i\varphi_1} - e^{i\varphi_2})\sin\alpha\cos\alpha \\ (e^{i\varphi_1} - e^{i\varphi_2})\sin\alpha\cos\alpha & e^{i\varphi_1}\sin^2\alpha + e^{i\varphi_2}\cos^2\alpha \end{bmatrix} \frac{\sqrt{2}}{2}\begin{bmatrix} i \\ 1 \end{bmatrix}$$

$$= \frac{\sqrt{2}}{2}\begin{bmatrix} ie^{i\varphi_1} \\ e^{i\varphi_2} \end{bmatrix} \tag{14-7}$$

第二次曝光时全息底片感受的光强为

$$I_2 = (O'+R)^* \cdot (O'+R) \tag{14-8}$$

若曝光时间为 t_2，曝光量为

$$H_2 = I_2 t_2 \tag{14-9}$$

经过显影、定影处理后，如果两次曝光都在线性记录范围内，则底片的透射率 $T = \beta H$。为了简单，取 $\beta = 1$。于是经过两次曝光记录的全息图的透射率为

$$T = H_1 + H_2 = I_1 t_1 + I_2 t_2$$

$$= t_1(O+R)^* \cdot (O+R) + t_2(O'+R)^* \cdot (O'+R)$$

$$\tag{14-10}$$

3. 再现

设再现时的照射光与曝光时的参考光相同，即 $R_c = R$，则透过全息图的光波的琼斯矢量为

$$E = TR \tag{14-11}$$

将式(14-10)代入式(14-11)并展开，得

$$
\begin{aligned}
E &= t_1(O^* \cdot O + O^* \cdot R + R^* \cdot O + R^* \cdot R)R \\
&\quad + t_2(O'^* \cdot O' + O'^* \cdot R + R^* \cdot O' + R^* \cdot R)R \\
&= [(t_1 + t_2)(R^* \cdot R) + t_1(O^* \cdot O) + t_2(O'^* \cdot O')]R \\
&\quad + [R^* \cdot (t_1 O + t_2 O')]R + [(t_1 O + t_2 O')^* \cdot R]R
\end{aligned}
$$

其中第一项括弧内为常数，与物光位相无关，所以仅改变 R 的大小，传播方向与 R 一致，为 0 级衍射光；第二、三项则与变形前后的物光位相有关，并且为共轭关系，相位相反，分别为 +1 级和 -1 级衍射光。与原物光有关的 +1 级衍射项（用下标"+1"表示）表为

$$E_{+1} = t_1(R^* \cdot O)R + t_2(R^* \cdot O')R = t_1 O + t_2 O'' \tag{14-12}$$

因为

$$(R^* \cdot O)R = \left[\frac{\sqrt{2}}{2}[-i \quad 1] \cdot \frac{\sqrt{2}}{2}e^{i\varphi_0}\begin{bmatrix} i \\ 1 \end{bmatrix}\right]\frac{\sqrt{2}}{2}\begin{bmatrix} i \\ 1 \end{bmatrix} = \frac{\sqrt{2}}{2}e^{i\varphi_0}\begin{bmatrix} i \\ 1 \end{bmatrix} = O$$

并可令

$$(R^* \cdot O')R = \left[\frac{\sqrt{2}}{2}[-i \quad 1] \cdot \frac{\sqrt{2}}{2}\begin{bmatrix} ie^{i\varphi_1} \\ e^{i\varphi_2} \end{bmatrix}\right]\frac{\sqrt{2}}{2}\begin{bmatrix} i \\ 1 \end{bmatrix} = \frac{\sqrt{2}}{4}(e^{i\varphi_1} + e^{i\varphi_2})\begin{bmatrix} i \\ 1 \end{bmatrix} = O'' \tag{14-13}$$

于是，+1 级衍射光——即虚像的光强为

$$
\begin{aligned}
I_{+1} &= E_{+1}^* \cdot E_{+1} \\
&= (t_1 O + t_2 O'')^* \cdot (t_1 O + t_2 O'') \\
&= t_1^2(O^* \cdot O) + t_2^2(O''^* \cdot O'') + t_1 t_2(O^* \cdot O'' + O''^* \cdot O)
\end{aligned}
$$

将两次曝光的时间比 $k = t_1/t_2$ 代入上式，由于我们关心的是相对光强，略去时间因子 t_2^2，经整理得

$$I_{+1} = k^2 + k[\cos(\varphi_1 - \varphi_0) + \cos(\varphi_2 - \varphi_0)] + \frac{1}{2}[1 + \cos(\varphi_1 - \varphi_2)] \tag{14-14}$$

一般选曝光时间 $t_1 = t_2$，即 $k = 1$。

式(14-14)就是二次曝光全息条纹图再现时，在模型虚像位置出现的干涉条纹的光强分布方程。这个方程指出，对二次曝光全息图再现时，将得到两组条纹，一组与相对相位差 $\varphi_1 - \varphi_2$ 有关，另一组与绝对相位差 $\varphi_1 - \varphi_0$ 和 $\varphi_2 - \varphi_0$ 有关。

14.3.2 等差线和等和线

由第 8 章中的应力-光性定律，取 $\sigma_3 = 0$，得平面应力情况下的应力-光性定律

$$
\begin{aligned}
n_1 - n_0 &= A\sigma_1 + B\sigma_2 \\
n_2 - n_0 &= A\sigma_2 + B\sigma_1
\end{aligned} \tag{14-15}
$$

其中，A、B 为材料常数。将式(14-15)、式(14-3)、式(14-5)、式(14-6)等代入式(14-14)并化简，得

$$I_{+1}=k^2+2k\cos\left[\frac{\pi d}{\lambda}C'(\sigma_1+\sigma_2)\right]\cos\left[\frac{\pi d}{\lambda}C(\sigma_1-\sigma_2)\right]$$

$$+\cos^2\left[\frac{\pi d}{\lambda}C(\sigma_1-\sigma_2)\right] \tag{14-16}$$

其中：$C=A-B=A'-B'$，$C'=A'+B'$，$A'=A-\dfrac{\mu}{E}(n_0-1)$，$B'=B-\dfrac{\mu}{E}(n_0-1)$。

式(14-16)表明，两次曝光得到的干涉条纹图包含了主应力差 $\sigma_1-\sigma_2$ 和主应力和 $\sigma_1+\sigma_2$ 两种信息。模型上具有相同主应力差的点形成等差线，而具有相同主应力和的点形成等和线。设等和线条纹级次为 n_p，等差线的条纹级次为 n_c。令 $\dfrac{\pi d}{\lambda}C'(\sigma_1+\sigma_2)=2n_p\pi$，故

$$\sigma_1+\sigma_2=\frac{n_p f_p}{d} \tag{14-17}$$

其中，$f_p=\dfrac{2\lambda}{C'}$ 为等和线材料条纹值。

令 $\dfrac{\pi d}{\lambda}C(\sigma_1-\sigma_2)=n_c\pi$，则有

$$\sigma_1-\sigma_2=\frac{n_c f_c}{d} \tag{14-18}$$

其中，$f_c=\dfrac{\lambda}{C}$ 为等差线材料条纹值。

将式(14-17)、式(14-18)代入式(14-16)，并取 $k=1$，可将二次曝光再现光强表达式写成

$$I_{+1}=1+2\cos 2n_p\pi\cos n_c\pi+\cos^2 n_c\pi \tag{14-19}$$

考察式(14-19)可知：

(1) 当 $n_c=\dfrac{2m+1}{2}$（m 为整数）时，$I_{+1}=1$，获得半明半暗条纹，即灰色半数级等差线。

(2) 当 $n_c=2m+1$ 时，$I_{+1}=2-2\cos 2n_p\pi$。若 $n_p=n$（整数），$I_{+1}=0$，得到全暗整数级等和线；但若 $n_p=n+1/2$，$I_{+1}=4$，得到全亮半数级等和线。

(3) 当 $n_c=2m$ 时，$I_{+1}=2+2\cos 2n_p\pi$。若 $n_p=n$（整数），$I_{+1}=4$，得到全亮整数级等和线；但若 $n_p=n+1/2$，$I_{+1}=0$，得到全暗半数级等和线。

因此，可得到如下结论：

1) 在圆偏振光下二次曝光全息记录获得的条纹图，再现时将同时出现灰色半数级等差线和暗色整数级及半数级等和线。

2) 当等和线穿过半数级等差线时，要发生明暗交替现象，即等和线不是连续的，在半数级等差线两侧的暗色等和线差半个级次。

等差线与等和线的组合关系如图 14-7 所示。图 14-8 为用两次曝光法获得的半无限板模型嵌入圆筒模型，相互作用力时的组合全息干涉条纹图，它包含了上述各种条纹。

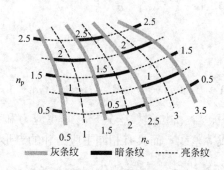

灰条纹 —— 暗条纹 ------ 亮条纹

图 14-7 等差线与等和线组合关系

图 14-8 半无限板嵌入-圆筒的组合条纹图

14.4 等和线与等差线的分离

由上节知,在圆偏振光场下由两次曝光可以获得等差线与等和线的组合条纹图,由于二者组合在一起,相互调制,条纹不易辨认和精确读数。特别在等差线与等和线接近平行时,就更难以分辨和读数。因此,有必要将等差线与等和线分离,得到单独的等差线和等和线图。这里介绍两种常用的条纹分离方法。

14.4.1 两个模型法

两个模型法是分别用光学不灵敏和灵敏的材料制成两个相同的模型进行试验。使用光学不灵敏材料——有机玻璃制作模型,经两次曝光可以获得等和线图;用光学灵敏材料——环氧树脂制作模型,在加载后一次曝光可以获得等差线图。

当用有机玻璃模型经二次曝光时,由于其光学常数 $A \approx B$,所以 $C = A - B \approx 0$。设 $k = 1$,由式(14-16),有

$$I_{+1} = 2 + 2\cos\left[\frac{\pi d}{\lambda}C'(\sigma_1 + \sigma_2)\right] = 2 + 2\cos 2n_p\pi \tag{14-20}$$

即光强仅由主应力和 $\sigma_1 + \sigma_2$ 决定,而与主应力差 $\sigma_1 - \sigma_2$ 无关,故可单独获得等和线。在式(14-20)中,当 $n_p = m$(整数),光强取最大值 4;而当 $n_p = m + 1/2$,光强取最小值 0。因此,使用有机玻璃模型由二次曝光得到的黑色条纹为半数级等和线图。

当用环氧树脂模型加载后一次曝光时,即 $t_1 = 0$,$k = 0$,故式(14-16)变为

$$I_{+1} = \cos^2\left[\frac{\pi d}{\lambda}C(\sigma_1 - \sigma_2)\right] = \cos^2 n_c\pi \tag{14-21}$$

即光强仅与主应力差 $\sigma_1 - \sigma_2$ 有关,而与主应力和 $\sigma_1 + \sigma_2$ 无关,故可单独获得等差线。在式(14-21)中,也有当 $n_c = m$(整数),光强取最大值 1,而当 $n_c = m + 1/2$,光强取最小值 0。因而,由环氧树脂受力模型一次曝光获得的黑色条纹为半数级等差线图,相当于普通光弹性实验在平行圆偏振场下获得的等差线图。

两个模型法设备简单,光路调节方便,是一种常用的方法。其缺点是需要保证两个模型完全相同,否则将影响实验结果。

14.4.2 旋光法

在定量分析中,用两个模型法分离等差线和等和线是不够理想的,特别在三维应力分析时,不可能用光学不灵敏材料制作模型进行应力冻结。因此,需要使用同一个模型分离

两族条纹，采用旋光器就可以达到这一目的。

旋光法分离条纹的光路系统如图 14-9 所示。由于等差线是因沿两个主应力 σ_1 及 σ_2 方向振动的偏振光传播速度不同所带来的光程差引起的，第一次透过模型的物光通过旋光器被旋转 90° 后再透过模型，则第二次透过模型所产生的光程差将正好与第一次透过模型所产生的光程差抵消，从而可消除等差线，而单独得到等和线。常用旋光器的类型有石英旋光器和法拉第效应旋光器，它们在光路中的布置略有区别。

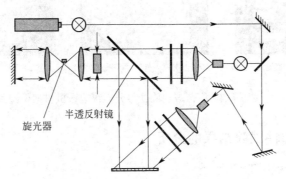

图 14-9　旋光器法分离条纹光路

对于波长为 6328Å 的激光光源，石英旋光器的厚度为 4.813mm。厚度方向与光轴平行，平面偏振光通过石英旋光器一次，其振动平面正好旋转 90°，其旋向与光的入射方向有关，所以物光只能通过旋光器一次。因此，旋光器在光路中的位置要稍偏离准直镜的焦点，并调整反射镜的方位使物光由反射镜返回时再通过它。这样，第一次通过模型的光与第二次通过模型的光的方向不能严格平行，第一次从模型上一点透过的光在第二次透过模型时就不在同一点处，所以这种方法存在位置偏离误差。

法拉第效应旋光器是用磁旋光物质（例如铈玻璃）在电磁场作用下使偏振光振动方向偏转，其旋向与入射方向无关，仅与磁场方向有关。所以往返的物光都可以通过它，每通过一次旋转 45°，双程共转 90°。可把旋光镜放在准直镜的焦点位置。这种方法的优点是没有偏离误差，但设备结构复杂，且有电热效应。

等和线是模型厚度变化带来的信息，在图 14-9 所示光路中，光线要两次经过模型，光程加倍，这时通过两次曝光在记录平面的光强为

$$I'_{+1} = 2 + 2\cos\left[\frac{\pi}{\lambda}(\sigma_1 + \sigma_2)C' \times 2d\right] \tag{14-22}$$

由此可见，位相的圆频率被加倍，因而通过旋光器后即获得倍增的等和线条纹图，暗条纹的级次将是 $\pm 1/4$、$\pm 3/4$、$\pm 5/4$ 等。

若使用图 14-9 相同光路，而不用旋光器，并在模型加载后进行一次曝光，可获得倍增的等差线图，暗条纹级次为 1/4、3/4、5/4 等。

因此，利用旋光器，只用一个模型就可以分别获得等差线与等和线图。由于获得的是倍增条纹图，因而也提高了实验精度。

【例 14-1】　图 14-10 为使用法拉第-铈玻璃旋光器分离的快速锻机机架模型顶部的条纹图。图 14-10(a) 为不用旋光器加载后一次曝光得到的等差线倍增条纹图；图 14-10(b) 为使用旋光器加载后一次曝光等差线消除的情形；图 14-10(c) 则是使用旋光器二次曝光

得到的倍增等和线图。

(a) 一次曝光不旋光得倍增等差线

(b) 一次曝光旋光等差线消除

(c) 二次曝光旋光得倍增等和线

图 14-10　使用法拉第-铈玻璃旋光器分离快速锻机机架模型条纹图

14.5　全息光弹性试验结果的分析

14.5.1　等和线级序的判定

1. 零级等和线

由于条纹颜色一致，直接由等和线图判别零级条纹是困难的，目前一般根据自由边界上的零级等差线来推断。自由边上的奇点（$\sigma_1 = \sigma_2 = 0$）处等差线为零级，在该点也同时满足 $\sigma_1 + \sigma_2 = 0$，所以等和线也是零级。于是可知，通过边界奇点的等和线为零级等和线。

2. 正负级等和线

等差线条纹级次均为正，而等和线条纹级次则有正负之分。模型上各点正负等和线级次可由各点受力状况来判别。受力后变薄的区域，等和线为正；变厚的区域等和线为负。

也可由拉力补偿器判别，在等和线对顶区选加一个受拉小试样时，总是引起等和线由高级向低级移动，由此可判别零级等和线两侧条纹级次的正负。

14.5.2　等和线条纹值的测定

和普通光弹性法试验测定等差线条纹值一样，材料的等和线条纹值也可用有理论解的平面应力模型试验测得。通常也使用对经受压圆盘模型进行试验。

采用实时法时，先对未受力圆盘曝光一次，然后将底片显影、定影处理，再依次加载到各级等和线 $n_{p,i}$ 交于圆盘中心，并记下相应载荷值 P_i，则材料等和线条纹值由下式计算

$$f_p = -\frac{1}{m} \sum_{i=1}^{m} \frac{4P_i}{n_i \pi D} \tag{14-23}$$

若采用二次曝光法，这时等和线不一定过圆盘中心，可根据 n_p 级等和线与水平对称轴交点坐标 x 或与竖直对称轴的交点坐标 y 计算材料等和线条纹值，计算公式分别为

$$f_p = -\frac{1}{m} \sum_{i=1}^{m} \frac{2P}{n_{p,i} \pi D} \left[\left(\frac{D^2 - 4x_i^2}{D^2 + 4x_i^2} \right)^2 - \frac{4D^4}{(D^2 + 4x_i^2)^2} + 1 \right] \tag{14-24}$$

和

$$f_p = -\frac{1}{m} \sum_{i=1}^{m} \frac{4P}{n_{p,i} \pi D} \left(\frac{1}{D} - \frac{1}{D - 2y_i} - \frac{1}{D + 2y_i} \right) \tag{14-25}$$

14.5.3 分离主应力

由全息光弹性实验得到等差线和等和线图以后，分离主应力非常简单，由式(14-17)和式(14-18)可得

$$\sigma_1 = \frac{1}{2}\left(\frac{n_p f_p}{d} + \frac{n_c f_c}{d}\right),\ \sigma_2 = \frac{1}{2}\left(\frac{n_p f_p}{d} - \frac{n_c f_c}{d}\right) \tag{14-26}$$

在用两个模型法进行实验时，由于种种原因不一定保证两个模型厚度与载荷完全相同，式(14-26)不能直接应用，应加以相应的折算后才可应用。也可将两个模型上的主应力和与主应力差都换算成单位载荷、单位厚度模型上的值，然后再进行计算。

按单位载荷、单位厚度模型计算时，分离主应力的计算公式变成

$$\sigma_1 = \frac{1}{2}\left(\frac{n_p f_p}{P_p d_p} + \frac{n_c f_c}{P_c d_c}\right),\ \sigma_2 = \frac{1}{2}\left(\frac{n_p f_p}{P_p d_p} - \frac{n_c f_c}{P_c d_c}\right) \tag{14-27}$$

其中 P_p、d_p 和 P_c、d_c 分别为有机玻璃模型与环氧树脂模型的载荷和厚度。

由此可见，全息光弹性实验的应力分离工作是十分简单的，这一优点使全息光弹性实验成为解决平面应力问题的十分有效的方法。

【**例 14-2**】　对径受压圆环水平对称截面上的应力分布测定。圆环外径 $D=40\text{mm}$，内径 $d=20\text{mm}$，分别用有机玻璃和环氧树脂制作两个模型。用两次曝光法拍摄等和线（图14-11），载荷增量 $\Delta P=323\text{N}$；用一次曝光法拍摄等差线（图14-12），$P=1016\text{N}$。

对沿水平半径截面的垂直应力进行分析，由等和线和等差线条纹图可分解得到主应力，结果与铁木辛柯（Timoshenko）的理论应力比较见图14-13。这里的计算结果均按单位厚度作用单位载荷计算。

图14-11　两次曝光法
获得的圆环等和线

图14-12　一次曝光法获得
的圆环等差线

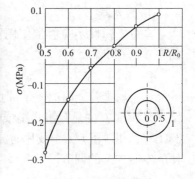
图14-13　圆环水平截面
的应力分布

【**例 14-3**】　轴承瓦盖孔边接触应力的测定。由于孔边非自由表面，垂直于边界的应力不易确定，这是用普通光弹性法难以解决的。这里用全息光弹的两个模型法获得等差线与等和线图，如图14-14、图14-15所示。

根据等和线与等差线图计算孔边应力、断面 A-A、断面 B-B 的应力，分布曲线如图14-16所示。

  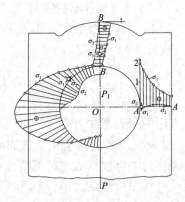

图 14-14 曲轴瓦盖模型等差线   图 14-15 曲轴瓦盖模型等和线   图 14-16 曲轴瓦盖应力分布曲线

14.6 全息光弹性试验设备及技术要点

14.6.1 设备

全息光弹的基本设备主要包括防震台、加力架、激光器、光学部件和暗室设备等。

1. 防震台

由于全息法是利用光的干涉原理，实验要求整个拍摄装置必须能够防震。防震台是保证实验时物光与参考光稳定干涉的设备，一般要求台子质量大、台面刚性好、有良好的隔振措施。一般其固有频率不超过 5Hz 就可达到很好的隔振效果。

2. 加力架

在全息光弹性实验中，要对模型加载前后进行两次曝光，以获得等和线，要求加力架在加载时避免产生微小振动和位移，所以宜采用静力封闭式加力架。

3. 激光器

全息光弹性实验通常使用氦氖激光器，外腔式、单膜输出，波长为 632.8nm。输出功率 5～20MW。

4. 光学部件

在全息光弹光路的光学部件中，分光镜和全反镜用 632.8nm 的多层介质膜片；扩束镜用×10～40 的显微镜物镜或过半球透镜；准直镜要用通光直径大、焦距短的透镜，并和扩束镜相匹配；1/4 波片的波长为 632.8nm；各光学元件要安装在多自由度调节架上，便于空间方位的调节。

5. 暗室

全息光弹性实验要在暗室中进行，当采用国产Ⅰ型底片时，暗室内采用暗绿色光照明。底片冲洗用 D-19 显影液、SB-1 停影液和 F-5 定影液。

14.6.2 技术要点

在实验技术上还要注意以下几点：

（1）由于激光具有一定的相干长度，所以要求从分光镜到全息底片的物光和参考光具有基本相同的光程以便产生干涉形成全息图。

（2）由于全息底片的解像率所限，同时也为减小光路不稳定的影响，物光与参考光的夹角不可过大，一般取 $20°$～$30°$ 为宜。

（3）物光与参考光的光强比影响再现时的反差和清晰度，因此光强比要适度，一般取1：1～5之间，取1：2时效果最佳。

（4）暗室安装干板时要注意药面应与光入射方向相对。用手指摸干板，感觉较涩一面为药面。

（5）正确把握曝光与显定影时间。曝光时间取决于激光器的功率，一般5秒左右为宜，两次曝光时间相同。显影时间可控制在20秒左右，定影时间要求不太严格，两分钟左右即可，为了不破坏定影液药性，干板从显影液中取出时应先在清水中冲一下再定影。

第3篇 其他方法

　　电测方法、光弹性方法是实验应力分析中较为成熟和应用最多的方法，然而，其他一些传统的或近代方法，如云纹法、散斑法、数字图像相关法等，则在某些侧面都有其独到之处，使实验应力分析方法更加丰富，为研究解决工程实际问题提供了多种途径。本篇内容旨在介绍这些特殊方法，希望通过对这些内容的学习，能使读者在科研实践中解决实际问题的思路更加开阔和灵活。

　　本篇学习要点：了解云纹、散斑、数字图像相关等分析方法的原理，熟悉各方法优势所在，掌握实验技巧。

第15章 云 纹 法

云纹法是19世纪60～70年代迅速发展起来的一种实验方法。云纹是生活中常见的一种物理现象，两个栅状图形叠放在一起，它们的栅线互相遮挡形成明暗相间的几何干涉条纹，都称为云纹。以云纹作为测量要素进行计量的实验方法，称为云纹法，或Moiré法。Moiré一词的词义为丝织物上一种明暗相间的水波状条纹。云纹法已在很多领域的干涉计量中应用，本章内容旨在讨论云纹法在物体表面位移测量中的应用。

■ 15.1 光栅及其云纹效应

15.1.1 光栅

在应力分析中，主要采用一种明暗相间的直线图案的叠加产生云纹。这种明暗相间的图案称为光栅，如图15-1所示。其中的暗线称为栅线，亮线称为栅缝；一般情况下，栅线与栅缝宽度相等。两相邻栅线之间的距离称为栅距，记作p；单位长度内的栅线数目称为栅线密度。显然栅线密度为栅距的倒数$1/p$。目前用于应变测量的光栅的栅线密度大约为$10\sim100$线/mm。这样的光栅非常细密，肉眼是难以分辨的，因此光栅在表观上呈现均匀的灰白色。

15.1.2 云纹效应及其特征

若使两个栅距分别为p、p'的光栅栅线呈θ角叠加在一起，一光栅的栅线遮蔽另一光栅的栅缝将形成暗云纹；一光栅的栅线与另一光栅栅线的交点处，因栅缝无遮蔽而形成亮云纹。为了研究云纹的特征，如图15-2所示，仅画出栅线中线，栅线中线交点的连线（图中虚线所示）就是亮云纹的中线。把两光栅的栅线分别注以整数序号…、-1、0、1、…、m和…、-1、0、1、…、n。不妨定义亮云纹为整数级云纹，把具有相同栅线序号的亮条纹定义为0级亮云纹，则由图15-2可看出，亮云纹级序N与两光栅的栅线序号m、n之间有下述关系

$$N = m - n \tag{15-1}$$

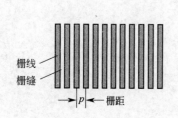

图15-1 光栅

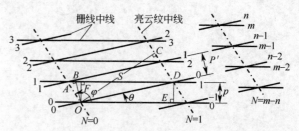

图15-2 不同两光栅叠加时的云纹效应

对于一般的云纹图，由于光栅栅线十分密集，通过肉眼观察无法看清栅线，只可测量云纹间距S和云纹倾角φ（图15-2），可以把这两个量作为表征云纹属性的特征参数。显

然，S 和 φ 与 p、p' 和 θ 有关，下面由几何知识来寻求它们之间的关系。

由 $\triangle OAF$ 和 $\triangle OAB$，可分别求得

$$\overline{OA}=\frac{p}{\cos(\varphi-\pi/2)}=\frac{p}{\sin\varphi},\overline{OA}=\frac{p'}{\cos(\varphi-\theta-\pi/2)}=\frac{p'}{\sin(\varphi-\theta)}$$

比较上二式，有

$$p'=\frac{\sin(\varphi-\theta)}{\sin\varphi}p=(\sin\varphi\cos\theta-\cos\varphi\sin\theta)\frac{p}{\sin\varphi} \tag{15-2}$$

由此得到云纹倾角 φ 与 p、p' 和 θ 的关系为

$$\tan\varphi=\frac{p\sin\theta}{p\cos\theta-p'} \tag{15-3}$$

或

$$\varphi=\tan^{-1}\frac{p\sin\theta}{p\cos\theta-p'} \tag{15-4}$$

再由 $\triangle ODC$，可得

$$S=\overline{OD}\cos(\varphi-\theta-\pi/2)=\overline{OD}\sin(\varphi-\theta)$$

由 $\triangle ODE$ 看出，$\overline{OD}=\dfrac{p}{\sin\theta}$，于是

$$S=\frac{\sin(\varphi-\theta)}{\sin\theta}p$$

利用式(15-2)，可将上式改写成

$$S=\frac{\sin\varphi}{\sin\theta}p'$$

由式(15-3) 可知

$$\sin\varphi=\frac{p\sin\theta}{\sqrt{p^2\sin^2\theta+(p\cos\theta-p')^2}}$$

于是，可得到 S 与 p、p' 和 θ 的关系为

$$S=\frac{pp'}{\sqrt{p^2\sin^2\theta+(p\cos\theta-p')^2}} \tag{15-5}$$

式(15-4) 和式(15-5) 建立了云纹特征参数 S、φ 与两光栅栅距 p、p' 及栅线夹角 θ 之间的关系。在应力分析中应用时，由于构件变形很小，只需考虑 θ 很小的情况，这时 $\sin\theta\approx\theta$，$\cos\theta\approx1$，式(15-4) 和式(15-5) 可分别写成

$$\varphi=\tan^{-1}\frac{p\theta}{p-p'} \tag{15-6}$$

和

$$S=\frac{pp'}{\sqrt{p^2\theta^2+(p-p')^2}} \tag{15-7}$$

当 $p\neq p'$ 及 $\theta\neq0$ 时，$\varphi\neq0$，表观上云纹是一族平行等距斜直线，如图 15-3(a) 所示。云纹倾角随 θ 增大而增大，随 $p-p'$ 增大而减小；云纹间距 S 随 $|p'-p|$ 和 $|\theta|$ 的增大而减小（变密）。

下面讨论两种特殊情况：

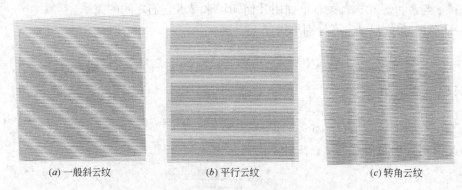

(a) 一般斜云纹　　　　　　(b) 平行云纹　　　　　　(c) 转角云纹

图 15-3　两光栅叠加所产生云纹的不同特征

(1) 当 $p \neq p'$，$\theta = 0$ 时，即两光栅的栅距不同，但栅线平行，由式（15-6）和式（15-7）得

$$\varphi = 0, S = \frac{pp'}{|p'-p|} \tag{15-8}$$

这种情况下产生的云纹与栅线平行，称为平行云纹，如图 15-3（b）所示。

(2) 当 $p = p'$，$\theta \neq 0$（但很小）时，即两光栅栅距相同，但栅线不平行。由于 θ 很小，故由式（15-6）、式（15-7）得

$$\varphi \approx 90°, S = \frac{p}{|\theta|} \tag{15-9}$$

这种情况下产生的云纹与栅线方向基本垂直，称为转角云纹，如图 15-3（c）所示。

■ 15.2　面内位移法基本原理

在云纹法中，用来测量平面物体表面位移分量 u、v 的方法称为面内位移法。由面内位移法测得物体表面位移场后，再由几何关系即可计算物体表面的应变场。

15.2.1　试验方法

试验前把一块晒印有光栅的薄膜粘贴在被测物体表面上（或可用化学腐蚀的方法把栅线刻蚀在物体表面上），该光栅将随物体表面一起产生变形，称为试件栅；在试件栅上再叠加另一块具有相同栅密度的光栅（叠加方法可以用夹子夹持，或用稀薄油膜粘附），这块光栅不随物体变形，称为参考栅。试验前，试件栅与参考栅的栅线相互平行。调整时以观察不出任何云纹为准。

物体承载后，随物体变形的试件栅在各点处的栅距及栅线方向都要发生不同变化，于是与不变形的参考栅叠加便产生几何干涉形成云纹。这种云纹表示了物体表面的位移分量，通过拍摄得到云纹图，就可求得物体表面位移场，进而可求物体表面各点的应变。

15.2.2　位移场图

将试件栅粘贴在物体表面时，若使栅线与 y 轴平行，则物体变形后，在表面二维位移场的影响下试件栅的栅线方向及栅距处处都会发生变化，变形后的试件栅与不变形的参考栅叠合即形成云纹。如图 15-4（a）所示，我们用实线表示变形前重合的试件栅和参考栅栅线中线，用虚线表示变形后的试件栅栅线中线；用点划线表示亮云纹中线。根据上节的云纹形成原理，点划线应是实线与虚线的交点连线。显然，物体表面上与 0 级亮云纹对

应的各点在 x 方向的位移 $u=0$；与 1 级亮云纹对应的位移 $u=1p$；…；于是，M 级亮云纹上对应各点在 x 方向的位移为

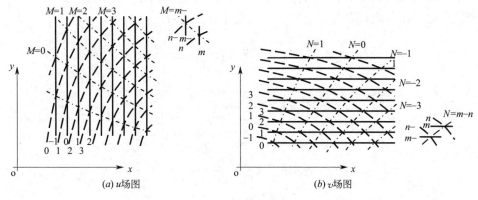

图 15-4　位移场图

$$u=Mp\,(M=0、\pm1、\pm2、\cdots) \tag{15-10}$$

由此可得出结论：当使栅线平行于 y 轴粘贴试件栅时，形成的云纹是物体表面在 x 方向位移分量 u 的等值线，反映了位移分量 u 的分布。这种云纹图称为 u 位移场图，或简称 u 场图。

同样，当使栅线平行于 x 轴粘贴试件栅时，得到的是反映 y 方向位移分量 v 的 v 场图，如图 15-4(b) 所示。与 N 级亮云纹对应各点的 y 方向位移为

$$v=Np\,(N=0、\pm1、\pm2、\cdots) \tag{15-11}$$

通过试验获得 u 场图和 v 场图，物体表面的位移场即完全确定。例如，图 15-5 为曲杆受横力弯曲时，试验拍摄得到的 u 场图（上半部）和 v 场图（下半部）。

15.2.3　云纹条纹与应变的关系

应变的计算公式依赖于坐标系的选择，目前常采用两种表示方法，即拉格朗日（Lagrange）表示法和欧拉（Euler）表示法。

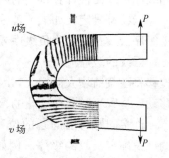

图 15-5　曲杆横弯时的位移场图

1. 拉格朗日表示法

把参考坐标系建立在未变形的物体上，正应变和剪应变分别表示为

$$\varepsilon^{\mathrm{L}}=\left.\frac{l_{\mathrm{f}}-l_{\mathrm{i}}}{l_{\mathrm{i}}}\right|_{l_{\mathrm{i}}\to0},\gamma^{\mathrm{L}}=\frac{\pi}{2}-\xi_{\mathrm{f}} \tag{15-12}$$

其中：l_{i}、l_{f} 分别表示变形前后微线段的长度，ξ_{f} 表示变形前垂直的两线段在变形后的夹角。

2. 欧拉表示法

把参考坐标系建立在已变形的物体上，正应变和剪应变分别表示为

$$\varepsilon^{\mathrm{E}}=\left.\frac{l_{\mathrm{f}}-l_{\mathrm{i}}}{l_{\mathrm{f}}}\right|_{l_{\mathrm{f}}\to0},\gamma^{\mathrm{L}}=\xi_{\mathrm{i}}-\frac{\pi}{2} \tag{15-13}$$

其中 ξ_{i} 表示变形后垂直的两线段在变形前的夹角。

两种应变表示法的正应变可由下式互换

$$\varepsilon^L = \frac{\varepsilon^E}{1-\varepsilon^E}, \varepsilon^E = \frac{\varepsilon^L}{1+\varepsilon^L} \qquad (15\text{-}14)$$

由于云纹图反映的是变形后的位移场，所以云纹法采用欧拉表示法（式(15-13)）计算应变。由此，在一般有限变形情况下，应变计算公式为

$$\varepsilon_x^E = 1 - \sqrt{1 - 2\frac{\partial u}{\partial x} + \left(\frac{\partial u}{\partial x}\right)^2 + \left(\frac{\partial v}{\partial x}\right)^2}$$

$$\varepsilon_y^E = 1 - \sqrt{1 - 2\frac{\partial v}{\partial y} + \left(\frac{\partial v}{\partial y}\right)^2 + \left(\frac{\partial u}{\partial y}\right)^2} \qquad (15\text{-}15)$$

$$\gamma_{xy}^E = \arcsin \frac{\dfrac{\partial u}{\partial x} + \dfrac{\partial v}{\partial y} - \dfrac{\partial u}{\partial x}\dfrac{\partial u}{\partial y} - \dfrac{\partial v}{\partial x}\dfrac{\partial v}{\partial y}}{(1-\varepsilon_x^E)(1-\varepsilon_y^E)}$$

对于线弹性问题（小变形情况），两种表示法差异很小，可认为是相等的，几何关系简单表示为

$$\varepsilon_x = \frac{\partial u}{\partial x}, \varepsilon_y = \frac{\partial v}{\partial y}, \gamma_{xy} = \frac{\partial u}{\partial y} + \frac{\partial v}{\partial x} \qquad (15\text{-}16)$$

由式(15-10)、式(15-11) 知，应变的计算实际上可转变为对云纹级次偏导数的计算。

15.2.4 云纹级序的确定

在获得云纹图后，为了由云纹图计算应变分量，需要正确确定云纹图中各条纹的符号和级序，以便使计算得到的应变的符号与弹性力学的规定一致。

云纹符号定义如下：若云纹对应的位移分量方向与参考坐标轴方向一致，则该云纹为正级序云纹；反之为负级序云纹。

云纹的级序应按…、−3、−2、−1、0、1、2、3、…的顺序连续排列。一般情况下，位移将随载荷增大而增大，因此实验时若增加载荷，条纹将向云纹级序绝对值较低的方向移动。位置不随载荷变化的云纹为零级云纹。

许多问题可由问题的位移边界条件和对问题变形性质的认识确定云纹的级序。例如图 15-6 所示纯弯梁云纹的符号与级序。

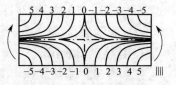

图 15-6　云纹的符号与级序

对于复杂问题，难以确定位移边界条件和变形性质时，可采用相对级序。这相当于在位移场中叠加一个刚性位移，它并不影响应变的计算结果。应变符号只决定于云纹级序沿参考坐标轴方向的增减性。例如，对于图 15-7 所示单向拉伸杆，以下的各种级序排列都不会影响应变的计算结果。

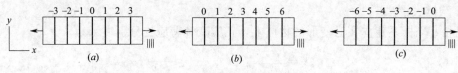

图 15-7　相对云纹级序排列

在排列云纹级序时，掌握云纹图中的奇异点对正确排列云纹级序很有帮助。云纹图是

位移等值线，可把它比拟为曲面的等高线，奇异点定义为曲面沿所有方向位移偏导数为零的点。它包括马鞍点、抛物点。由式(15-15)、式(15-16)可知，在奇异点处，正应变及剪应变均为零。马鞍点周围必然伴随着极值点（抛物点）或最大、最小值点。在马鞍点处，相对条纹的级序相等，相邻条纹的级序差 1；相邻极值点是峰、谷交替出现的。例如，图 15-8 所示圆盘三点受力的云纹图中就具有明显的奇异点，A 点为隐没的马鞍点，由两组条纹所包围；B、C、D 为典型的极值点。

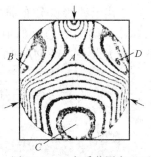

图 15-8　三点受载圆盘云纹图中的奇异点

■ 15.3　应变计算的图解微分法

设已获得 u 场图和 v 场图如图 15-9(a)、(b) 所示。为求图中一点 i 的应变状态，过 i 点分别作 x、y 坐标轴的平行线，根据两直线与云纹的交点可绘出云纹级次沿直线的分布曲线 $M(x)$、$M(y)$、$N(x)$、$N(y)$，如图 15-9(c)、(d) 所示，然后作各曲线对应于 i 点处的切线，求得切线斜率

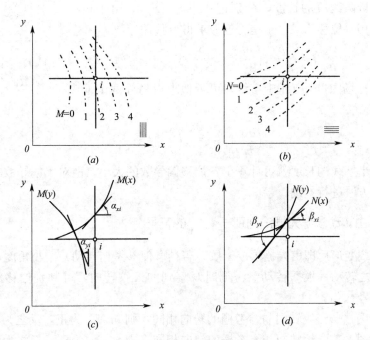

图 15-9　求偏导数的作图法

$$\left(\frac{\partial M(x)}{\partial x}\right)_i = \tan\alpha_{xi}, \left(\frac{\partial M(y)}{\partial y}\right)_i = \tan\alpha_{yi}, \left(\frac{\partial N(x)}{\partial x}\right)_i = \tan\beta_{xi}, \left(\frac{\partial N(y)}{\partial y}\right)_i = \tan\alpha_{yi}$$

则由式(15-10)、式(15-11)，位移的偏导数为

$$\left(\frac{\partial u}{\partial x}\right)_i = p\tan\alpha_{xi}, \left(\frac{\partial u}{\partial y}\right)_i = p\tan\alpha_{yi}, \left(\frac{\partial v}{\partial x}\right)_i = p\tan\beta_{xi}, \left(\frac{\partial v}{\partial y}\right)_i = p\tan\alpha_{yi} \quad (15\text{-}17)$$

代入到式(15-15) 或式(15-16) 即可确定 i 点的应变状态。

绘出云纹级次分布曲线以后，也可采用差值函数的三点式计算偏导数的近似值，避免绘切线及测量其方位角，减少人为误差。以 $M(x)$ 曲线为例（图15-10），计算公式为

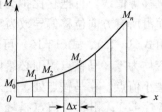

$$\left(\frac{\partial M}{\partial x}\right)_0 = \frac{1}{2\Delta x}(-3M_0 + 4M_1 - M_2)$$

$$\left(\frac{\partial M}{\partial x}\right)_i = \frac{1}{2\Delta x}(M_{i+1} - M_{i-1})(i = 2,3,\cdots,n-1)$$

图 15-10　插值计算云纹级序偏导数

$$\left(\frac{\partial M}{\partial x}\right)_0 = \frac{1}{2\Delta x}(M_{n-2} - 4M_{n-1} + 3M_n) \tag{15-18}$$

■ 15.4　应变计算的十字图解法

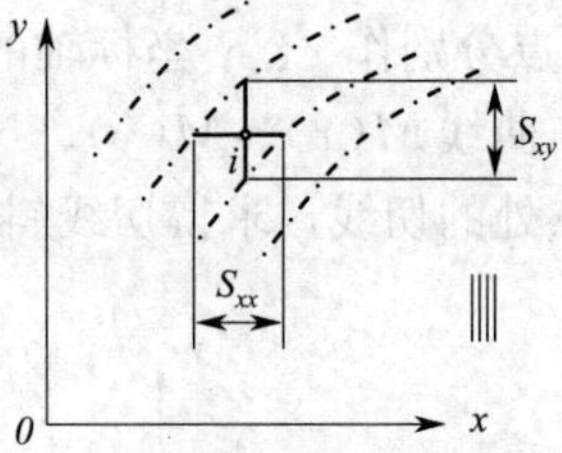

当由变形条件无法确定云纹级序时，使用十字图解法计算位移偏导数较为方便。设 u 场图如图15-11所示，为求图中一点 i 的位移偏导数，过该点作平行于坐标轴的十字线，交于附近的云纹，测量两线段的长度，分别记作 S_{xx}、S_{xy}。由于相邻云纹之间的相对位移为 p，于是可近似求得位移偏导数

$$\left(\frac{\partial u}{\partial x}\right)_i \approx \frac{p}{S_{xx}}, \left(\frac{\partial u}{\partial y}\right)_i \approx \frac{p}{S_{xy}} \tag{15-19}$$

图 15-11　计算位移偏导数的十字法

同理，由 v 场图过 i 点作十字线，可近似求得另外两个偏导数的大小为

$$\left(\frac{\partial v}{\partial x}\right)_i \approx \frac{p}{S_{yx}}, \left(\frac{\partial v}{\partial y}\right)_i \approx \frac{p}{S_{yy}} \tag{15-20}$$

这样，由十字线的长度就可计算出各位移偏导数的大小。但对于偏导数的符号，还需要使用有关的方法进行判别。

15.4.1　由转动参考光栅法判别 $\dfrac{u}{x}$ 和 $\dfrac{v}{y}$ 的符号

试件在承载变形后即由光栅形成云纹，若稍微使参考栅转动一个小角度，则会发现云纹的方向也随之转动。根据转动参考栅时观察到的云纹转向，可判别位移偏导数 $\partial u/\partial x$ 和 $\partial v/\partial y$ 的符号：

对于 u 场图，若云纹转向与参考栅的转向相同，则 $\partial u/\partial x$ 为正，反之为负；

对于 v 场图，若云纹转向与参考栅的转向相同，则 $\partial v/\partial y$ 为正，反之为负。

下面以 v 场图为例，用图示的方法说明上述判别准则的原理。v 场图的一个局部如图15-12所示。图15-12(a) 为变形后试件栅的栅距 p' 大于参考栅栅距 p，即 $\partial v/\partial y > 0$ 的情况；图15-12(b) 为变形后试件栅的栅距 p' 小于参考栅栅距 p，即 $\partial v/\partial y < 0$ 的情况。用虚线表示参考光栅转动后的位置，点划线表示亮云纹中线。按照试件栅与参考栅的栅线交点连线为亮云纹中线的原理绘出参考栅转动前后的云纹如图所示，从图不难看出，$\partial v/\partial y > 0$ 时，云纹转向与参考栅转向相同；而 $\partial v/\partial y < 0$ 时，云纹转向与参考栅转向相反。对 u 场图同样可得出这一结论。

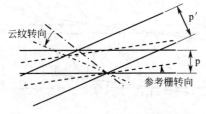

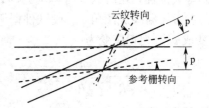

(a) p′>p，云纹与参考栅转向相同   (b) p′<p，云纹与参考栅转向相反

图 15-12 转动参考栅时云纹的转向

15.4.2 由云纹倾角判别 $\dfrac{u}{y}$ 和 $\dfrac{v}{x}$ 的符号

在确定了 $\partial u/\partial x$ 和 $\partial v/\partial y$ 的符号后，再利用下述准则，由云纹倾角判别另外两个偏导数 $\partial u/\partial y$ 和 $\partial v/\partial x$ 的符号：

对 u 场图，若云纹与 x 轴正向夹角 φ_u 为锐角，则 $\partial u/\partial y$ 与 $\partial u/\partial x$ 异号；为钝角时则 $\partial u/\partial y$ 与 $\partial u/\partial x$ 同号。

对 v 场图，若云纹与 y 轴正向夹角 φ_v 为锐角，则 $\partial v/\partial x$ 与 $\partial v/\partial y$ 异号；为钝角时则 $\partial v/\partial x$ 与 $\partial v/\partial y$ 同号。

下面以 u 场图为例说明上述准则的原理。设 u 场图的局部云纹如图 15-13 所示。设图中一云纹的级序为 n，相邻云纹的级序为 $n+1$，n 级云纹对 x 轴的倾角为 φ_u，云纹间距分别为 S_{xx} 和 S_{xy}，由图可看出

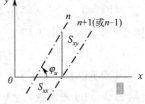

$$\frac{\partial u}{\partial x}\approx\frac{p}{S_{xx}},\frac{\partial u}{\partial y}\approx-\frac{p}{S_{xy}}$$

因此

图 15-13 云纹倾角与
位移偏导数符号

$$\tan\varphi_u=\frac{S_{xy}}{S_{xx}}=-\frac{\partial u}{\partial y}\bigg/\frac{\partial u}{\partial x}$$

当 φ_u 为锐角时，$\tan\varphi_u>0$，由上式知 $\partial u/\partial y$ 与 $\partial u/\partial x$ 异号；当 φ_u 为钝角时，$\tan\varphi_u<0$，由上式知 $\partial u/\partial y$ 与 $\partial u/\partial x$ 同号。

当与 n 级云纹相邻的是 $n-1$ 级云纹时，结论相同。

■ 15.5 正应变测量的转角云纹法

在对仅有正应变的截面测量应变时，譬如求对称截面处正应变，往往云纹比较稀疏，计算精度不高，为了提高测量精度，可采用转角云纹法进行试验和分析。

15.5.1 基本原理

若在试件承载前使参考栅栅线与试件栅栅线成一微小夹角叠加，使得在试件变形前就产生转角云纹，试件承载后，正应变的影响将使试件栅的栅距改变，引起已有云纹的倾斜。根据云纹的倾角可求得变形后试件栅的栅距，于是也就可以计算正应变了。

以 v 场图为例，其局部如图 15-14 所示。设试件变形前参考栅栅线相对于试件栅栅线逆时针转过一微小角 θ（取逆时针向为正），形成转角云纹 $\overline{OA}$。设试件变形后试件栅的栅

线变到虚线位置，这时云纹将转动到 $\overline{OA'}$ 位置，与参考栅栅线成倾角 φ。设试件栅栅距由 p 变成 p'，则正应变为

$$\varepsilon_y = \frac{p'-p}{p} = \frac{p'}{p} - 1 \qquad (15\text{-}21)$$

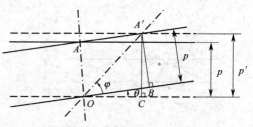

图 15-14 转角云纹法几何关系

为了进一步用 φ、θ 表示正应变 ε_y，需由图 15-13 寻求几何关系。由 $\Delta OA'C$ 和 $\Delta OA'B$ 得到

$$\sin(\varphi+\theta) = \frac{p'}{OA'}, \sin\varphi = \frac{p}{OA'} \qquad (15\text{-}22)$$

将式(15-22)代入到式(15-21)，即得

$$\varepsilon_y = \frac{\sin(\varphi+\theta)}{\sin\varphi} - 1 \qquad (15\text{-}23)$$

于是，由 θ 和 φ 的大小即可确定正应变 ε_y。

15.5.2 正应变计算的双间距测量法

转角云纹法用式(15-23)计算正应变时，需要测量出角度 θ 和 φ，测量误差较大，特别是微小的 θ 角，更难以测量。因此，用式(15-23)计算正应变实际上是不可能准确的。计算正应变时，通常采用双间距测量法，其原理是将角度 θ 和 φ 都转换为容易测量的云纹间距的函数，再求出应变。

1. 将 φ 转换为 ΔS 的函数

设欲测断面 AB 与参考栅的栅线重合，断面附近的 v 场图如图 15-15 所示。图中各云纹与 AB 线的夹角为 φ_i ($i=0$、1、$\cdots$、n)，各云纹与 AB 线的交点坐标为 x_i；作平行于 AB 线的等距 ($d/2$) 上下辅助线，各云纹与上、下辅助线交点坐标为 x_{iu} 和 x_{id}，上下辅助线交点坐标差记为 $\Delta S_i = x_{iu} - x_{id}$。设辅助线间距 d 足够小，可把两辅助线之间的云纹近似看作直线，即在这一位小范围内可把应变看作沿 y 方向是近似均匀的。d 的大小应当适宜，过小难以准确测量，会引起较大测量误差；若用 50 线/mm 的光栅，常取 $d=4$mm。由图 15-15 可知，第 i 条云纹倾角的正切

$$\tan\varphi_i = \frac{d}{\Delta S_i}, (i=1,2,\cdots,n) \qquad (15\text{-}24)$$

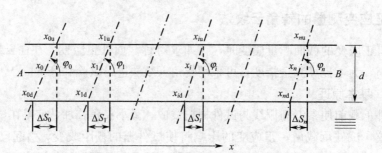

图 15-15 把 φ 转换为 ΔS 的函数

2. 把 θ 角转换为 S 的函数

把相邻云纹在 AB 线方向的距离定义为 S，$S_i=(x_{i+1}-x_i)(i=0、1、\cdots、n-1)$，由云纹图的局部（图 15-16）来寻求几何关系。作辅助线 ac 垂直于 ob，由三角形 $\triangle oac$ 和 $\triangle oac$，分别得到

$$\tan\varphi_i=\frac{p}{oc},\tan\theta=\frac{p}{bc}$$

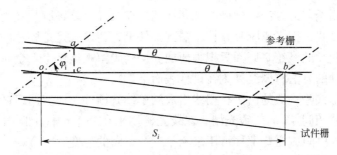

图 15-16　θ 转换为 S 的函数

由于 $S_i=oc+bc$，将上述关系代入可得

$$\tan\theta=\frac{p\tan\varphi_i}{S_i\tan\varphi_i-p}$$

将式（15-24）代入上式，得

$$\tan\theta=\frac{p\dfrac{d}{\Delta S_i}}{S_i\dfrac{d}{\Delta S_i}-p}=\frac{pd}{S_id-p\Delta S_i} \tag{15-25}$$

正应变计算公式(15-23) 可写成

$$\varepsilon_y=\frac{\sin\varphi\cos\theta+\cos\varphi\sin\theta}{\sin\varphi}-1=\left(\cos\theta+\frac{\sin\theta}{\tan\varphi}\right)-1$$

由于 θ 很小，$\cos\theta\approx1$，$\sin\theta\approx\tan\theta$，故上式可改写为

$$\varepsilon_y\approx\frac{\tan\theta}{\tan\varphi} \tag{15-26}$$

将式(15-24)、式(15-25) 代入式(15-26)，可得

$$(\varepsilon_y)_i\approx\frac{\Delta S_i}{\dfrac{d}{p}S_i-\Delta S_i}=\frac{x_{iu}-x_{id}}{\dfrac{d}{p}(x_{i+1}-x_i)-(x_{iu}-x_{id})} \tag{15-27}$$

此即为双间距法正应变计算公式。只要测量出云纹与 AB 线及上下辅助线的交点坐标，即可列表计算沿 AB 截面的正应变。

应用转角云纹法时须注意，该方法只是用于无剪应变的界面，及变形后截面不发生翘曲。此外，微小角度 θ 的大小要根据所用光栅的栅距适当选择，若 θ 偏大时，转角云纹细密，容易测量准确，但 ε_y-φ 关系曲线很陡，即正应变 ε_y 引起云纹倾角 φ 的变化不明显，测量灵敏度下降；而若 θ 偏小时，ε_y-φ 关系曲线较平坦，ε_y 引起 φ 的变化较灵敏，但转角云纹稀疏，确定云纹中线位置的误差较大。因此，选择适当的转角，使云纹粗细及灵敏度适中，是本法的要点。如采用 50 线/mm 的光栅，θ 角则取 $0.2°\sim0.35°$为宜。

■ 15.6 面内位移法技术要点

15.6.1 光栅的选择和粘贴技术

面内位移法所用的光栅栅距大约在 0.01～0.1mm 之间，常用的是 0.083mm、0.025mm 和 0.02mm（即 12 线/mm、40 线/mm 和 50 线/mm）几种。

光栅一般采用晒印的方法，把栅线洗印在超微粒胶片上这种胶片式光栅分为粘贴式和转贴式两种。粘贴式是把光栅胶片直接粘贴到试件上；转贴式是把胶片的药面对着试件表面粘好后，撕去胶片的涤纶基底而只把很薄的一层药膜留在试件上。金属试件的高温实验时，可用化学腐蚀的方法将栅线蚀刻在试件表面上。

试件光栅的形式除一般的由平行栅线组成的单线光栅外，还有两组栅线互相垂直的双线光栅和三组栅线相间 45° 的三线光栅。双线光栅用来在一个试件上同时得到 u 场图和 v 场图；三线光栅如电阻应变花那样可用来测量三个方向的应变。

参考光栅一般是洗印在玻璃板上，也可用胶片式光栅作为参考光栅。

光栅的栅线要均匀平直，栅距要相等，实验前要在工具显微镜上检查栅线的情况并准确测量栅距。试件光栅粘贴到试件上后应无气泡，胶层均匀，否则将使云纹被歪曲。转贴式试件栅的粘贴步骤为：

（1）试件表面经仔细打磨平整后，划出光栅栅线方向定位线，再用丙酮将试件表面去污。

（2）调整胶片光栅栅线方向与试件上的定位线重合，然后用胶带纸固定住胶片一端边缘，注意使药面对着试件表面。

（3）用手揭起光栅胶片，在试件表面粘贴区域上大体均布地滴上若干滴 502 胶液，然后将试件栅自固定边缓缓放下，这样胶液将在胶片与试件表面之间均匀扩散，浸匀粘贴面。

（4）把一块包有薄纸的、重约 3～4kg 的光滑铁块自固定边推压在胶片上，挤出多余胶水，然后压住整个胶片保持不动。

（5）静置 2～4h 后，胶层完全固化，去掉铁块，用丙酮擦去周围挤出的胶水，自一角慢慢撕掉基底胶片，余下药膜在试件表面即可。

15.6.2 参考光栅的装夹

把参考光栅的药面朝着试件光栅叠加在试件光栅上，仔细调整栅线方向与试件栅栅线对齐，这时视场内应无云纹。放置好参考栅后，用夹子固定以防参考栅在实验过程中产生滑动。如用胶片作参考栅，可用清洁缝纫机油把参考栅粘贴在试件栅上，利用油膜固定参考栅。

15.6.3 获得 u 场图和 v 场图的方法

1. 两个试件法

制作两个相同的试件，一个粘贴与 y 方向平行的试件栅用于获得 u 场图，另一个粘贴与 x 方向平行的试件栅用于获得 v 场图。这种方法比较简单，但要准备两个试件。

2. 一个试件法

在一个试件上粘贴正交双线光栅作为试件栅，用单线光栅作参考栅。拍摄 u 场图后再把参考栅转 90° 拍摄 v 场图。这种方法只需一个试件，但须注意参考栅的转动角度要准确，否则求出的剪应变会误差较大。

3. 全正交双线光栅法

试件栅和参考栅都使用正交双线光栅，原则上可获得同时包含 u 场图和 v 场图云纹图，但由于两种云纹互相交错混淆，不便对其进行测量分析，所以不提倡使用。

15.6.4 虚应变的消除

由于光栅制造的误差、粘贴工艺、试件热膨胀等原因，常常引起试件栅与参考栅的栅距不等或不均匀，在未对试件加载时就已产生云纹，这种云纹称为初始云纹。由初始云纹计算出的应变称为虚应变。为了消除虚应变，应在对试件加载前和加载后分别拍摄云纹图，由加载后云纹图计算的应变减去虚应变即为加载后的实际应变。

15.6.5 提高实验精度的措施

用面内位移法解决线弹性问题时，常遇到的问题是灵敏度不够，即云纹稀疏，使应变计算误差较大。通常解决办法是采用低弹模、高应变比例极限的材料制作试样，如有机玻璃、环氧树脂塑料等，通过加大试件的应变量来增密云纹，提高实验精度。当然，使用更高栅线密度的光栅也可使云纹增密，但高密度光栅不仅制造工艺要求高，而且会产生衍射效应，使云纹反差很弱，不利于观察和拍摄。

15.6.6 云纹图的拍摄和测量

拍摄云纹图应使用光线柔和、均匀的光源照射模型，并使照相机的光轴垂直于参考光栅平面，照相底片与参考光栅平面平行。为提高云纹图的反差，使用特硬底片或反差强的幻灯底片。对云纹图的测量一般应在底片上进行，因为整数级亮云纹在底片上反转为暗条纹，测量较为准确。

■ 15.7 离面位移法

云纹法不仅可以用来测量面内位移，也可以用来测量垂直于物体表面方向的位移。为区别于面内位移法，把用来测量垂直于物体表面方向位移的方法，称为离面位移法。离面位移法主要用于测定曲面物体等高线或板构件的挠度、斜率等。

15.7.1 投影云纹法

投影云纹法用来测定曲面等高线或板的挠度。

1. 云纹形成原理

设在一漫反射曲面前放置一块光栅，该光栅和曲面在一点 A 接触（也可不接触），如图 15-17 所示。用一平行光照射光栅，光束垂直于光栅栅线但与光栅平面法向（z 轴方向）成 α 角。这样，在平行光照射下，曲面上将有光栅的投影，由于曲面的影响，光栅投影的栅距与光栅的栅距不同。这样，若在无限远处垂直于光栅栅线、与光栅平面法向成 β 角取视光栅，将观察到光栅与它的投影叠加所形成的云纹。这时光栅相当于参考栅，它的投影相当于试件栅。

2. 几何关系

设照相机成像平面上某一点是光栅上 D 点与曲面上 E 点的重合，见图 15-17。若 AD 之间的栅线数目恰为 m，AD 之间的影像栅线数目恰为 n，则在成像平面上，该点为亮点。凡符合这一条件的所有点在成像平面上就形成亮云纹，云纹的级序为 $N = m - n$。由于 AE 间的影像栅线是 AB 间的栅线投影到曲面上的，故 AB 间栅线数也为 n。由图看出

$$\overline{BD}=\overline{AD}-\overline{AB}=(m-n)p=Np$$

另一方面，设曲面上 E 点至光栅平面的垂直深度为 w，则

$$\overline{BD}=\overline{BC}+\overline{CD}=w\tan\alpha+w\tan\beta$$

比较以上二式，可得

$$w=\frac{p}{\tan\alpha+\tan\beta}N \tag{15-28}$$

此时说明云纹级序与曲面深度成正比，即云纹为曲面的等高线。两条纹之间的高度差为常数

$$\Delta w=\frac{p}{\tan\alpha+\tan\beta} \tag{15-29}$$

3. 应用

投影云纹法常用于薄板弯曲模型试验中求挠度等值线，及在薄膜比拟试验求解非圆截面杆扭转问题时测薄膜的等高线。实验时为了不改变板或薄膜的形状，一般观察方向或照相机轴线应垂直于光栅平面，即取 $\beta=0$。照相机与模型距离应远大于模型尺寸，近似看作无限远。图 15-18 所示为固定边圆板受均布压力时获得的等挠度线图。

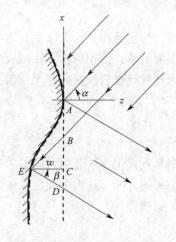

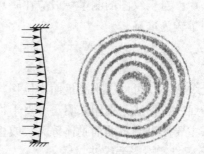

图 15-17　投影云纹法原理　　　　　图 15-18　固定边圆板的投影云纹（等挠度线）

由于投影云纹法是由光栅栅线的投影像获得试件表面的试件栅的，因此光栅线密度不宜过高，否则会发生衍射效应而干扰云纹图。一般取 $p=0.5\mathrm{mm}$、$1\mathrm{mm}$、$2\mathrm{mm}$ 等。

15.7.2　反射云纹法

反射云纹法用于薄板弯曲实验时可直接得到挠曲面的斜率等值线，再通过图解微分法或数值微分法求得挠曲面的曲率和扭率，获得薄板弯曲各内力。

1. 云纹形成原理

反射云纹法的实验布置如图 15-19 所示。在距离薄板 l 处放置一块栅板，该栅板由白色不透明底板上画以黑色栅线构成，栅板的栅线平行于 y 轴，并垂直于纸平面。在栅板中心挖一小圆孔，在小圆孔上装置照相机镜头。薄板必须具有良好的反光表面。当用灯光照射栅板时，栅板的栅线经薄板表面反射可成相于照相机底片上。若薄板承载前，使栅板经薄板反射成相于照相机底片，先让底片适量曝光，底片上就有了栅板的潜相，相当于得

到参考栅；在薄板承载变形后，再使底片第二次曝光，这时底片上记录的是栅板经变形后的薄板挠曲面反射的相，由曲面的影响，第二次曝光获得的栅板相的栅距与第一次曝光获得的相有所不同，相当于试件栅。把经过两次曝光后的底片进行显影、定影处理，就可得到两个不同栅板相的叠加，进而形成云纹图。

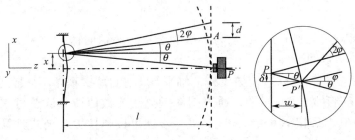

图 15-19　反射云纹法原理

2. 几何关系

我们考察照相机底片上任一点 P。薄板承载前，点 P 是由薄板上点 P' 反射来的栅板点 A 的相，假定反射角是 θ；薄板变形后，点 P 又是栅板上点 B 经变形后的薄板上的点 P'' 反射来的相，假定反射角为 $\theta+\varphi$，φ 为点 P' 处外法线变形后的转角（见 P' 附近细部图）。设 A、B 两点距离为 d。由图 15-19，可得

$$\tan\theta=\frac{x}{l}, \tan(\theta+2\varphi)=\frac{x+\delta+d}{l-w}$$

利用三角关系 $\tan(\theta+2\varphi)=\dfrac{\tan\theta+\tan2\varphi}{1-\tan\theta\tan2\varphi}$，从上二式可得

$$\frac{\dfrac{x}{l}+\tan2\varphi}{1-\dfrac{x}{l}\tan2\varphi}=\frac{x+\delta+d}{l-w}$$

注意小挠度情况下 φ 很小，故 $\tan2\varphi\approx2\varphi$；$\dfrac{x}{l}\tan2\varphi\ll1$，可以忽略；此外，$\delta$ 与 x 相比、w 与 l 相比，都是极其微小的量，可以略去。于是，由上式可得

$$\varphi=\frac{d}{2l}\left(1+\frac{x^2}{l^2}+\frac{xd}{l^2}\right)^{-1}$$

实际上 d 是很小的，即 $\dfrac{xd}{l^2}\ll\dfrac{x^2}{l^2}$，可略去 $\dfrac{xd}{l^2}$ 项；注意 $\dfrac{\partial w}{\partial x}=\varphi$，得

$$\frac{\partial w}{\partial x}=\frac{d}{2l}\left(1+\frac{x^2}{l^2}\right)^{-1} \tag{15-30}$$

由于式(15-30)的分母中有 $\dfrac{x^2}{l^2}$ 存在，这种关系不是线性的。为了消除 $\dfrac{x^2}{l^2}$ 项，得到线性关系，必须保证 $x\ll l$，即试件离栅板很远，这可能受场地限制而不便于实现，通常人们把栅板制作成柱面，如图 15-19 所示，当柱面栅板半径 $R=3.75l$ 时，式(15-30)的关系变为简单的线性关系（推导从略）

$$\frac{\partial w}{\partial x}=\frac{d}{2l} \tag{15-31}$$

3. $\partial w/\partial x$ 场图和 $\partial w/\partial y$ 场图

若 A、B 两点的距离等于栅板栅距 p 的整数倍，即 $d = Np$ 时，两次曝光栅板的相在 P 点处栅线重合，形成亮点，所有符合相同条件的点形成亮云纹。由式(15-31)，形成亮云纹的条件是

$$\frac{\partial w}{\partial x} = N\left(\frac{p}{2l}\right) \tag{15-32}$$

$N = 0$，为零级亮云纹；$N = 1$，为 1 级亮云纹……这时的云纹是 $\partial w/\partial x$ 的等值线，云纹图称为 $\partial w/\partial x$ 场图。

将栅板绕中心轴旋转 $90°$，使栅线与 x 轴平行，进行两次曝光，可得到 $\partial w/\partial y$ 场图。

由 $\partial w/\partial x$ 场图和 $\partial w/\partial y$ 场图，通过图解微分法或数值微分法及可求挠曲面的曲率 $\partial^2 w/\partial x^2$、$\partial^2 w/\partial y^2$ 和扭率 $\partial^2 w/\partial x \partial y$，进一步还可按弹性力学公式计算薄板内力或应力，此不赘述。

在实验技术方面应当注意，为了得到良好的云纹图，应适当选择比值 $p/2l$。根据经验，取 $p/2l \approx 0.002$ 可获得较佳效果。

15.8　云纹干涉法简介

前面讨论的云纹法位移测量的灵敏度基于参考栅的栅距，在测量小变形时缺乏足够的灵敏度。云纹干涉法是 19 世纪 80 年代初发展起来的一种新的实验力学方法，它是普通云纹条纹倍增技术推广到衍射阶段，但只限于倍增系数等于 2 的情况。这种方法的面内位移测量灵敏度可达到波长级。与普通云纹生成原理不同，云纹干涉法是以光的衍射与相干性为基础的，与全息干涉原理相似，但由于其发展历史与传统云纹法密切相关，因此，人们习惯地仍称其为云纹法，但为区别，称为云纹干涉法或高密度云纹法。

15.8.1　云纹生成原理

云纹干涉法用高频位相型光栅复制在试件表上，国内使用的光栅频率为 600 线/mm 或 1200 线/mm。用一束平行光入射到试件表面时即发生衍射现象，衍射光级数分别为 0、± 1、± 2、…每一级衍射光在理想平面光栅情况下，均为平面波，入射光的衍射方向由以下光栅方程决定

$$\sin\theta_m = m\lambda F - \sin\alpha \tag{15-33}$$

其中，θ 为衍射角，m 为衍射光级数，F 为试件栅的频率，α 为入射光的入射角。当 1 级衍射光垂直于试件表面，即 $\theta_1 = 0$，光波波长 $\lambda = 6328 \text{Å}$ 时（氦氖激光）时，若试件栅频率为 1200 线/mm，则入射角 $\alpha = 49.408°$。

当用两束准直相干光 A、B 以入射角 α 对称入射试件栅平面，如图 15-20 所示，这两束光在试件栅前的空间产生干涉，形成空间光栅，它不随试件的变形而发生变化，起参考栅的作用，其空间频率为

$$D = 2\sin\alpha/\lambda \tag{15-34}$$

当调整光路使两入射光的 +1 及衍射光都垂直于试件栅表面时（$\theta_1 = 0$），试件栅与参考栅的栅频率有下述关系

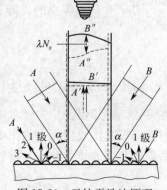

图 15-20　云纹干涉法原理

$$D = 2F \tag{15-35}$$

这样，当试件未变形时，两个+1级衍射的播前是平行的平面波，如图中 A'、B' 所示，不发生云纹效应；但当试件变形时，工作栅的栅线密度发生变化，两+1级衍射光的波前发生畸变而翘曲，如图中 A''、B'' 所示，在记录平面即产生干涉，形成云纹。云纹图是一幅位移等值线图。图中所示光路形成的参考栅栅线方向是垂直于纸面的，得到的是 u 场图，使用正交试件光栅时，可把试件旋转90°，再得 v 场图。由 u 场图和 v 场图的条纹级次 N_x、N_y，可分别计算位移 u 和 v，即

$$u = \frac{N_x}{2F}, \quad v = \frac{N_y}{2F} \tag{15-36}$$

15.8.2 实验光路及其调整

云纹干涉法的实验光路如图15-21所示。激光器1发出的激光束经扩束镜2扩束后再经准直镜3变为平行光，平行光经半透半反镜4分为两束具有相同强度的光，这两束光再经全反镜5、6反射后射入试样的光栅平面7，调整各光学元件的角度使这两束光的+1级衍射光完全重合，+1级衍射光最后经全反镜8反射到成像记录平面9。实验时，先在试样未加载条件下调整光路至理想状态，在记录平面放置毛玻璃，加载可观察毛玻璃上出现的干涉云纹。

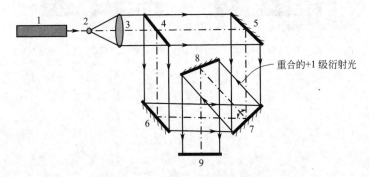

图15-21　云纹干涉法实验光路

1—激光器；2—扩束镜；3—准直镜；4—半透半反镜；5、6、8—全反镜；7—试样光栅；9—成像屏（或干版）

实际试验时可在激光器与扩束镜之间放光路开关来控制曝光时间，再实时加载观察得到疏密适中的云纹时，关闭光路开关，取下毛玻璃；然后装上干版，打开光路开关按预先设定的曝光时间对干板曝光，记录云纹。

15.8.3 应用

高密度云纹的光栅可直接用模板复制在试样表面进行实验，对于高温材料实验，可用光刻的方法将光栅直接腐蚀在试样表面。无论什么方法制作的光栅，光栅底面必须有很好的反光镀层，反光性差将不易观察到云纹，通常要镀一层反光性能好的铝膜。

图15-22所示为该法得到的含圆孔复合材料连接件表面的 u 场图和 v 场图。

如图15-23所示，为该法测定单晶合金在高温下的弹性模量与泊松比时得到的云纹干涉图。温度升至1000℃，云纹仍清晰可见，但在1000℃保持20分钟后云纹消失，说明反光面的晶格组织在高温下被破坏，反光性能变差。

(a) u场图   (b) v场图

图 15-22 云纹干涉法得到复合材料连接件的云纹图

(a) u场图   (b) v场图

图 15-23 单晶合金高温云纹图 (温度 1100℃, 载荷 410×9.8N)

第16章 散 斑 法

物体表面自然或人为制作的随机斑点，称为"散斑"；当相干性很好的光（如激光）照射粗糙物体表面时，反射光在物体表面前方空间会发生相干干涉而形成随机分布的明暗点，也称之为"散斑"。人们认识并研究、利用散斑进行应力分析已有40余年的历史，对激光散斑计量方法的研究尤为深入。数字散斑是激光散斑计量方法引入现代计算机图形处理技术的必然结果。用散斑进行计量的方法统称为散斑计量法，以激光散斑计量法为主。

■ 16.1 激光散斑及其特性

如图 16-1 所示，当激光照射到粗糙物体表面时，在物体表面上将发生散射，散射光的方向是杂乱无章的。空间里的任一点的光强为物体表面上相关各点散射光的叠加，而这些散射光的振幅与相位是各不相同的。设粗糙物体表面上某一面元 k 散射到空间 $P(x,y,z)$ 点的基元光波的复振幅为

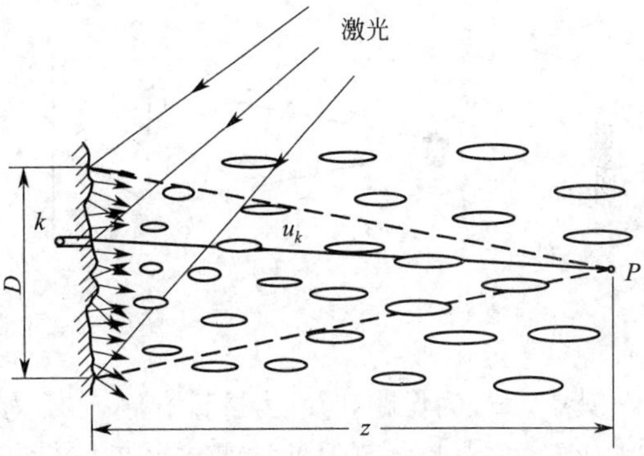

图 16-1 客观散斑的形成

$$u_k(x,y,z) = n^{-\frac{1}{2}} a_k(x,y,z) e^{i\varphi_k(x,y,z)}$$

则由 n 个这样的基元光波在 P 点叠加的合成复振幅为

$$u(x,y,z) = n^{-\frac{1}{2}} \sum_{k=1}^{n} a_k(x,y,z) e^{i\varphi_k(x,y,z)} \tag{16-1}$$

P 点的光强 I 决定于合矢量 u 的大小，由于物体表面粗糙情况的不确定性，我们无法提前预测它的大小，因此可把 I 看作一个随机变量。根据统计光学的研究，光强 I 服从负指数分布

$$p(I) = \frac{1}{E(I)} e^{-\frac{I}{E(I)}} \ (I \geqslant 0) \tag{16-2}$$

其中 $p(I)$ 为光强 I 的概率密度，$E(I)$ 为光强 I 的均值。

光强的方差 $\sigma^2(I) = E[I - E(I)]^2 = E(I^2) - (E(I))^2 = (E(I))^2$，定义光强的标准差 $\sigma(I)$ 与均值 $E(I)$ 之比称为光强的衬度，可知衬度

$$K = \frac{\sigma(I)}{E(I)} = 1 \tag{16-3}$$

这就是说，空间不同点的明暗对比是很清楚的。

式(16-2) 说明在空间不同点的光强服从同一概率分布，但随机性决定了各点光强不可能是完全相同的；同时表明光强为零的概率密度最大，即在空间里出现暗点的地方较

多。式(16-3)说明空间不同点明暗对比是清晰的。这样便在空间形成随机分布的亮点——散斑。

散斑与物体表面粗糙情况有关。散斑在空间的形状呈雪茄形，大小也是随机的，其横截面的平均直径 l_s、纵向平均长度 l 都与散射面面积 D、散射面到观察面的距离 z，以及光波波长 λ 之间具有统计关系，即

$$l_s \approx 1.2 \frac{\lambda z}{D}, l \approx 5\lambda \left(\frac{z}{D}\right)^2 \tag{16-4}$$

上述在空间形成的散斑称为客观散斑。如果如图 16-2 所示，通过透镜成像，就可得到具有散斑图的试件像，此时称为主观散斑图，其横向平均直径为

$$l_s \approx 1.22 \frac{\lambda z_1}{D_1} = 1.22(1+M)\lambda F \tag{16-5}$$

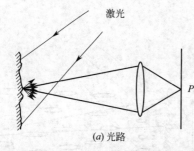

(a) 光路   *(b)* 散斑图

图 16-2 主观散斑的形成

其中，z_1 为像距，D_1 为透镜孔距，M 为成像放大系数，F 为光圈数（透镜焦距与孔径之比）。在实验中可根据需要适当调节，得到合适的散斑大小。

16.2 散斑照相法

散斑照相法记录的是散斑本身的光强，即散斑图。以两次曝光记录散斑运动前后的像，再现时散斑图的透光孔成为新的相干光源，利用双孔衍射干涉原理产生的杨氏条纹可进行物体位移的测量。

16.2.1 记录双曝光散斑图

用一束激光（准直的或扩展的）照射粗糙物体表面，通过透镜成像，如图 16-2 所示，则试件的像就带有散斑图样。由于散斑的形成归因于物体表面的粗糙性，可以认为散斑是附属于物体表面的；如果物体移动，散斑也将移动。若用两次曝光法记录物体变形前后的散斑图，就合成得到双曝光散斑图，它将是物体位移信息的记录，通过分析可以确定物体表面位移。这样确定物体表面位移的方法称为散斑照相法（或称单光束散斑干涉法）。该方法可以测定物体的面内位移、离面位移和离面位移梯度等。

实验中，必须要求散斑图每一微小区域与物体表面每一微小区域一一对应。变形体上的微小区域足够小，可以认为这个区域的散斑在变形后只是发生了整体移动。所以，在记录的双曝光散斑图上，可近似认为一个微小区域内具有两个完全相同但发生了错动的散斑图结构，这样的小区域称为准平移区。在准平移区内，各个斑的移动具有相同的大小与方向。

16.2.2 双曝光散斑图的分析

1. 逐点分析法

由以上分析可知，在准平移区内，形成一个个"斑对"。"斑对"相当于双孔，当用细激光束垂直照射散斑图上的某个准平移区时，所有"斑对"就会产生相同的"双孔"衍射效应，形成有规律的杨氏条纹，如图 16-3 所示。"孔"的位移方向与杨氏条纹垂直。

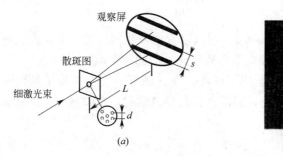

图 16-3 散斑图的逐点分析

根据双孔衍射公式，照射区域斑距 d 与观察屏上条纹间距 s 之间的关系为 $d = \lambda L / s$，而物体表面相应点处位移 d_w 应为斑距 d 除以成像放大系数 M，即

$$d_w = \frac{\lambda L}{sM} \qquad (16-6)$$

逐点分析法仅对散斑干涉图个别点进行分析，通常在散斑逐点分析仪上进行，非常简捷方便。图 16-4 所示为中心转动圆盘逐点分析实例的条纹及测点示意图，显然变形为轴对称的。

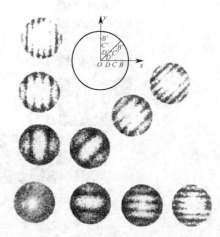

图 16-4 中心转动圆盘的逐点分析条纹及取点位置

2. 全场分析法

逐点分析法不能得到全场信息，并且正如在图 16-3(b) 中所看到的那样，观察屏中央有很亮的衍射晕，影响条纹的清晰度。而全场分析法是将带有位移信息的双曝光散斑图放入图 16-5 所示的傅里叶变换光路中，并通过光学滤波得到噪声少的、含有全场信息的条纹图。

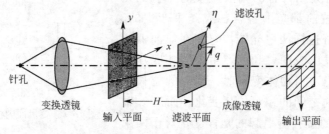

图 16-5 傅里叶滤波光路

假设所记录的散斑图为图 16-2 光路所记录的主观散斑。散斑图由各种方向和间隔的

"孔对"组成，因此对于全场来说，不同方向和不同间隔的杨氏条纹将叠加在一起，此时在谱面上看不到干涉条纹，在谱面上放置一个滤波孔，使其沿 η 方向离开中心，就可以分离出一组莫尔条纹，并显现在输出面上。这些条纹是沿 η 方向位移 s 的等值线，两相邻条纹之间的位移增量为

$$\Delta s = \frac{\lambda H}{qm} \tag{16-7}$$

其中，q 为滤波孔离开光轴的距离。通过改变滤波孔的位置，平面内任何方向的位移分量都可以得到。其灵敏度决定于滤波孔离开光轴的偏置距离。

图 16-6 所示为由多个滤波位置得到的各组条纹图样，它们描述了悬臂梁在自由端加载时的平面位移 u 和 v。可以看出，滤波孔偏置距离愈远，条纹愈密，即灵敏度越高。

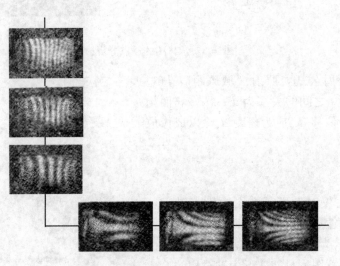

图 16-6 由傅里叶滤波得到的悬臂梁水平
与竖直位移条纹图样（滤波孔位置不同）

■ 16.3 双光束散斑干涉法

16.3.1 面内位移测量

如图 16-7 所示，被测物体 S 受到两束在 x-z 平面成等倾角 θ 的准直相干光照明，经照相机成像。这种光路，有两幅散斑波前入射到照相底片上，每一波前都是由各自相应光束产生的，对各物点都存在着这样两束光线，它们在象面上相干。整个物体所发出光的总和就产生由照相底片所记录到的散斑图样。当物体变形时，诸点的位移将引起两个散斑波前之间的相对位相变化，而沿 z 轴方向和 y 轴方向的位移所引起的光程变化对于两束光是相同的，由位移 u 引起两束光光程的变化分别为 $-u\sin\theta$ 和 $u\sin\theta$，总的相对光程变化为 $\delta=2u\sin\theta$，由式(8-4)，可得相对相位变化为

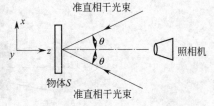

图 16-7 测量面内位移的双光束法

$$\Delta\varphi(x,y)=\frac{4\pi\sin\theta}{\lambda}u \tag{16-8}$$

其中：λ 为光波波长，θ 为照明角，u 为 x 方向的位移分量。利用实时技术或双曝光技术，可得到一幅式(16-8)所描述的 $\Delta\varphi(x,y)$ 轮廓条纹图样，条纹的形成基于相干原理。当 $\Delta\varphi(x,y)=2n\pi$（n 为整数），产生相长干涉，出现亮点，相应的位移为

$$u=\frac{n\lambda}{2\sin\theta}$$

符合上述条件的点形成各级亮条纹，两亮条纹间的位移增量为

$$\Delta u=\frac{\lambda}{2\sin\theta} \tag{16-9}$$

由此看出，利用这种方法可以测量光波波长级的位移量，这是相当灵敏的。虽然通过改变照明角可以降低测量灵敏度以适应较大位移的测量，但最大可测位移是受到散斑尺寸限制的。

图 16-8 为用这种方法得到的悬臂梁在自由端加载之后沿水平方向的面内位移；图 16-9 所示是一个三维情况，测量的是带圆孔的轴向受压圆柱套筒的纵向位移。

图 16-8 悬臂梁自由端加载后
水平位移的条纹图样

图 16-9 带孔且轴向受压圆柱
套筒的纵向位移条纹图样

16.3.2 离面位移测量

对于离面位移的测量，可采用图 16-10 所示的光路系统；S_0 为样品，而 S_R 作为参考面。分光器 M 使得 S_0 和 S_R 能够同时受到准直入射光束的照明，并同时经照相机成像。在这种情况下，若 S_0 变形，则两个散斑波前的相对光程变化仅仅由离面位移 w（沿照相机观察方向）引起，为 $2w$，而相对位相变化可表示为

$$\Delta\varphi(x,y)=\frac{4\pi}{\lambda}w \tag{16-10}$$

若 $\Delta\varphi=2n\pi$（n 为整数），产生相长干涉，形成亮条纹，条纹所代表的离面位移

$$w=\frac{n\lambda}{2}$$

两亮条纹间的位移增量

$$\Delta w=\frac{\lambda}{2} \tag{16-11}$$

由此可见，这种方法获得的条纹很密，灵敏度高，但不易分辨。

为了研究诸如薄板弯曲这样的问题，即离面位移占主导地位，建议使用图 16-11 的改进光路，被研究的样品同时受到两束准直光束的照明，其倾角分别与观察方向成 θ_1、θ_2。在此情况下，一束光作为另一束光的参考光，两个散斑波前之间相对的位相变化为

$$\Delta\varphi(x,y)=\frac{2\pi}{\lambda}\big[(\cos\theta_1-\cos\theta_2)w+(\sin\theta_1-\sin\theta_2)u\big] \tag{16-12}$$

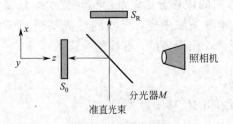

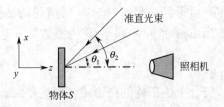

图 16-10　测离面位移的双光束法　　　　图 16-11　测离面位移降低灵敏度的方法

若使用大的照明倾角，即 θ_1、θ_2 接近 $\pi/2$，且知薄板问题的 w 比 u 大得多，则由面内位移 u 做出的贡献可以忽略不计。这时

$$\Delta\varphi(x,y)=\frac{2\pi}{\lambda}(\cos\theta_1-\cos\theta_2)w \tag{16-13}$$

令 $\Delta\varphi=2n\pi$（n 为整数），形成亮条纹，相应的位移

$$w=\frac{n\lambda}{\cos\theta_1-\cos\theta_2}$$

两条纹间的位移增量

$$\Delta w=\frac{\lambda}{\cos\theta_1-\cos\theta_2} \tag{16-14}$$

由于 $\cos\theta_1-\cos\theta_2\ll2$，由式（16-14）与式（16-11）比较知，使用这种方法可以降低灵敏度，便于测量较大的离面位移。

图 16-12 为矩形平板边缘固定、中心受载时得到的离面位移（挠度）条纹图样。两条纹之间的增量位移是 $10\mu m$。如果采用图 16-10 的方法，相邻条纹之间的增量位移大约是 $0.3\mu m$。

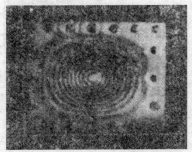

图 16-12　中心受载矩形板挠曲
变形的散斑干涉条纹

■ 16.4　散斑剪切干涉法

前面所述散斑技术是用以测量物体的表面位移（面内位移或离面位移），而对于应力分析所感兴趣的是应变。平面内位移与平面内应变的关系是

$$\varepsilon_x=\frac{\partial u}{\partial x},\varepsilon_y=\frac{\partial v}{\partial y},\gamma_{xy}=\frac{\partial u}{\partial y}+\frac{\partial v}{\partial x}$$

其中，ε_x、ε_y 为正应变，γ_{xy} 为剪应变。而在板弯曲的情况下，应变与离面位移 w 的二阶导数成正比。因此，为了得到应变，要对所测位移进行一次或两次微分。由位移图样作微分运算是很费力的，并且它是主要的误差源。本节要介绍的散斑剪切技术，将直接测量位移的微商（偏导数）。散斑剪切法有多种形式，本节选择两种来说明技法。

16.4.1　剪切照相法

这种方法利用一个剪切干涉成像照相机，如图 16-13 所示。照相机具有分成两半的透镜（其中一半由一片薄玻璃楔挡着）使物体成像，而物体受到一准直相干光束照明，相干

光束与视线方向成 θ 角。由于经过玻璃楔的光线受到偏析，分别由两半透镜聚焦的两个相将互相横向剪切。换言之，剪切相机会使物体上一点的散射光线与邻近一点的散射光线发生干涉。玻璃楔放置的方向使得剪切沿 x 方向，因而点 $P(x,y)$ 发出的光线与邻近点 $P(x+\delta x,y)$ 发出的光线干涉。由光楔产生的剪切量 δx 与楔角 α 的关系为

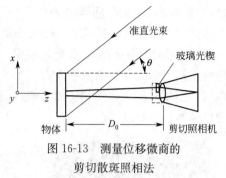

图 16-13　测量位移微商的剪切散斑照相法

$$\delta x = D_0(\mu-1)\alpha \qquad (16\text{-}15)$$

其中：D_0 为物体到光楔的距离；μ 为光楔的折射率。当物体变形时，就有两个点之间的相对位移，相对位移产生相对的位相变化 $\Delta\varphi(x)$ 为

$$\Delta\varphi(x)=(2\pi/\lambda)\{(1+\cos\theta)[w(x+\delta x,y)-w(x,y)]+\sin\theta[u(x+\delta x,y)-u(x,y)]\}$$
$$(16\text{-}16)$$

式中，u 和 w 分别为 x 和 z 方向的位移分量。如果剪切量 δx 很小，相对位移可以近似用位移的微分表示，于是等式(16-16) 就可写成

$$\Delta\varphi(x)=(2\pi/\lambda)[(1+\cos\theta)\frac{\partial w}{\partial x}+\sin\theta\frac{\partial u}{\partial x}]\delta x \qquad (16\text{-}17)$$

在物体变形前后进行双曝光记录，则产生描绘等式(16-17) 中 $\Delta\varphi(x)$ 的散斑条纹图样。虽然照相记录为非线性的，条纹仍是可见的，但高对比条纹图样要利用傅里叶滤波阻挡其 0 级谱之后才能得到。亮条纹发生于

$$\Delta\varphi(x)=2N_x\pi \qquad (16\text{-}18)$$

式中，条纹级数 N 为整数。将式(16-18) 代入式 (16-16)，可得下面关系

$$\sin\theta\frac{\partial u}{\partial x}+(1+\cos\theta)\frac{\partial w}{\partial x}=\frac{N_x\lambda}{\delta x} \qquad (16\text{-}19)$$

将照相机镜头转 90°，剪切则是沿 y 方向的，同理可得

$$\sin\theta\frac{\partial u}{\partial y}+(1+\cos\theta)\frac{\partial w}{\partial y}=\frac{N_y\lambda}{\delta y} \qquad (16\text{-}20)$$

如果物体绕 z 轴转 90°，准直光束在 yz 平面内，则有

$$\sin\theta\frac{\partial v}{\partial x}+(1+\cos\theta)\frac{\partial w}{\partial x}=\frac{N_x\lambda}{\delta x} \qquad (16\text{-}21)$$

$$\sin\theta\frac{\partial v}{\partial y}+(1+\cos\theta)\frac{\partial w}{\partial y}=\frac{N_y\lambda}{\delta y} \qquad (16\text{-}22)$$

式(16-19) ～式(16-22) 可用来求解位移的微商。

由上述关系可见，若采用垂直照明（$\theta=0$），则有

$$2\frac{\partial w}{\partial x}=\frac{N_x\lambda}{\delta x}, 2\frac{\partial w}{\partial y}=\frac{N_y\lambda}{\delta y} \qquad (16\text{-}23)$$

由此可直接测量离面位移的微商 $\partial w/\partial x$ 或 $\partial w/\partial y$。联立式(16-17)～式(16-21)，可确定各位移分量的微商。

图 16-14 为中心受载矩形板的离面位移微商 $\partial w/\partial x$ 图样。

16.4.2　记录平面离焦法

图 16-15 简略说明了第二种散斑剪切法——离焦法，它要求有意地使记录平面离焦。所研究的物体用一相干准直光束照明，此光束与图中视线方向成 θ 角。物体经一满孔径打开的透镜成像。位于离像平面有一个小距离 s 的干板在物体变形前后受到两次曝光。经处理后的照相底板（称为剪切图）通过傅里叶滤波可以得到任何所希望方向上、灵敏度可变的位移微商条纹图样。

图 16-14　中心受载矩形
板的 $\partial w/\partial x$ 条纹图样

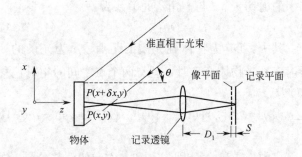

图 16-15　记录剪切图的离焦法

为了理解记录与读出的原理，可把透镜看成有无限密集的小孔对，先考察一个孔对的作用。假定孔对中心连线平行于 x 轴方向，中心间隔为 d。分别通过两孔聚焦而得的物体的两个像若在像平面上是重合的，则在离焦像面上的 x 方向是横向剪切的，很显然，这种结构使点 $P(x,y)$ 的散射光线与邻近点 $P(x+\delta x,y)$ 的散射光线在聚焦平面上相干，剪切量 δx 为

$$\delta x = \frac{Sd}{MD_1} \tag{16-24}$$

式中，D_1 为像面到透镜的距离，S 为离焦距离，M 为成像放大倍率。双孔干涉结果是散斑格线（即 16.2 节中提到的杨氏条纹），它与孔阑中心连线相垂直，利用式(16-6)和式(16-24)可导出格线频数（杨氏条纹间距的倒数）f 为

$$f = \frac{M^2 D_1}{\lambda S(D_1 + S)} \delta x \tag{16-25}$$

其中 λ 为照明光的波长。当物体变形时，两个邻近点之间的相对位移引起了散斑格线的移动。与单光束散斑法中的情形类似，散斑格线也是由平面内位移引起移动的，但这种移动对于相应的光学位相变化是比较灵敏的。通过双曝光，将变形的散斑格线与未变形的散斑格线相叠加便形成莫尔条纹图样（其原因类似于先前的单光束法），此莫尔条纹描绘了等式(16-17) 所示的位移微商。

若把整个透镜看成是由不同方向、间隔从零变到透镜直径的许多孔对组成，用全孔镜透镜记录的一张双曝光剪切图就是多重莫尔条纹族的叠加。每一莫尔条纹族就描绘了与平行于孔对连线方向相对应的位移微商，其灵敏度决定于与格线频数 f 成正比的剪切量 δx。

为了读出描述对应于某特殊方向的位移微商，并且具有希望的灵敏度，还必须使用图16-5 所示的傅里叶滤波光路。剪切图置于输入平面，滤波孔沿 η 方向偏离中心 q，便可得到一组描述沿 η 方向的位移微商条纹图样，并使其显现在象平面上。沿 η 方向的剪切量

$\delta\eta$ 为

$$\delta\eta=\frac{\lambda}{\lambda'}\frac{q}{H}\frac{S(D_1+S)}{M^2D_1}\qquad(16\text{-}26)$$

其中 λ 和 λ' 分别为记录和滤波时的光波波长，q 为滤波孔到光轴的距离。通过改变滤波偏置量 q 和 η，可以对任何所选择的方向，按希望用于控制灵敏度的剪切量测定位移微商。

正像在前一方法中看到的那样，这种方法测得的仍然是面内位移微商与离面位移微商的混合结果，若取 $\theta=0°$，同样可单独获得离面位移微商的条纹图样。

图 16-16 所示，为四边固定、中心受载矩形平板的挠曲变形微商 $\partial w/\partial\eta$ 的图样，各图分别对应于滤波处理时选择的不同方向 η 和偏置量 q。偏置量越大，条纹越密，灵敏度越高。

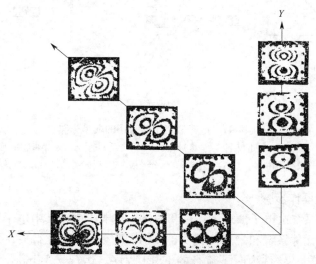

图 16-16　记录剪切图的离焦法

上述介绍的两种散斑剪切干涉法，在记录时不需要特殊的隔振措施。照相法可以获得高质量的条纹图样，也允许有相对大的转动，但在记录后没有可选择性；离焦法则允许记录后的微商方向和灵敏度有所选择，但条纹质量较差，也几乎不允许有刚体转动。

在使用垂直照明时，虽然剪切法对离面位移微商的测量是很有效的，但对于面内位移微商的测量，需要逐点扣除离面位移的微商，应用比较麻烦。

■ 16.5　电子散斑法

电子散斑干涉计量术（英文全称"Electric Speckle Pattern Interferometry"，缩写为"ESPI"），是19世纪70年代初发展起来的以激光、光电子技术及计算机数字图像处理技术为基础的现代光学测量方法。在 ESPI 测量系统中，使用了视频记录和数字化存储，用一只 CCD 摄像机记录物体变形前后的两幅干涉光场，输入计算机后经相减运算，把结果送至显示器进行视频显示。与传统散斑试验方法相比，二者的主要区别是获取物体变形信息的原理有所区别，传统方法使用图像相加技术，散斑干涉条纹为亮条纹，而 ESPI 采取的是图像相减技术，直接获得暗条纹。ESPI 技术具有操作简单、实用性强、自动化程度高、可以进行静态和动态测量等优点，同时免去了全暗房操作的麻烦和记录材料的消耗，所以近些年得到很快发展。

16.5.1 典型实验光路

源于传统激光散斑干涉技术的分类，ESPI 技术也分为三大类，即参考束型、双光束性和剪切型，典型光路如图 16-17 所示。图 16-17(a) 中的参考束型光路用来测量物体的离面位移；图 16-17(b) 中的双光束性光路用来测量物体的面内位移；图 16-17(c) 中的剪切型光路则用来测量物体离面位移微商。

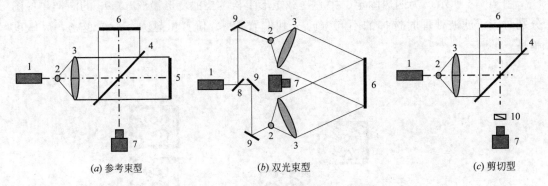

(a) 参考束型   (b) 双光束型   (c) 剪切型

图 16-17   电子散斑干涉常用的典型光路

1—激光器；2—扩束镜；3—非球面镜；4—半反半透镜；5—参考物平面；
6—被测物体；7—CCD 摄像机；8—分光镜；9—反射镜；10—剪切元件

16.5.2 实验操作步骤

散斑图像采集系统由电子散斑干涉仪和图像采集卡组成。其中电子散斑干涉仪由激光器，散斑测量光路元件系统和带变焦镜头的 CCD 摄像头等部分组成。图 16-18 为散斑图像采集系统的组成图。软件为时下流行的 ESPI 程序，运行于 Windows 环境下，可以完成电子散斑图像的采集与处理。

实验时按图 16-17、图 16-18 布置好光路，采用基于 MeteorII 图像采集卡的图像处理软件，利用其 ESPI 实时相减功能。采集过程如下：

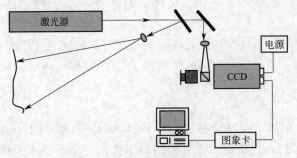

图 16-18   电子散斑图像采集系统构成

首先，用照相机或摄像机获得散板图像，点击 ESPI Reference 菜单命令或相应的按钮，采集 ESPI 参考散斑场图像。

然后，点击 ESPI Camera 菜单命令，或相应的按钮 ▣，进入 ESPI 实时相减采图过程，此时，在试件未加载情况下，所显示的图像应为全黑（相同图像相减的结果）；对试件加载，可以在计算机上看到实时相减的散斑干涉条纹。

最后，点击 ESPI Pause 菜单命令或相应的按钮 ▣，使 ESPI 实时相减采图过程暂停；此时计算机显示的图像冻结。可以选用 Image Export 菜单命令或相应的按钮 ▣，将当前冻结的图像保存到计算机某个目录里。

图 16-19 所示，为利用图 16-18 光路得到的一边简支、对边两角点点支的无孔和有孔矩形板在均布载荷作用下，实验得到的挠度 w 电子散斑干涉条纹图样和关闭参考光，并在照相机镜头前加剪切镜头得到的挠度微商 $\partial w/\partial x$、$\partial w/\partial y$ 的图样。均布压力用封闭长方体纸质气囊通过试验装置的机械挤压实现加载。图 16-19 中的散斑干涉条纹对称性欠佳，乃试样的支撑条件不够理想所致。

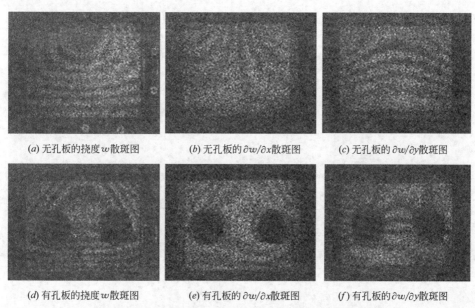

(a) 无孔板的挠度 w 散斑图　(b) 无孔板的 $\partial w/\partial x$ 散斑图　(c) 无孔板的 $\partial w/\partial y$ 散斑图

(d) 有孔板的挠度 w 散斑图　(e) 有孔板的 $\partial w/\partial x$ 散斑图　(f) 有孔板的 $\partial w/\partial y$ 散斑图

图 16-19　一边简支、对边两角点支、受均布载荷的无孔、
有孔矩形板的挠度及其微商的电子散斑干涉图样

16.5.3　实验技术要点

数字散斑实验是比较简单而方便的实验方法，不需要耗材，得到的是数字图片，适当保存即可。但要正常完成实验，还需要注意以下几点：

（1）使用相干性好的单模式激光器作光源，功率不低于 25W。光源的相干性不好，难以形成散斑场。

（2）要具有隔振性能好的防震台。

（3）实验要求在暗室条件下进行，但它不像全息光弹实验要求那么苛刻，计算机显示器的光亮只要不正对激光实验光路即可。

（4）对于光路的调节，注意物光与参考光亮度比，一般要调节分光器使参考光比较弱才行，参考光太强是看不到干涉条纹的。一般可控制光强比在 5∶1 左右。

（5）物光应尽可能均匀照亮测量对象，光束中心要基本位于被测物体的几何中心，一般要在扩束镜前加滤波器来均匀物光。物光不均将直接影响散斑干涉条纹的清晰与均匀。

（6）由于激光散斑实验非常灵敏，对试样的加载不能过量，过量的载荷导致干涉条纹过密，以至于无法再观察到。实验时应缓慢逐步加大载荷，并细心观察，直到能看到疏密得当的干涉条纹为宜。

（7）由于散斑实验的灵敏性，试验实验时要避免大声喧哗、走动、触及防震台。

（8）由于灵敏而限制不能随意加载，对实验资料的分析宜采取无量纲归一化处理。

第 17 章　数字图像相关法

■ 17.1　引言

传统的光测力学的数据采集是利用胶片或干板记录带有被测物体表面位移或变形信息的光强分布，通过显影定影得到照片。但是，由于显影定影操作费时费力，实验条件难于精确控制，实验结果难于精确重复，不利于后续的计算机图像处理。进入 20 世纪 70 年代，光电子技术与数字图像技术飞速发展，特别是近年来随着 CCD 摄像机、计算机软硬件及数字图像处理技术的飞速发展，人们希望寻求不需要显影定影操作而直接获得图像并处理得到感兴趣物理量分布的方法，一系列"数字"光测力学技术应运而生。在这其中，图像相关（Digital Image Correlation，DIC）或又被称为数字散斑相关测量（Digital Speckle Correlation Measurement，DSCM）技术是当前最活跃、最有生命力的光测技术之一。

数字图像相关方法是由日本的 Yamaguchi 和美国 University of South Carolina 的 W. H. Peters 和 W. F. Ranson 等人在 20 世纪 80 年代几乎同时独立提出的。该方法直接利用被测物体表面变形前后两幅数字图像的灰度变化来测量该被测试件表面的位移和变形场。因此，数字图像相关方法本质上属于一种基于现代数字图像处理和分析技术的新型光测技术，它通过分析变形前后物体表面的数字图像获得被测物体表面的变形（位移和应变）信息。其他基于相关光波干涉原理的光测方法（如，全系干涉法、电子散斑干涉法、云纹干涉法等），一般都要求使用激光作为光源，光路较复杂，测量需要在暗室环境进行，并且测量结果易受外界振动的影响，这些限制条件使得这些光测方法通常只能应用于实验室内的隔振平台上进行科学研究测量，而难以在无隔振实验条件以及实际工程现场进行测量。

与基于相关光波干涉原理的光测方法相比，数字图像相关方法显然具有一些特殊的优势，这些优势包括以下方面：

（1）实验设备、实验过程简单。被测物面的散斑模式可以通过人工制斑技术获得或者直接以试件表面的自然纹理作为标记，仅需用单个或两个固定的 CCD 摄像机拍摄被测物体变形前后的数字图像；

（2）对测量环境和隔振要求较低。用白光或自然光作为照明光源，无需激光光源和隔振台，避免了对测量环境的较高要求，容易实现现场测量；

（3）易于实现测量过程的自动化。不需要胶片记录，避免了繁琐的显影定影操作；也不需要进行干涉条纹定级和相位处理，能充分发挥计算机在数字图像处理中的优势和潜力；

（4）适用测量范围广。可与不同空间分辨率的图像采集设备（如扫描电子显微镜、原子力显微镜等）结合，从而可进行宏观、微观甚至纳观尺度的变形测量。

经过 20 多年的发展，该方法日渐成熟和完善，作为一种非接触、光路简单、精度高、自动化程度高的光学测量方法，该方法受到了广泛的重视，并在科学研究和实际工程应用的多个领域中获得无数成功的应用。

需要说明的是，二维数字图像相关方法利用一个固定的摄像机拍摄变形前后被测平面物体表面的数字图像，再通过匹配变形前后数字图像中的对应图像子区获得被测物体表面各点的位移。使用单个摄像机的二维数字图像相关方法，局限于测量平面物体表面的面内位移，并且要得到可靠的测量结果，还有一些额外限制条件，如要求：

①被测物面应是一个平面或近似为一平面；②被测物体变形主要发生在面内，离面的位移分量非常小；③摄像机靶面与被测平面物体表面平行（即摄像机光轴与被测物面垂直或近似垂直），并且成像系统畸变可以忽略不计。显而易见，如果被测物体表面为曲面或者物体的变形是三维的，上述二维数字图像相关方法显然不再适用，无法完成测量任务。

但如果被测物体表面不能近似成为一平面或者为起伏较大的曲面，或者物体表面出现了显著的离面位移，此时二维数字图像相关方法则不再适用，而基于双目立体视觉原理的三维数字图像相关方法则适合这些情况下的变形测量。三维数字图像相关方法可对平面或曲面物体的表面形貌及三维变形进行测量，适用测量范围广泛，在工程上的应用前景尤为广阔。缺点是需要精确标定双目立体视觉摄像系统，实验和数据处理过程较二维数字图像相关方法要更加复杂。

■ 17.2 数字图像相关的基本原理

数字图像相关在实际应用中通常通过以下 3 个步骤实现全场变形测量。

（1）通过数字图像相关测量图像采集系统获取变形前、后变形物体表面的数字图像。

（2）利用数字图像相关方法计算变形前物体表面数字图像中各离散点的位移矢量。

（3）通过位移数据来计算应变。

二维数字图像相关测量系统的组成如图 17-1 所示。被测平面物体放置在加载设备中，CCD 摄像机的光轴垂直于试件表面（即摄像机靶面与被测平面物体表面平行）对其准确聚焦成像。在施加载荷过程中忽略被测物体表面微小离面位移的影响，假设试件表面只有面内位移。为了给相关匹配过程提供特征，通常要求试件表面具有类似散斑图的随机灰度分布。

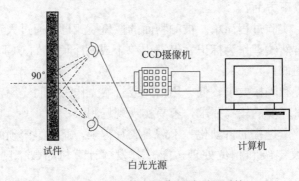

图 17-1　二维数字图像相关测量系统

对于数字图像相关方法处理的是数字化图像，为此需要图像采集和数字化设备。常见的图像采集设备是 CCD 和图像卡组合而成的图像采集和数字化设备，或者是数字化的图像采集设备（如数字 CCD 或 CMOS 摄像机）。图像采集设备实时采集不同载荷下试件的表面图像，数字化后，每幅数字图像被离散成为 M×N 像素的灰度阵列，并存入计算机硬盘。通常将最开始的图像称为"变形前图像（或参考图像）"，其余的各幅图像称为"变形后图像"。

数字图像处理是由计算机处理图像的一种方法，具有精度高、通用性强等特点。数字图像处理将图像分割成等距离矩形网格进行量化和采样，将图像以二维矩阵的方式存储于计算机中。通过模数转换将图像转化为一个二维灰度矩阵，也就是说图像有 0~255 的灰度级。

数字散斑相关是根据物体表面随机分布的粒子的反射光强分布在变形前后的概率统计相关性来确定位移、变形的。数字散斑相关测量法的基本测量过程为由 CCD 摄像机记录被测物体位移或变形前后的两幅散斑图，经模数转换得到两个数字灰度场，对两个数字灰度场做相关运算，找到相关系数极值得到相应的位移或变形。通常每幅图含 512×512 个像素，图像的灰度经 8bit A/D 转换为 0~255 灰度级。

由于散斑分布的随机性，散斑场上的每一点周围的一个小区域中的散斑分布与其他点是不一样的，这样的小区域通常称为子集。散斑场上以某一点为中心的子集可作为该点位移的信息载体，通过分析和搜索该子集的移动和变化，便可以获得该点的位移，从而实现了将变形测量问题转化为一个相关搜索和数字图像识别的计算过程。

如图 17-2 所示，物体变形前后两个散斑场为：

变形前：$\{F_1\} = \{F_1(x_i, y_i); \quad i = 1 \cdots n, j = 1 \cdots n\}$

变形后：$\{F_2\} = \{F_2(x_i, y_i); \quad i = 1 \cdots n, j = 1 \cdots n\}$

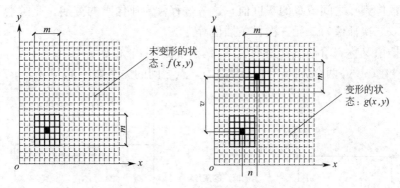

图 17-2　相关搜索示意图

假设散斑位移场为 $u(x, y)$ 与 $v(x, y)$，则变形前的散斑图上任一点 (x, y) 的灰度与变形后的散斑图上位于 $[x + u(x, y), y + v(x, y)]$ 的灰度相对应，即

$$I_1(x, y) = I_2[x + u(x, y), y + v(x, y)] \tag{17-1}$$

对变形后的数字散斑场所附的基坐标作仿射变换

$$\left.\begin{array}{l} x' = x - u'(x, y) \\ y' = y - v'(x, y) \end{array}\right\} \tag{17-2}$$

得到新的基坐标 (x', y')，其中 $u'(x, y)$，$v'(x, y)$ 是试凑散斑位移函数。

通过上述仿射变换，得到新的数字散斑场

$$\{I_2'(x',y')\}=\{I_2[x+u'(x,y),y+v'(x,y)]\} \tag{17-3}$$

对照式(17-1)，可得

$$I_2'(x',y')=I_1[x+u'(x,y)-u(x,y),y+v'(x,y)-v(x,y)] \tag{17-4}$$

上式表明，当试凑位移函数与真实的散斑位移函数相同时，经仿射变换得到的数字散斑场完全恢复到物体变形前的数字散斑场。衡量试凑位移函数与真实的散斑位移函数的接近程度的指标，就是$\{I_1\}$与$\{I_2'\}$之间的相关性

$$C_n=\frac{\langle I_1 * I_2'\rangle-\langle I_1\rangle * \langle I_2'\rangle}{[\langle(I_1-\langle I_1\rangle)^2\rangle * \langle(I_2'-\langle I_2'\rangle)^2\rangle]^{\frac{1}{2}}} \tag{17-5}$$

其中，$\langle\rangle$是系综平均符，$|C_n|\leqslant 1$；当且仅当$I_1=I_2'$时，$C_n=1$.

具体计算步骤如下：依次选取一组试凑位移函数，$u'(x,y)$，$v'(x,y)$，对变形后的数字散斑场通过式(17-2)作仿射变换，形成新的数字散斑场$\{I_2'\}$，然后计算$\{I_1\}$与$\{I_2'\}$之间的相关性。使相关性取得最大值的试凑位移函数就是真实的散斑位移。

■ 17.3　亚像素搜索方法

数字标记点图像相关测量方法处理的图像是由图像技术获得的数字图像，数字图像存储的灰度信息仅仅是在离散的整数像素位置的灰度值，因此灰度函数也是离散的，这样就无法获得整数像素之间位置小数的灰度值。但是，在相关计算中，变形前后的散斑图中点位置变化是任意的、连续的，也就是说在变形以前原来位于整像素的点在变形以后常常会移到非整像素之间的位置，因此必须获得这个非整数点的灰度值，才能得到图像中标记点的精确位移及应变。所以，有必要利用插值的方法对原图像进行重构，以得到连续的图像，获得整数像素点之间位置的灰度值，这一过程称为亚像素的重建。亚像素重建有双线性插值法、双二次插值、二元三次样条插值等方法。

双线性插值又称一阶插值，是利用点(x,y)周围4个邻点P_{00}，P_{10}，P_{01}，P_{11}的灰度值$g(x,y)$在(x,y)两个方向上作线性内插，点之间的关系如图17-3所示。

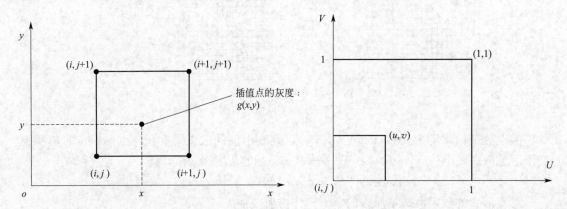

图 17-3　双线性插值点之间的关系　　　　图 17-4　双线性插值点的局部坐标

正方形内任意点的灰度值$g(x,y)$由下面的双线性方程来定义：

$$g(x,y)=A+Bu+Cv+Duv \tag{17-6}$$

其中，u，v 是以点 (i,j) 为原点的局部坐标。

将四个顶点的灰度值代入方程，可求得系数：

$$A = g(i,j) \tag{17-7}$$

$$B = g(i+1,j) - g(i,j) \tag{17-8}$$

$$C = g(i,j+1) - g(i,j) \tag{17-9}$$

$$D = g(i+1,j+1) - g(i,j+1) - g(i+1,j) + g(i,j) \tag{17-10}$$

三次样条插值可以得到更高精度的插值图像，它考虑了插值的一阶和二阶导数。三次样条插值的目的就是要得到一个内插公式，不论在区间内还是边界上，其一阶导数平滑，二阶导数连续。用三次样条插值重建的数字图像会使相关计算得到更高精度的位移及其导数。

二元三次样条插值的定义如下：

在矩形区域 $\Omega = [a,b] \times [c,d]$ 上给定矩形分割 $\Delta = \Delta_x \times \Delta_y$

$$\Delta_x : a = x_0 < x_1 < \cdots < x_m = b$$

$$\Delta_y : c = y_0 < y_1 < \cdots < y_n = d \tag{17-11}$$

在 Δ 上定义一个函数 $S_3(x,y)$ 为二元三次样条函数，须同时满足如下条件：

(1) 在每一个子域上，$S_3(x,y)$ 是关于 x，y 的 3 次多项式。

(2) 在整个矩形区域 $S_3(x,y)$ 的一阶和二阶导数及其偏导数是连续的。

(3) 样条函数值在插值点的插值和已知点的值相等。

由分析可知，要满足以上三个条件，只依靠已知点的函数值是不能求得函数 $S_3(x,y)$ 的，通常的做法是附加边界条件。通常是附加自然边界条件，即认为函数在边界处的二阶导数为零，并且对 x，y 的四阶偏导

$$\frac{\partial^4 S_3(x,y)}{\partial x^2 \partial y^2} = 0$$

除此之外还有双线性插值、小波双线性插值以及以分形几何为基础的分形内插方法等。这些插值方法同双线性插值算法相比，虽可以得到较高的信噪比，但插值原理难度大，计算非常复杂，计算量大大增加。而双线性插值算法原理简单，也可产生令人满意的效果，因此被广泛地应用在图像的灰度值插值中。本文即是采用双线性插值来求解亚像素的灰度值。

■ 17.4 应用实例

数字散斑相关方法是一种图像互相关方法，是对两幅图像中所选子区相关程度的评估，因此需要物体表面有随机分布的斑点。所制斑点的质量会对计算精度有一定的影响。具有较强纹理的自然表面可以作为散斑图，当放大倍数非常大时，例如在扫描电镜下拍摄照片，物体表面的自然纹理、颗粒可以用来进行数字散斑相关的识别。但在一般的宏、微细观情况下，为了保证得到较高的相关系数值从而提高数字散斑相关方法的精确度，在试件表面制作人工散斑是必要的。

人工散斑图制作方法为在试件表面先均匀地喷涂白色的亚光微珠漆，然后在其上喷涂黑色的亚光微珠漆，直到形成均匀的无规则的黑白相间的斑点，当用与摄像机同轴方向照明光照明时，具有较好的反差。采用这种方法，斑点的大小可以通过调整喷头与试件间的

距离来调节。一般情况，喷头离试件的距离要远些，使细小的雾状油漆飘到试件表面可以得到理想的散斑图。图 17-5 即为用此方法制作出的散斑图。

一般来说，小几何尺寸、高反差的散斑图有利于相关计算精度的提高，如果图像中存在大片的黑区、大片的白区，不利于相关计算精度的提高，情况严重的可以导致不收敛，为保证测量精度，散斑的大小控制在 2～3 个像素最佳。

最后的要求则是人工散斑的颗粒应牢固地定位于物体表面，物体变形时，它仅随基点平动或转动，以保证反射光强基本不变，否则会造成相关系数的多峰性以致找不到真实的位移值。

实验中使用的材料为钢板，截面尺寸为 10mm×10mm，厚度为 1mm，弹性模量 $E=200GP$，泊松比 $\mu=0.3$。钢板下端固定在防震支座上，上端自由。试验中使用的摄像系统由 CCD 及一台计算机组成。试验采用人为对试验钢片进行加载，使钢片产生明显的变形。

实验过程：

（1）切割钢板试样，使其满足实验要求（截面尺寸 10mm×10mm，厚度 1mm）。

（2）制作散斑。先在钢板表面均匀喷上白漆，待其彻底风干后随机喷上黑色斑点。

（3）固定拍摄仪器并且在固定支座上固定好试件，使试件与拍摄仪器保持同一水平线，且试件表面垂直于照射光线。

（4）拍摄试件变形前的图像，然后对试件不断地进行加载，拍摄出试件受力变形后的一系列照片。

（5）对试件进行标定。在试件表面用一个刻度尺，采集该刻度尺的图像。标定的系数是图像的像素与实际物体的大小之间的比例关系，其单位一般是 pixels/mm。

（6）数据采集完毕，进行图像数据处理，利用上述 DSCM 软件处理数据，可得到被测试件表面轮廓各点变形量。

实验结果及分析：

将实验结果采集的受不同载荷作用下钢板变形的散斑图像输入电脑中，选取其中变形测量区域，通过 DSCM 软件分析可以清楚地看出试件在受载荷过程中位移场和应变场的演化过程。图 17-6、图 17-7 所给出的是载荷不断增大时试件位移的 u 场和 v 场灰度变化图。

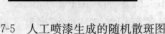

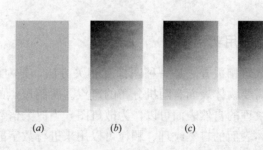

(a) $\qquad$ (b) $\qquad$ (c) $\qquad$ (d)

图 17-5　人工喷漆生成的随机散斑图　　　图 17-6　不同载荷下试件 u 场位移演化过程图

通过实验给出的标定可知图中像素大小为 0.15522mm/pixel，即可计算出挠度大小变化范围为 0.01101～0.55026mm。图 17-8 显示出所选区域中试件在 v 场 y 方向上挠度位移变化图。从图中可知钢板受力上端挠度变化较大，下端挠度变化小，与实际情况相符。

实验设备测量出的结果为 v 场中 y 方向位移最小量为 0.009291mm，位移最大量为 0.538992mm。

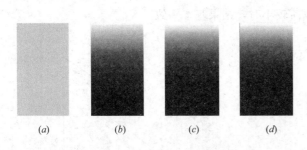

图 17-7　不同载荷下试件 v 场位移演化过程图　　　图 17-8　试件 v 场 y 方向挠度位移图

悬臂梁加载试验。悬臂梁长度为 105mm，实验装置散斑图如图 17-9 所示。

图 17-9　悬臂梁散斑图

同样，经过软件计算得出悬臂梁 u 场和 v 场的位移变化灰度图，如图 17-10 和图 17-11 所示。

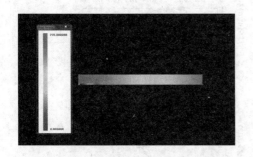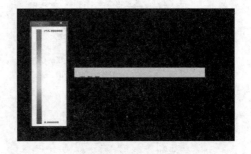

图 17-10　悬臂梁 v 场位移变化灰度图　　　图 17-11　悬臂梁 u 场位移变化灰度图

用白光散斑测量技术对岩石进行模型试验。相似模型试块长 30cm，高 40cm，厚 10cm，相似材料原料重量比：砂：石膏：水＝3：3：2；试验平面应力加载条件下进行实验。模型试块内有三条节理，分 3 排布置，每条节理长 12cm，倾角 30°，试样沿纵向采用高压柔性皮囊加载，测向不受力。图 17-12 为用这种方法制备的人工散斑，上面的标注 1～8 是为是比较分析结果安装百分表的位置。

图 17-13 为由白光散斑法的灰度相关分析得到的试样在 0.6MPa 载荷下的位移矢量图，上部位移较小，下部位移较大。这是因为上部与实验台之间摩擦阻力较大，阻止试体

移动，而下部为高压柔性橡皮，摩擦阻力较小，试体能够移动，在节理附近有一点（图中圆圈所注）的位移规律出现异常，这是因为在这里有新的裂纹产生，破坏了原始散斑场导致相关搜索错误所致。图 17-14 所示，为各安装百分表的测点位置，散斑法测得位移与百分表测得位移的比较。可以看到，在载荷较小时，结果基本一致。

图 17-12　模型上的人工散斑

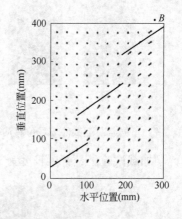

图 17-13　载荷为 0.6MPa 时的位移

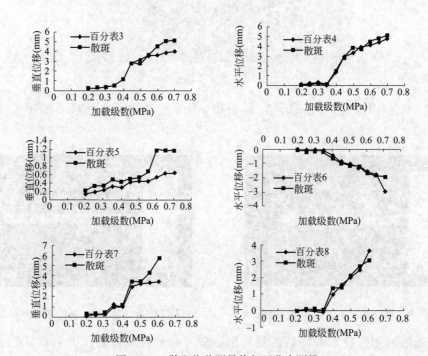

图 17-14　散斑位移测量值与百分表测量

■ 17.5　三维数字散斑相关方法

　　人类是通过两眼分别同时获取外部场景的二维图像，然后经过大脑的处理，从而得到外部场景的三维信息。双目立体视觉的基本原理与此类似，即利用两个摄像头记录下空间同一场景的图像，然后寻找这两幅二维图像中的对应点，根据已知的两个摄像头的内部参数，计算得到其相对于空间中某个坐标系的三维坐标。

图 17-15 是关于双目立体视觉原理的简单示意图，其中符号 c 表示两个摄像机的光心。从图中可以看出，空间中的点 P 分别成像于点 $P1$（位于摄像机 1 的像平面上）与点 $P2$（位于摄像机 2 的像平面上），双目立体视觉的目标，就是要从点 $P1$ 和点 $P2$ 确定点 P 在预先设定的世界坐标系中的坐标。可以很直观地看到，如果只有一个摄像机，那么只能得到空间中的一条直线，至少要两个摄像机，才可以唯一确定点 P 的坐标。

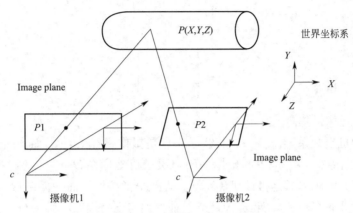

图 17-15　双目立体视觉示意图

双目立体视觉测量中，有两个关键性的步骤：标定和匹配。标定是确定摄像机内外参数的过程，匹配是寻找测量系统中两个摄像机分别所记录图像中的对应点。如果已经得到了摄像机内外参数，利用每一对如点 $P1$ 和点 $P2$ 这样的对应点的图像坐标，就可以确定空间中的一个点。

摄像机成像模型，是用数学语言描述空间中的点成像于摄像机靶面上，并经过 AD 转换，形成数字化图像上的像素点的简化过程。根据是否考虑摄像镜头畸变系数的影响，可将摄像机成像模型分为线性模型和非线性模型。

一般的摄像机成像模型涉及如图 17-16 所示的五个坐标之间的转换关系：

（1）空间世界坐标 $O_w x_w y_w z_w$ 到摄像机坐标 $O_c x_c y_c z_c$ 的转换，表示如下：

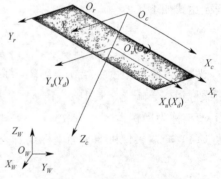

图 17-16　坐标变换示意图

$$\begin{bmatrix} x_c \\ y_c \\ z_c \end{bmatrix} = R \begin{bmatrix} x_w \\ y_w \\ z_w \end{bmatrix} + T \tag{17-12}$$

其中，R 是旋转矩阵，具有正交性，即 $RRT=I$，T 是平移向量，

$$R = \begin{bmatrix} r_1 & r_2 & r_3 \\ r_4 & r_5 & r_6 \\ r_7 & r_8 & r_9 \end{bmatrix} \tag{17-13}$$

$$T = \begin{bmatrix} T_x \\ T_y \\ T_z \end{bmatrix} \tag{17-14}$$

（2）摄像机坐标系 $O_c x_c y_c z_c$ 到理想摄像机像平面坐标系 $O_u x_u y_u$ 的转换：

$$z_c \begin{bmatrix} x_u \\ y_u \\ 1 \end{bmatrix} = F \begin{bmatrix} x_c \\ y_c \\ z_c \end{bmatrix} \tag{17-15}$$

其中，

$$F = \begin{bmatrix} f & & \\ & f & \\ & & 1 \end{bmatrix} \tag{17-16}$$

这里，f 是摄像机焦距。

注意，摄像机坐标系 $O_c x_c y_c z_c$ 中坐标原点是摄像机光心，z_c 轴与光轴重合。理想摄像机像平面坐标系 $O_u x_u y_u$ 中的坐标平面与摄像机坐标系 $O_c x_c y_c z_c$ 中的 $x_c y_c$ 平面平行，这两个平面间的距离即是摄像机焦距 f。理想摄像机像平面坐标系 $O_u x_u y_u$ 坐标原点是 z_c 轴与 $x_u y_u$ 平面的交点，且 x_u 轴与 y_u 轴分别与 x_c 轴和 y_c 轴平行。

（3）理想摄像机像平面坐标系 $O_u x_u y_u$ 到畸变摄像机像平面坐标系 $O_d x_d y_d$ 的转换：

$$x_u = x_d + \delta_{xd} \tag{17-17}$$
$$y_u = y_d + \delta_{yd} \tag{17-18}$$

其中 δ_{xd} 和 δ_{yd} 为镜头畸变引起的理想像点与真实像点在 x 和 y 两个方向上的偏差，其表达式如下：

$$\delta_{xd} = k_1 x_d (x_d^2 + y_d^2) + [p_1(3x_d^2 + y_d^2) + 2p_2 x_d y_d] + s_1(x_d^2 + y_d^2) \tag{17-19}$$
$$\delta_{yd} = k_1 x_d (x_d^2 + y_d^2) + [2p_1 x_d y_d + p_2(3x_d^2 + y_d^2)] + s_2(x_d^2 + y_d^2) \tag{17-20}$$

式（17-19）和式（17-20）中第一项称为径向畸变，其中 k_1 被称为径向畸变系数，第二项称为离心畸变，其中 p_1 和 p_2 称为离心畸变系数，第三项称为薄棱镜畸变，其中 s_1 和 s_2 被称为薄棱镜畸变系数。

（4）畸变摄像机像平面坐标系 $O_d x_d y_d$ 到计算机图像坐标系 $O_f x_f y_f$ 的转换：

$$x_f = x_d / \lambda d_x + c_x \tag{17-21}$$
$$y_f = y_d / d_y + c_y \tag{17-22}$$

其中各参数的意义如下：

d_x：摄像机靶面感光单元 x 方向长度；

d_y：摄像机靶面感光单元 y 方向长度；

λ：非确定性标度因子，它是由摄像机横向扫描与采样定时误差引起的；

x_c，y_c：是畸变摄像机平面坐标系原点在计算机图像坐标系中的坐标。

在上述第三步坐标变换中，如果式（17-19）和式（17-20）中各畸变系数皆为0，则畸变摄像机平面坐标系 $O_d x_d y_d$ 与理想摄像机平面坐标系完全一致，这时的摄像机模型就是线性模型，或称小孔成像模型，否则就是非线性模型。如果镜头的畸变系数比较大，就应该选择非线性模型。而对于测量精度要求不高，或镜头畸变很小，则可以选择线性模型。

上述众多坐标变换所涉及的参数中，旋转矩阵 R 由于其正交性，只有三个独立参数，它们与平移向量 T 中的三个独立参数，完全由摄像机相对于世界坐标系的方位决定，故称为摄像机外部参数；其余的参数，包括摄像机焦距 f，畸变系数 k_1、p_1、p_2、s_1，和 s_2，非确定性标度因子 λ，以及摄像机畸变坐标系的原点在计算机图像坐标系中的坐标 c_x 与 c_y，只与摄像机内部结构有关，故称为摄像机内部参数。

摄像机标定的目的，是获得摄像机的内外部参数。具体的标定方法，很多国内外文献有详述讲解，本章不做具体介绍。

对两个摄像机完成标定后，获得了它们的内外参数，同时也建立了一个基于模板的空间世界坐标系。这时，就可以从两个摄像机记录的图像上的对应像素点的二维图像坐标重建三维空间坐标。这里假设已经知道了两幅图像上的两个对应像素点的图像坐标为 (x_{f1}, y_{f1})、(x_{f2}, y_{f2})，下面介绍如何从这两个图像坐标重建空间三维坐标，在下面的推导过程中，以下标 "1" 和 "2" 分别表示摄像机 1 和摄像机 2 的参数。

由式(17-21) 式(17-22) 可得：

$$x_{d1} = (x_{f1} - c_{x1})d_{x1}\lambda_1 \tag{17-23}$$

$$y_{d1} = (y_{f1} - c_{f1})d_{y1} \tag{17-24}$$

由式(17-17) 和式(17-18) 可得：

$$x_{u1} = x_{d1} + \delta_{xd1} \tag{17-25}$$

$$y_{u1} = y_{d1} + \delta_{yd1} \tag{17-26}$$

由式(17-15) 可得：

$$\begin{bmatrix} x_{c1} \\ y_{c1} \\ z_{c1} \end{bmatrix} = z_{c1}F^{-1} \begin{bmatrix} x_{u1} \\ y_{u1} \\ 1 \end{bmatrix} \tag{17-27}$$

由式(17-12) 可得：

$$\begin{bmatrix} x_w \\ y_w \\ z_w \end{bmatrix} = R_1^{-1} \begin{bmatrix} x_{c1} \\ y_{c1} \\ z_{c1} \end{bmatrix} - R_1^{-1}T_1 \tag{17-28}$$

从式(17-28) 可以看出，如果空间点在摄像机坐标系中的三维坐标已经知道，那么可以求得其在世界坐标系中的三维坐标。而式(17-27) 所表示的方程组中，有三个未知数（即摄像机坐标系中的三维坐标），而只有前两个方程是独立的，所以从一个摄像机记录的图像中不能确定摄像机坐标，从而也不能确定世界坐标，至少需要两个摄像机，才能唯一确定空间点的世界坐标。

由式(17-12) 和式(17-27) 可得：

$$R_1 \begin{bmatrix} x_w \\ y_w \\ z_w \end{bmatrix} + T_1 = z_{c1}F^{-1} \begin{bmatrix} x_{u1} \\ y_{u1} \\ 1 \end{bmatrix} \tag{17-29}$$

令：

$$\begin{bmatrix} a_{11} \\ a_{12} \\ a_{13} \end{bmatrix} = F^{-1} \begin{bmatrix} x_{u1} \\ y_{u1} \\ 1 \end{bmatrix} \tag{17-30}$$

$$\begin{bmatrix} R_{11} \\ R_{12} \\ R_{13} \end{bmatrix} = R_1 \tag{17-31}$$

其中，R_{11}、R_{12} 和 R_{13} 是 R_1 的三个行向量。

可以证明，式(17-30) 中的 $a_{13}=1$，利用式(17-30) 和式(17-31)，从式(17-29) 中消去 z_{c1}，可以得到如下方程组：

$$\left(\begin{bmatrix} R_{11} \\ R_{12} \end{bmatrix} - \begin{bmatrix} a_{11} \\ a_{12} \end{bmatrix} R_{13} \right) \begin{bmatrix} x_w \\ y_w \\ z_w \end{bmatrix} + \left(\begin{bmatrix} T_{1x} \\ T_{1y} \end{bmatrix} - \begin{bmatrix} a_{11} \\ a_{12} \end{bmatrix} T_{1z} \right) = 0 \tag{17-32}$$

对于摄像机 2 所拍摄图像上的象素点 (x_{f2}, y_{f2})，同理可得：

$$\left(\begin{bmatrix} R_{21} \\ R_{22} \end{bmatrix} - \begin{bmatrix} a_{21} \\ a_{22} \end{bmatrix} R_{23} \right) \begin{bmatrix} x_w \\ y_w \\ z_w \end{bmatrix} + \left(\begin{bmatrix} T_{2x} \\ T_{2y} \end{bmatrix} - \begin{bmatrix} a_{21} \\ a_{22} \end{bmatrix} T_{2z} \right) = 0 \tag{17-33}$$

式(17-32) 和式(17-33) 组成的方程组，待求未知量是三个世界坐标，但独立方程有四个，对于这样的超静定方程，可用最小二乘法求解。这样，就实现了从图像二维坐标到空间三维坐标的重建。

如图 17-17 所示，在摄像机上，以点 $P(x_{f1}, y_{f1})$ 为中心选择一个相关区域 Ω，Ω 是有 n 个点的集合。相关区域是由空间中的曲面在摄像机靶面上的投影形成，通常相关区域是一个非常小的区域，故其所对应的曲面是一个微曲面，因此可假设相关区域是由空间中的一个小平面 E 投影所形成的。在摄像机 1 的三维坐标系 $O_{c1}x_{c1}y_{c1}z_{c1}$ 中，假设平面 E 的方程为：

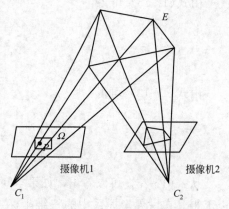

$$z = ax + by + c \tag{17-34}$$

图 17-17　两个摄像机所记录
图像点集的映射关系示意图

需要指出的是，如果平面 E 平行于摄像机 1 坐标系 $O_{c1}x_{c1}y_{c1}z_{c1}$ 的 z_{c1} 轴，则式(17-15) 是不合理的，但在实际的测量中，摄像机光轴总是指向被测物体表面，即 z_{c1} 轴与平面 E 存在交点，因此式(17-34) 是合理的。

由式(17-21) 和式(17-22) 可得畸变摄像机像平面坐标为：

$$\begin{cases} x_{d1} = (x_{f1} - c_{x1})d_{x1}\lambda_1 \\ y_{d1} = (y_{f1} - c_{y1})d_{y1} \end{cases} \tag{17-35}$$

从式(17-17) 和式(17-18) 可得到理想摄像机像平面坐标为：

$$\begin{cases} x_{u1}=x_{d1}+\delta_{xd1} \\ y_{u1}=y_{d1}+\delta_{yd1} \end{cases} \tag{17-36}$$

通常在实验中使用的镜头畸变系数很小（大约在 1×10^{-5} 的量级），可以直接将畸变系数设置为 0，这对测量结果精度影响甚微。这样，理想摄像机像平面坐标与畸变摄像机像平面坐标实际是一致的。由式(17-15)可知：

$$\begin{cases} x_{c1}=\dfrac{x_{u1}\cdot z_{c1}}{f_1} \\ y_{c1}=\dfrac{y_{u1}\cdot z_{c1}}{f_1} \end{cases} \tag{17-37}$$

由小平面假设，坐标(x_{c1},y_{c1},z_{c1})应满足式(17-35)，即：

$$z_{c1}=ax_{c1}+by_{c1}+c \tag{17-38}$$

由式(17-37)、式(17-38) 和式(17-12) 可得：

$$\begin{bmatrix} x_w \\ y_w \\ z_w \end{bmatrix}=\frac{cf_1}{f_1-ax_{u1}-by_{u1}}R_1^{\mathrm{T}}\begin{bmatrix} x_{u1} \\ y_{u1} \\ f_1 \end{bmatrix}-R_1^{\mathrm{T}}T_1 \tag{17-39}$$

经上述坐标变换，得到了用平面参数 a、b、c 表示的图像 1 中的像素点 $P(x_{f1},y_{f1})$ 对应的空间点在世界坐标系中的坐标(x_w,y_w,z_w)。根据摄像机成像模型，继续坐标变换，可求得该空间点在计算机图像坐标系 2 中的坐标，具体过程下面介绍。

从式(17-12)可得摄像机坐标系 2 中的坐标：

$$\begin{bmatrix} x_{c2} \\ y_{c2} \\ z_{c2} \end{bmatrix}=R_2\begin{bmatrix} x_w \\ y_w \\ z_w \end{bmatrix}+T_2 \tag{17-40}$$

将式(17-39) 代入式(17-40) 得：

$$\begin{bmatrix} x_{c2} \\ y_{c2} \\ z_{c2} \end{bmatrix}=\frac{cf_1}{f_1-ax_{u1}-by_{u1}}R_2\cdot R_1^{\mathrm{T}}\cdot\begin{bmatrix} x_{u1} \\ y_{u1} \\ f_1 \end{bmatrix}+T_2-R_2R_1^{\mathrm{T}}T_1 \tag{17-41}$$

设：

$$R=R_2R_1^{\mathrm{T}}=\begin{bmatrix} r_1 & r_2 & r_3 \\ r_4 & r_5 & r_6 \\ r_7 & r_8 & r_9 \end{bmatrix} \tag{17-42}$$

$$T=T_2-R_2R_1^{\mathrm{T}}T_1=\begin{bmatrix} T_x \\ T_y \\ T_z \end{bmatrix} \tag{17-43}$$

则式(17-41) 可简化为：

$$\begin{bmatrix} x_{c2} \\ y_{c2} \\ z_{c2} \end{bmatrix}=\frac{cf_1}{f_1-ax_{u1}-by_{u1}}R\cdot\begin{bmatrix} x_{u1} \\ y_{u1} \\ f_1 \end{bmatrix}+T \tag{17-44}$$

从式(17-15) 可得摄像机 2 的理想摄像机像平面坐标：

$$
\begin{cases}
x_{u2}=f_2\dfrac{cf_1(r_1x_{u1}+r_2y_{u1}+r_3f_1)+(f_1-ax_{u1}-by_{u1})T_x}{cf_1(r_7x_{u1}+r_8y_{u1}+r_9f_1)+(f_1-ax_{u1}-by_{u1})T_z}\\[4mm]
y_{u2}=f_2\dfrac{cf_1(r_4x_{u1}+r_5y_{u1}+r_6f_1)+(f_1-ax_{u1}-by_{u1})T_y}{cf_1(r_7x_{u1}+r_8y_{u1}+r_9f_1)+(f_1-ax_{u1}-by_{u1})T_z}
\end{cases}
\tag{17-45}
$$

当畸变系数设置为 0 后，摄像机 2 的畸变摄像机平面坐标等价于其理想摄像机像平面坐标。同上面推导一样，可以得出图形 2 中的坐标为：

$$
\begin{cases}
x_{f2}=\dfrac{f_2}{\lambda_2 d_{x2}}\cdot\dfrac{cf_1(r_1x_{u1}+r_2y_{u1}+r_3f_1)+(f_1-ax_{u1}-by_{u1})T_x}{cf_1(r_7x_{u1}+r_8y_{u1}+r_9f_1)+(f_1-ax_{u1}-by_{u1})T_z}+c_{x2}\\[4mm]
y_{f2}=\dfrac{f_2}{\lambda_2 d_{x2}}\cdot\dfrac{cf_1(r_4x_{u1}+r_5y_{u1}+r_6f_1)+(f_1-ax_{u1}-by_{u1})T_y}{cf_1(r_7x_{u1}+r_8y_{u1}+r_9f_1)+(f_1-ax_{u1}-by_{u1})T_z}+c_{y2}
\end{cases}
\tag{17-46}
$$

式(17-46) 描述了图像 1 中的点 (x_{f1},y_{f1}) 与图像 2 中的点 (x_{f2},y_{f2}) 的对应关系，这种对应关系是由平面方程的三个参数 a、b、c 完全确定的。类似于二维 DSCM 中根据变形前后灰度不变的假设，这里假设同一个空间点在两个摄像机所拍摄图像中的灰度是接近的或相等的。为了满足这个假设条件，在测量过程中，需要仔细调节两个摄像机，使其灰度分布接近，而在二维 DSCM 中，只要光源稳定，则可以满足灰度相等的条件。对于图像 1 中的相关区域 Q，在图像 2 中有 n 个点与其向对应，可根据灰度关系，建立相关算法。首先选择匹配公式，这里选择式(17-26)，可得：

$$
C(a,b,c)=\frac{\sum[f(x_{f1},y_{f1})\cdot g(x_{f2},y_{f2})]}{[\sum f^2(x_{f1},y_{f1})\cdot\sum g^2(x_{f2},y_{f2})]^{1/2}}
\tag{17-47}
$$

现在，问题就转换为二维 DSCM 中求相关系数极值的问题。

附录 1 工程应用实例

■ 附 1.1 内河码头缆车轮压检测及其统计分析

附 1.1.1 概述

在我国《港口工程荷载规范》JTS 144-1-2010 修订工作中，需要对港口现有港工机械的载荷分布进行跟踪监测和统计分析，以便对港口基础设施的载荷设计做出科学规定。

缆车是我国内河港口斜坡式客货码头常用的装卸与交通机械，它通过钢缆由卷扬机带动，在斜坡轨道上升降作业，见附图 1-1。

附图 1-1　重庆朝天门客货两用码头

缆车的种类繁多，按轮数分，有 4 轮、6 轮、8 轮，最多有 18 轮。按支撑形式分，有弹性支撑、刚性支撑。见附图 1-2。轨基的形式有架空梁式（附图 1-1）和斜坡式（附图 1-2）。抽样检测工作必须囊括典型缆车类型和轨基。

附图 1-2　不同缆车类型（一）

弹支十八轮车	弹支四轮车

刚支四轮车

附图 1-2　不同缆车类型（二）

附 1.1.2　轮压测量方案

由于必须现场跟踪测量，试验采用电测法。对于弹性支撑缆车，用位移传感器测量支撑弹簧的变位来换算轮压；而对于刚支缆车，需要设计专用载荷传感器来测量轴承座与车架间的压力，然后由轮部的平衡条件换算轮压。自重轮压在起点单独测量，处理时与动态轮压叠加。轮压检测原理方块图如附图 1-3 所示。

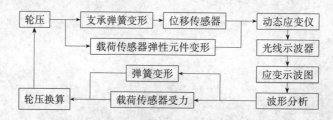

附图 1-3　轮压检测原理方块图

为了简化，在推导轮压换算公式时，根据工程实际作了如下基本假定：

（1）轮与轴、轮与轨以及轴承与挡板之间均为理想光滑面接触；

（2）因缆车运行速度缓慢，轨道起伏曲率很小，惯性力可忽略不计。

附 1.1.3　载荷传感器设计

设计在刚支缆车轴承座凹腔内安装的多弹性元件载荷传感器，它由 6 只圆柱形元件和一块基板构成，传感器的安装不应影响缆车的安全和正常作业，见附图 1-4。应变计的布置及桥路如附图 1-5 所示，采用串并联线路。

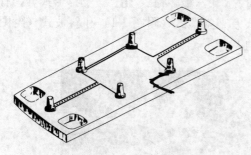

附图 1-4　一种多弹性元件载荷传感器

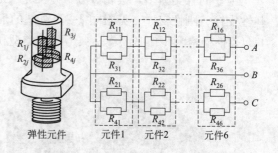

附图 1-5　载荷传感器的应变计接线

附 1.1.4　传感器材料

基板材料：Q235。

弹性元件材料：40Cr；弹性模量 206GPa；泊松比 0.3；比例极限 650MPa。

设计传感器量程：8T；考虑仅有 3 只弹性元件受力的最坏情况，弹性元件量程为 2.67T，按过载率 100%，设计元件直径：$D=10.50\pm0.02\text{mm}$。

热处理：850℃油淬，370 ℃盐炉回火；

应变计类型：胶基箔式，阻值 110Ω；

胶黏剂：热固化 JSF-2 酚醛类胶。

附 1.1.5　应变读数与载荷的关系

由应变计串并联时的关系，可以导出

$$\varepsilon_{ds}=\varepsilon_{AB}-\varepsilon_{BC}=\frac{1}{6}\sum_{j=1}^{6}\left(\frac{\varepsilon_{1j}+\varepsilon_{3j}}{2}\right)-\frac{1}{6}\sum_{j=1}^{6}\left(\frac{\varepsilon_{2j}+\varepsilon_{4j}}{2}\right)$$

$$=\frac{1+\mu}{6}\sum_{j=1}^{6}\left(\frac{\varepsilon_{1j}+\varepsilon_{3j}}{2}\right)=\frac{1+\mu}{6}\sum_{j=1}^{6}=\frac{4P_j}{\pi D^2 E}=\frac{2(1+\mu)}{3\pi E D^2}P$$

这是一种线性关系，其中：

$$P=\sum_{j=1}^{6}P_j$$

为各弹性元件所受压力之合力。

附 1.1.6　传感器灵敏度

传感器的理论灵敏度

$$k=\frac{P}{\varepsilon_{ds}}=\frac{3\pi ED}{2(1+\mu)}=\frac{3\times3.14\times206\times10^3\times10.5^2}{2(1+0.3)}=82.3\text{N}/\mu\varepsilon$$

最大应变输出 1000με 左右。这里没有考虑应变计串并联引起的桥臂电阻值变化和长导线影响。实际的桥臂阻值应为 330Ω，导线长度为 100m。这些因素的影响将减小应变读数，实际灵敏度应比计算结果大，需要通过标定实验来确定（附图 1-6）。

附图 1-6　载荷传感器实物

标定实验表明，传感器具有很好的线性，使用实际要采用的仪器系统和长导线，标定出的灵敏度为 $k=147\text{N}/\mu\varepsilon$。

附 1.1.7　缆车轮压及不均匀系数的统计分析

经检验，不均匀系数不拒绝正态分布，轮压力不拒绝极值Ⅰ型分布。统计结果从略。本结果为《港口工程荷载规范》JTS 144-1-2010 中对缆车载荷的修订提供了科学依据。

■ 附 1.2　V 形拌粉机疲劳裂因分析及其加固

附 1.2.1　概述

"V 形拌粉机"是某电池厂自行设计的拌粉机械，其结构如附图 1-7 所示。设备在连续运行 7 个月后，在主动端轴筒与外壳连接前、后加劲肋的焊缝处出现裂纹，破坏显然是由疲劳引起的，但疲劳破坏的原因是壳体本身设计强度不足，还是因腐蚀减小了壳体壁厚所致，需要进行实验研究。由于要进行现场试验，采用电测法。

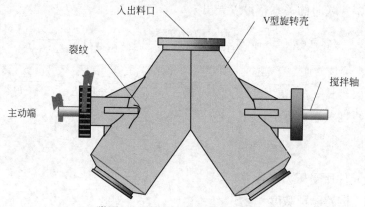

附图 1-7　拌粉机结构及裂纹位置

附 1.2.2　实验方案

1. 应变计布置

由于测量对象为旋转件，且情况特殊，需要根据设备实际情况自制集流器。

本实验为强度校核性实验，测点选在危险区，即加劲肋前缘焊缝焊趾处，通过布置分别垂直和平行于焊缝方向的梯度应变计，通过二次曲线拟合与外推插值计算测定焊趾处正应变，确定两个方向的正应力（附图 1-8）；在靠近焊趾处沿与焊缝成 ±45° 方向布置应变计近似测定剪应力（附图 1-9）。使用补偿块补偿，502 胶黏剂。每次实验针对同一工况（实际装粉重量），实验对未投入使用的设备进行。

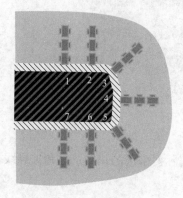

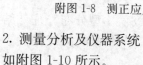

附图 1-8　测正应力

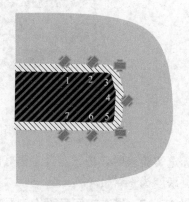

附图 1-9　测剪应力

2. 测量分析及仪器系统

如附图 1-10 所示。

附图 1-10　测量分析方框图

附 1.2.3　集流器的构造与性能

1. 构造

试验采用自治集流器（附图 1-11），其技术指标如下：

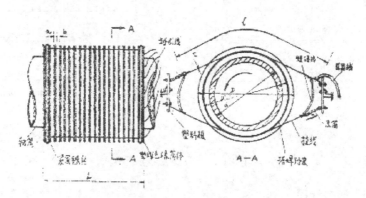

附图 1-11　自制拉线式集流器的结构图

总长度：$L=142.5$mm；

绝缘筒外经：$D=298$mm；

绝缘筒内经：$d=260$mm；

环外经：$D'=286$mm；

环皮宽度：$b=3.5$mm；

环皮厚度：$t=0.3$mm；

环间距：$a=3.5$mm；

拉线长度：$l=800$mm；

通道数：18（可同时进行 6 点测量，与 Y6D-3A 应变仪通道数对应）；

材料：绝缘筒用聚氯乙烯塑料板材粘合后进行加工；环、拉线用 BQe2 铜箔带；引出线、短接线用屏蔽线；

绝缘电阻：环间大于 500MΩ，环与机体间大于 500MΩ。

2. 噪声

用补偿块上的应变计构成半桥，记录各组通道（每组 3 个通道）的接触电阻变化（附图 1-12）。确定由接触电阻变化引起的噪声信号不超过 $60\mu\varepsilon$。

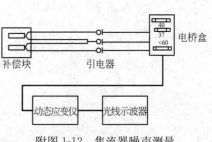

附图 1-12　集流器噪声测量

附 1.2.4　应变曲线的分析

试验时在附图 1-7 所示的壳体起始位置调节仪

器平衡，开机时记录应变曲线。曲线基本上呈周期性变化。分析时，测量壳体旋转到 1/4 和 3/4 周期位置的应变波高，计算时从中扣除集流器在相应位置的噪声波高，以此作为测点的实际应变波高，如附图 1-13 所示。

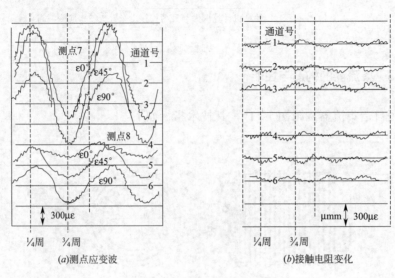

(a)测点应变波　　　　　　　　　　　　(b)接触电阻变化

附图 1-13　应变波形分析方法

附 1.2.5　应力计算

由波形分析得到的应变波高，和标定应变以及灵敏系数修正公式，可得各测点实际应变，然后通过二次曲线拟合插值计算

$$\varepsilon_0 = \varepsilon_1 + \frac{\varepsilon_1 - \varepsilon_2}{e}d + \frac{\varepsilon_1 - 2\varepsilon_2 + \varepsilon_3}{2e^2}d(e+d)\quad(e=5.5\text{mm}, d=4\text{mm})$$

由此可得焊趾处测点 o 的应变，再由胡克定律便可计算焊趾处测点的应力，结果从略。

在 1/4 和 3/4 周期位置的危险区应力分布如附图 1-14 所示，在加劲肋前沿的应力水平最高。

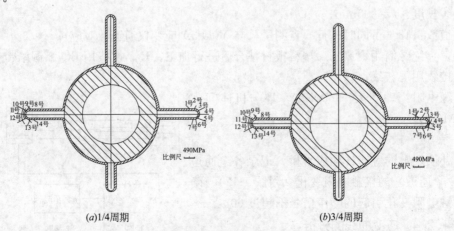

(a)1/4 周期　　　　　　　　　　　　(b)3/4 周期

附图 1-14　危险区应力分布图

附 1.2.6 疲劳校核

由于壳体为材料为低碳钢 Q235，适合使用最大剪应力理论进行疲劳校核，疲劳判据为

$$\sigma_1 - \sigma_3 \leqslant [\sigma_{-1}] = \sigma_{-1}/n$$

其中

$$\sigma_1 = \sigma_{1a} + \sigma_{1m}\psi_\sigma, = \sigma_3 = \sigma_{3a} + \sigma_{3m}\psi_\sigma$$

$$\sigma_{1a} = (\sigma_{1max} - \sigma_{1min})/2, \sigma_{1m} = (\sigma_{1max} + \sigma_{1min})/2$$

$$\sigma_{3a} = (\sigma_{3max} - \sigma_{3min})/2, \sigma_{3m} = (\sigma_{3max} + \sigma_{3min})/2$$

$$\psi_\sigma = \sigma_{-1}/\sigma_f, \sigma_f = \sigma_b + 350\text{MPa}$$

对于 Q235，$\sigma_b = 449\text{MPa}$，$\sigma_{-1} = 213\text{MPa}$，一般 $n = 1.5 \sim 1.8$，这里取 $n = 1.6$。校核结果如附表 1-1 所示。

危险区测点的疲劳校核　　　　　　　　　　　　　　　　　　　附表 1-1

| 测点 | 主变应力幅（MPa） | | 疲劳校核 |
	σ_1	σ_3	$\sigma_1 - \sigma_3 \leqslant [\sigma_{-1}] = 105\text{MPa}$
1	199	0	N
2	112	0	N
3	271	0	N
4	186	0	N
5	299	0	N
6	166	0	N
7	121	0	N
8	78.6	0	Y
9	152	0	N
10	281	0	N
11	312	0	N
12	250	0	N
13	216	0	N
14	103	0	Y

附 1.2.7 加固措施

由分析结果知，V 形拌粉机外壳产生疲劳破坏的原因，主要是壳体在加劲肋的强迫作用下发生过大反复翘曲变形，导致壳体局部抗疲劳强度严重不足。必须采取加固措施，一方面应局部增大壳体的抗弯刚度，另一方面是减小加劲肋的刚度，以降低加劲肋前缘应力水平，提高壳体的抗疲劳性能。

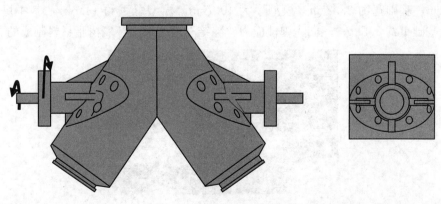

附图 1-15　拌粉机壳体的加固措施

　　采取的措施是，用一块与壳体等厚的椭圆形 Q235 板材焊在壳体上以增大其厚度，并通过搭焊延长加劲肋以减小其刚度。如附图 1-15 所示。

　　采取加固措施后，再次对新的危险区进行应力测量，经校核，各测点处均满足强度要求（校核结果从略）。

■ 附 1.3　小浪底枢纽 2 号进水塔架三维光弹性试验研究

附 1.3.1　概述

　　小浪底水利枢纽是黄河下游以防洪、减淤为主要任务，兼顾供水、灌溉、发电等效益的一项重大骨干工程，也是黄河干流在三门峡以下唯一能获得较大库容的重大控制性工程。控制流域面积 69 万 km^2。正常蓄水位 275m 时，总库容为 126.5 亿 m^3，其中拦沙库容 75.5 亿 m^3，长期有效库容约为 51 亿 m^3。小浪底水利枢纽是一等工程。它由挖水建筑物、泄水排沙建筑物和引水发电建筑物等组成。布置于左岸的，由 9 条隧洞的进水塔组成的进水塔群为一级建筑物。2 号明流泄洪洞进水塔是进水塔群中主要建筑物之一。

　　由于进水口塔架结构、体型复杂，弧门支铰附近受力较大，简化计算，难以符合实际，有限元计算，网格划分较粗，难以给出局部较详细的应力状况，所以采用结构光弹性试验，以验证结构应力状态和分析研究结构应力分布状况，为详细设计提供依据。2 号进水塔顶部高程为 283m，闸底板高程为 209m，塔高约 74.0m。进水塔顺水流方向总长约 528m，宽为 16m。考虑到我们对结构物较感兴趣的部位是闸室流道的侧墙和工作弧门支铰附近区域的应力状况，本次光弹性试验经与委托单位协商，采用局部结构模型进行实验应力分析。截断面上内力，按有限元计算提供的成果化成外荷载加到模型上。

附 1.3.2　模型试验研究

　　光弹性模型取自上游面桩号 0+018m，沿胸墙上游面断开，下游面桩号 0+052.8m，正好是进水塔与输水洞分界面。顶部高程为 239.6m。取基础深度 27m 左右，上、下游伸出约 4.5～7.5m 的范围。水利水电工程大型建筑物光弹性试验模型与原型的几何比例尺一段为 1∶100～250 时，即可满足对结构整体和局部应力分析精度的要求。本项研究的模型与原型之间的比例尺采用 1∶150。模型制作采用整体试验成型浇制工艺。小浪底水利枢纽 2 号明流洞进水塔弧门段结构光弹性试验的模型形体示于附图 1-16，模型总高约 39cm，其中塔体部分高为 20.4cm，基础深 18.6cm；模型总宽约 33.2cm，其中塔体的宽为 23.2cm，基础宽约 33.2cm；模型厚为 10.7cm。模型总重约 14.0kg，其中塔体重约 5.5kg，基础重约 8.5kg。三向光弹性应力"冻结"模型系由环氧树脂材料制成的。

附图 1-16　2 号明流洞进水塔弧门段结构管弹性实验模型

1. 模具制作

整体成型浇制法类似于机械行业的精密铸造工艺，必须先制一套阴模（也称外模），由于模型内部有空腔（或孔洞），还要制作芯模。

芯模的设计和芯模与外模之间的定位问题是模具制作过程中最为关键的问题。这关系到模型制作的成败和质量。模型一次固化成型后，芯模必须从空腔（或孔洞）中掏出来。一次固化后的模型强度低，质地脆，不能硬撬，所以要求芯模可以拆卸或容易弄碎，但又要有一定的强度和刚度，且不易变形。另外，芯模与外模的拼装定位要简便准确。经多方试验，选用泡桐板作为芯模骨架材料，经粘合制成芯模骨架，把它放入制作芯模的阴模内，在浇铸硅橡胶，等硅橡胶固化后脱掉阴模，完成芯模制作。实际硅橡胶厚度控制在3～5mm，局部最大厚度8mm。

芯模与外模之间有三处定位装置，三点定位使定位准确得到保证。外模采用一分为二的对称结构，外框用角钢焊成，用石膏作为填充材料，表面脱模剂仍用硅橡胶。

2. 模型浇注与固化

模型材料选用 618 号环氧树脂，固化剂为顺丁烯二酸酐。材料重量配比为：树脂：酸酐＝100：30。模型固化采用二次固化工艺：第一次固化温度为 50℃，时间 144 小时，固化后去掉外膜、掏出芯模；二次固化最高温度为 100～105℃，固化时间 120～170 小时。本项目制作三个模型，二次固化后的浇注应力基本保持在 0.2～0.3 级/cm 左右，拐角处不超过 0.5 级/cm，符合模型浇注质量要求。

3. 载荷与加载

由于 2 号进水塔光弹性模型结构比较复杂，载荷形式多样（有集中力、分布力和内力），用一个模型施加所有载荷进行应力冻结，因各种加力设备之间的相互阻碍或干扰，使加载难以实现。需要把载荷分组，使用多模型分别加载进行应力冻结，分析结果进行叠加，本试验浇注三个模型，模型总长度相对误差小于 0.85%，孔口尺寸及边墙厚度相对误差小于 0.94%。试验工况为 275m 水位关闭工作弧门。需要考虑的载荷有：

（1）自重；

（2）塔体外静水压力。正常水位 275m，水容重为 10.55kN/m³；

（3）淤沙与石渣压力。淤沙从 250m 高程到 230m 高程，沙浮容重 8.0kN/m³，内摩擦角 $\varphi=30°$，$C=0$；

（4）工作弧门关闭时的推力；

（5）断截面上的内力。

试验将载荷分为三组：第一组为自重载荷，施加方法是在离心机上进行应力冻结；第二组为静水压力与淤沙、石渣压力，施加方法是沿高度方向分 5 层用气压加载模拟分布力。第三组为内力与弧门推力，施加方法是把内力作用面按内力分布情况分成若干小区域或区段，通过垫块加上该区域（或段）的合力，各区域（段）的力在按比例通过杠杆合为数量较少的几个集中力，以便施加；闸门推力是把两个支铰堪称一根梁的支座，用一根简支梁把它们合成为一个集中力引出来。后两组应力冻结在恒温箱中进行。分别用三个模型对上述三组载荷进行应力冻结，测得相应的材料条纹值分别为 0.30MPa·mm、0.31MPa·mm 和 0.305MPa·mm。

4. 试验分析与应力换算

本试验主要任务是研究流道附近侧墙内外表面的应力状态，及弧门支铰附近区域内的应力状态。根据任务要求和分析的需要，在每个已"冻结"模型上切取 12 个切片，切片位置如附图 1-17 所示。切片研磨好以后的厚度一般在 0.3～0.5mm 之间，切片的观测在国产 409-II 型光弹仪上进行。观测结果如附图 1-18～附图 1-23 所示，各图自左至右依次第一组、第二组和第三组载荷冻结模型切片的等色线图。

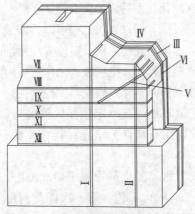

附图 1-17　已"冻结"模型的切片位置

附图 1-18　切片 I 的等色线图（自左至右依次为第一、第二、第三组载荷）

附图 1-19　切片 II 的等色线图（自左至右依次为第一、第二、第三组载荷）

附图 1-20　切片 III 的等色线图（自左至右依次为第一、第二、第三组载荷）

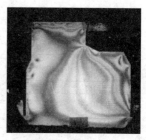

附图 1-21　切片Ⅳ的等色线图（自左至右依次为第一、第二、第三组载荷）

附图 1-22　切片Ⅴ的等色线图（自左至右依次为第一、第二、第三组载荷）

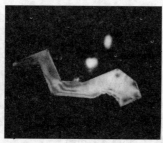

附图 1-23　切片Ⅵ的等色线图（自左至右依次为第一、第二、第三组载）

关于模型应力的分析，用一次正射、两次斜射法（倾斜角为 45°）分析侧墙内外表面的正应力和剪应力；用正射法和切应力差法分析切片Ⅰ、Ⅱ、Ⅴ、Ⅵ上的应力分布。

关于模型应力到结构应力的换算，对于第一组载荷，使用关系

$$\sigma_p = C_p C_L \frac{g}{a_m} \sigma_m = \frac{24}{12.8} \times \frac{150}{1} \times \frac{1}{170} \sigma_m = 1.654 \sigma_m$$

对于第二、三组载荷，使用关系

$$\sigma_p = C_q \sigma_m = \frac{10}{1} \sigma_m = 10 \sigma_m$$

其中，C_p 表示容量比，C_L 为尺寸比，C_q 为面力比，σ_p 为原形应力，σ_m 为模型应力。

为了节省篇幅，这里不再给出应力计算的具体结果，仅给出边墙内外侧面的等应力线图，如附图 1-24～附图 1-27 所示。

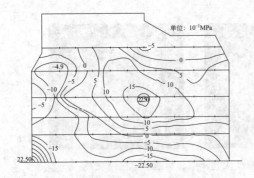

附图 1-24　边墙内侧主应力 σ_1 等值线

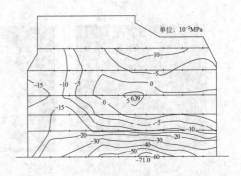

附图 1-25　边墙内侧主应力 σ_2 等值线

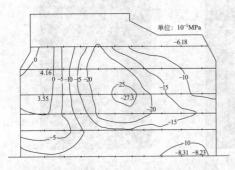

附图 1-26　边墙外侧主应力 σ_1 等值线

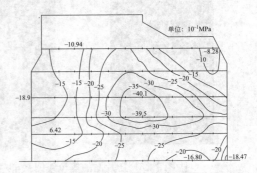

附图 1-27　边墙外侧主应力 σ_2 等值线

5. 基本参数

塔体混凝土为 C25，弹性模量 $E=28.5\text{GPa}$，容重 $\rho=24\text{kN/m}^3$，泊松比 $\mu=0.167$；塔基混凝土为 C15，弹性模量 $E=23.0\text{GPa}$，容重 $\rho=24\text{kN/m}^3$，泊松比 $\mu=0.167$。

由于塔体与塔基材料物理参数相近，所以模型的塔体与塔基使用同一材料，一次性进行整体浇注。

冻结温度下环氧树脂模型材料的弹性模量为 $E=28\text{MPa}$，泊松比 $\mu=0.48$，容重 $\rho=12.8\text{kN/m}^3$，材料条纹值为 $f=0.308\text{MPa}\cdot\text{mm}$。

附1.3.3　结论及建议

从本项试验分析的结果得知，在水压、泥沙压力、自重及其他载荷作用下，侧墙内表面中部出现一个较大范围的拉应力区。仅第二主应力 σ_2 表现为拉应力的区域范围就大约从高程 223m 到 216m，从桩号 0+029.5m 到 0+052.8m，高约 7m，长约 23m，最大值约为 0.639MPa。当然，第一主应力 σ_1 为拉应力的范围就更大，σ_1 的最大值约为 2.36MPa，这已远远超过材料的允许应力，建议采取适当措施，如加厚边墙或预应力锚固等，以策安全。

试验结果表明，侧墙上压应力较高的区域有两处，一个区域位于侧墙内表面靠近闸底板的位置，最大压应力约为 7.1MPa，压应力绝对值大于 3MPa 的范围大约从桩号 0+024.6m 到 0+052.8m，距闸底板高约 3m 处到闸底板之内。另一个区域在侧墙外表面，位置与侧墙内表面拉应力区对应，最大压应力约为 4.01MPa，压应力绝对值大于 3MPa 的范围也相当大。尽管这两个区域的压应力值较大，但应力状态均处于二向受压或三向受压状态，估计不会出现失控情况。

在水压力作用下，由于胸墙的支撑作用，其附近侧墙外表面也有一个范围不大的主拉应力区（第二主应力为压应力），尽管试验给出的最大拉应力仅为 0.4MPa 左右，但考虑到光弹性试验中内力模型上游表面未施加拉应力的作用（将拉应力区按零应力处理），所以实际情况下，这个区域的拉应力会比试验结果大，建议在进一步的设计中对胸墙附近的拉应力予以适当考虑。

切片Ⅰ和切片Ⅱ的内力分析与应力分析表明，侧墙的轴力均为压力，侧墙高度 1/2 处的弯矩最大，最大剪力均发生在侧墙和闸底板交界面处，最大轴力不超过 450T，最大弯矩不超过 8700T·m，最大剪力不超过 360T。

从切片Ⅴ、Ⅵ的应力分布看，工作弧门较之附近的应力分布还是比较均匀的。从切片Ⅲ的应力分析看，工作弧门推力对侧墙内的应力状态的影响并不十分突出。

综上所述，2 号明流泄洪洞整体结构的设计是比较合理的，在光弹性试验分析的各个断面上，应力分布比较均匀。对弧门推力的处理尤为成功，在支座附近、拐角处及侧墙内都未发现过分的应力集中现象，说明闸门推力分散了周围结构，从而改善了铰支附近的应力状态。但由于外水压作用在流到侧墙内侧时产生较大抗拉力，范围也比较大，因此在进一步设计中必须考虑采取措施，减小抗拉区域可能产生的危害。

■ 附 1.4 紧水滩水电站引水管道三维光弹性试验研究

附 1.4.1 概况

紧水滩水电站位于浙江省云和县境内，在瓯江上游大溪支流龙泉溪上，坝址区位于自东南向西急转 90°成南北向峡谷入口段中，谷口呈喇叭状。坝址两岸岩性坚硬致密，地形基本对称，左岸边坡为 40°～45°，右岸边坡为 45°～50°，河床宽约 100m，呈梯形河谷，坝址处河谷宽高比为 3.1：1。坝区工程地质条件良好，两岸及河床覆盖层薄，岩石多裸露，风化较浅，岩性均一、坚硬、完整，无重大地质构造，水文地质条件简单，适于修建拱坝。

紧水滩水电站原设计为 4 台 50000kW 机组，总装机容量为 200000kW，由于石塘水电站的兴建，改变了运行方式，经比较最后决定在原设计的坝后厂房增加两合 50000kW 机组，电站总装机扩大到 300000kW。由于方案的改变，发电引水压力钢管布置由 4 条两两对称改为 6 条方向各异的钢管，坝体和钢管的应力都将引起变化，因此需要进行模型试验。

紧水滩水电站枢纽由三心双曲变厚度拱坝、左右岸中浅孔滑雪式溢洪道、坝后引水钢管、坝后厂房、升压站、开关站及货划过坝建筑物组成，如附图 1-28 所示。

拦河坝为混凝土三心变厚度双曲拱坝，坝顶高程为 l94m，坝基开挖高程最低处为 92 m，最大坝高为 102m：坝顶宽 6m，拱冠断面底厚 24.6m。坝体上下游面均以三次曲线控制。平面拱圈由左、中、右三段组成，中间为等厚圆拱，两侧为由上、下游不同心圆弧组成的变厚度拱，因此实际上有 5 个圆心。拱圈最大中心角

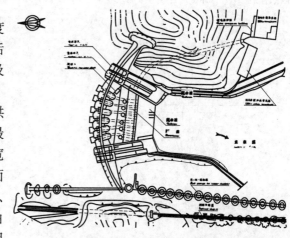

附图 1-28　紧水滩水电站建筑群示意图

83.1°，最大外半径中圆拱 120m，侧圆拱 350m，拱圈最大变厚 4.6m，如附图 1-29 所示。

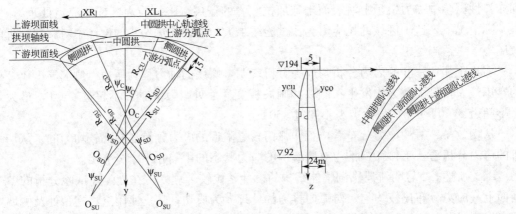

附图 1-29 紧水滩水电站拱坝的几何特征

紧水滩水电站为坝后式厂房，厂房位于坝后河床中，采用单机单管引水。6 条钢管布置在拱坝中圈拱坝段内，引水系统除下弯管至蜗壳部分外，其平面布置均以拱坝中圆拱 150m 高程的圆心进行径向、切向或圆弧向的尺寸控制。下弯槽为空间弯管。为减少钢管长度及平面转角，以斜管中心线与机组安装高程 99.6m 水平面的交点做下弯管中心线始、终端切线的交点，由此得出 1～4 号钢管与厂房边墙垂线成 5°04'～11°57'的角度斜交，5、6 号钢管与厂房上游边墙正交。6 条管道平面尺寸各不相同，长度分别为 72～79m，如附图 1-30 所示。

整个引水管道由坝前斜面式进水口、坝内上弯管段、坝后料直背管段、套管式伸缩节段和下弯管段组成。引水管道布置在拱坝下游面上，称为坝后式引水管或背管，引水钢管直径为 4.5m，管道通过的最大引用流量为 84.7 m³/s。坝后钢管均按明管设计，外包钢筋混凝土厚 1.0m。引水钢营轴线与进水口斜面正交，即管轴与水平面夹角为 14°。引水钢管在坝体中伸延到近下游面布置上弯管，沿坝下游面布管成直线下延，下弯管段使钢管在 99.6m 高程处转成水平直线管段。为改善坝体与弯管处的受力状态，而在弯管 109.0m 高程处分别设置了六处 4.2m 长的弹性垫层。为适应坝体变位，套管式伸缩节设在下弯管上切点附近。可三向变位，既可移动，又可转动。引水管通纵剖面如附图 1-31 所示。

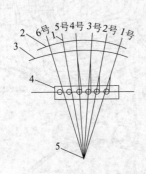

1—钢管轴线；2—拱坝 150m 高程上有坝面线
3—拱坝轴线；4—厂房；5—拱坝 150 高程中圆拱圆心

附图 1-30 引水管平面示意图

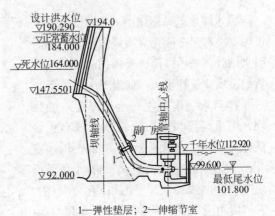

1—弹性垫层；2—伸缩节室

附图 1-31 引水管纵刨面图

附 1.4.2 试验要求

由于水电站容量增加，布置上有了修改，坝型由原来的单心双曲拱坝改为三心双曲变厚度拱坝，引水钢管结构布置也有所改变，并在下弯管上游侧布置了套管式伸缩节。因之坝后钢筋混凝土钢管结构应力状态有所改变，需要进行补充试验，了解在外水、内水压力情况下，钢筋混凝土管及坝体应力状态和坝体变形对钢管应力的影响，为设计和校核提供数据。同时了解当伸缩节下部有缝时在外水压力下钢筋混凝土管及坝体应力状态和坝体变形对钢管应力的影响。

本试验主要为研究引水管道的应力状态。为保证钢管部分的试验精度，需要采用大比例的模型，由于整体模型太大，为此采用局部模型进行模型试验，它包括全部钢筋混凝土钢管部分的坝段，局部坝段总长为 120m 左右，即为两侧溢洪道中间部分坝段。

试验荷载包括：（1）上游外水压力；（2）管内水压力；（3）相应局部坝两侧的断面分布内力（由整体电算结果提供）。

上游水位按正常高水位 184m，考虑到坝基基岩完整。将坝体与坝基视为具有相同的弹性模量。

试验方案包括三个模型：

（1）工程采用方案（伸缩节在下弯管上游侧），测定在上游水压力作用下，坝体、坝后钢筋混凝土钢管和下弯管镇墩部分的应力；

（2）工程采用方案（伸缩节在下弯管上游侧），测定在管内水压力作用下，坝水体、坝后钢筋混凝土钢管和下弯管镇墩等部分的应力；

（3）在研究方案（伸缩节在下弯管上游侧，伸缩节用缝与镇墩分开），测定在上游水压力作用下，坝体、坝后钢筋混凝土钢管和下弯管镇敏等部分的应力。

附 1.4.3 模型设计

模型材料采用环氧树脂。为了简化模型，经研究将引水管道上游进口部分，通过刚度换算变为坝体的一部分。简化后的管道引水断面如附图 1-32 所示。

模型比例为 1:300，模型总体尺寸为：高 34cm，194.000m 高程处外供弧长 44cm，92.000m 高程处外拱弧长 43.8cm。基础采用 40cm×17cm×11.5cm 的块体，坝体直接用常温固化环氧树脂粘结在基础块体上。原型引水管直段长 $L=39.103$m，直径为 4.5m。外包钢筋混凝土厚 1.0m。折合模型尺寸 $L=130.34$mm。在模型中采用等效厚度法来模拟钢板厚度的影响。钢管平均厚度为 20mm，钢管弹性模量为 216GPa，混凝土的弹性模量为 49GPa。将钢管折算成混凝土厚度后，模型中钢管直径为 $\phi_m=14.44$mm。

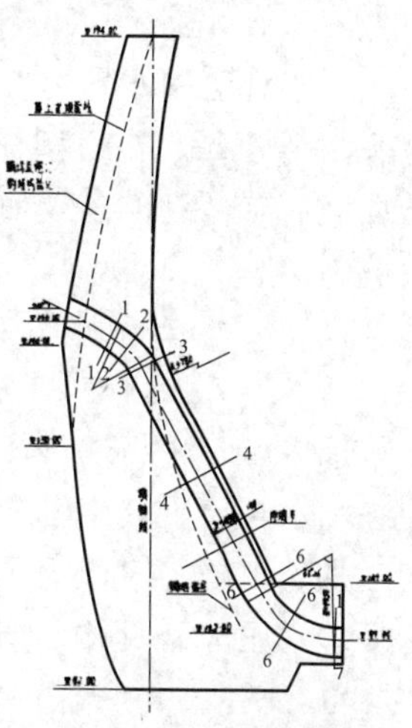

附 1.4.4 模型制作与试验

1. 浇注模型

由于模型比较复杂，采用精密铸造方法浇注模型，拱坝阳模用有机玻璃做成，其外形如附图 1-33 所示。拱坝阴模用石膏做成，在阴模内表面浇有 3~5mm 厚的硅橡胶，以便脱模和减少初应力。引水管道阳模用硅橡胶做成，为了保证其刚度，于其中加了粗铁丝做成骨架。

附图 1-32 简化后的引水管

将做好的硅橡胶引水管道，根据设计要求用螺丝定位在石膏阴模上，以保证引水管道在浇注环氧树脂时不产生变形和变位。

环氧树脂与酸酐重量配比为100：35。模型浇注采用二次固化。一次固出温度为50℃，6天成型脱模；二次固化最高温度为110℃，24小时。模型总重量为34kg左右，坝体及地基弹模为29.9MPa。材料泊松值为0.32。浇注好的环氧树脂模型如附图1-34所示。

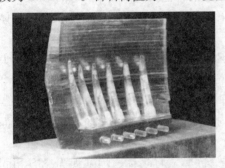

附图1-33　制作的阳模

附图1-34　环氧树脂模型

2. 加载设备

模型承受的内水压和外水压荷载采用气压加载进行模拟（附图1-35）。气压加载系统是由空气压缩机、分压器、定值器、气袋来实现的。气袋由氯丁基乳胶加工而成，能耐高温130℃。气压系统每根橡皮管上分别装置有压力表和定值器，以保证气压的准确性和稳定性。实践证明，这种气压系统装置在整个加载过程中可使气压非常稳定。

3. 荷载计算

坝体坝顶高程194m，坝基础扬程92m，坝高为102m，正常高水位184m。水头为92m。

引水管道内水压力在正常换水位时，设计水头为84.4m。在模型加载时，考虑到模型冻结加载后有合理的条纹值，而又不失稳。试验时按$1kg/cm^2$施加内水压力，其应力换算系数为

附图1-35　内水压力加载系统

$$C_{q内} = \frac{q_H}{q_m} = \frac{8.44}{1} = 8.44$$

加内压时，将通气压的橡皮管粘在引水管道的进出口，并留较长的水平直管段，以避免在引水管道上产生轴向荷载作用，如附图1-35所示。

加外水压力时，为了保证加载精度，将上游水荷载分为5层加载，每层载荷值为该层的平均水压力。具体分层和载荷见附表1-2。

模型外载荷值（单位：kg/cm^2）　　　　　　　　　　附表1-2

高程(m)	上游	左岸	右岸
194～184		0.662	0.645
184～160	0.100	0.674	0.815

高程(m)	上游	左岸	右岸
160～140	0.283	0.758	0.779
140～120	0.450	0.574	0.625
120～100	0.617	0.349	0.429
100～92	0.733	0.286	0.309

注：荷载比为 1∶12。

由于是局部模型，需要再在模型两侧断面上施加侧向内力荷载，根据内力的电算结果，也将载荷分六层施加，每层的载荷大小为该层内力平均值。为了保证在截面上产生与计算相应的轴力、剪力和弯矩等内力，先将电算结果换算成某一斜截面上的均布力，通过每一层的楔形块将均布力施加在侧扭面上。

4. 计算断面与观测切片

主要分析计算的管道横断面如附图 1-32 所示。上游水压力及下游内水压力作用下的应力分析断面基本相同。观测的切片由切片机切取。切片厚度一般为 5mm 左右。整个切片观测工作在进口偏光显微镜中进行。观测的平均误差：等倾线为主 0.5°，等色线为 ±1 条/100。附图 1-36 为内水压力作用下引水管道模型切片条纹图。附图 1-37 为外水压力作用下引水管道模型切片条纹图。附图 1-38 为外水压力作用下，拱坝拱冠断面和沿 3 号引水管纵断面模型切片条纹图。

附图 1-36　内水压力作用下管道切片条纹图

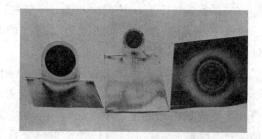

附图 1-37　外水压力作用下管道切片条纹图

附 1.4.5　三维应力分布

由于 1 号、2 号、3 号与 6 号、5 号、4 号引水管基本对称。量测结果相差不大。故此处仅对 1 号、2 号、3 号引水管结果进行了分析。为节省篇幅，这里仅给出边界应力分布。

1. 内水压力作用下的应力分布

在内水压力作用下，引水管的环向应力都是拉应力。在直管段中，下部应力较大，其值可达 22.9kg/cm² 左右。上弯管内环向拉应力较小，最大拉应力为 4.7kg/cm² 左右。下弯管段内环向拉应力值最大为 13 kg/cm² 左右。引水管道环向拉应力的分布大都是内环应力较外环应力大。附图 1-39 为 1 号管各断面边界应力分布图。

沿引水管水流方向的轴向应力，基本上都是拉应力，但应力值都不大，最大轴向应力为 9 kg/cm² 左右，出现在直

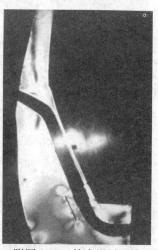

附图 1-38　外水压下 3 号引水管纵断面切片条纹图

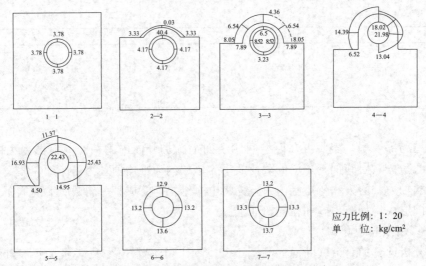

附图 1-39　1 号管内水压力下的边界应力分布

管段中下部，在上弯管段的凸面应力值很小。按等色线图上看最顶部接近于 0，再往上则有微小的压应力。1 号管道轴向应力如附图 1-40 所示。

　　管道与坝体接触面上的剪应力都较小，由于伸缩节的影响，其最大值为 1 kg/cm² 左右。

　　2. 上游水压力作用下的应力状态（伸缩节处无缝）

　　引水管道在上游水压力作用下，由于坝体变形产生的引水管道环向应力大部分为拉应力，只有在上弯管段内壁的上、下点出现压应力，最大值为 −13 kg/cm² 左右。1 号管道的环向应力如附图 1-41 所示。

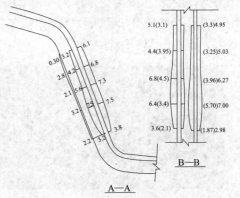

附图 1-40　1 号管纵向刨面边界应力分布

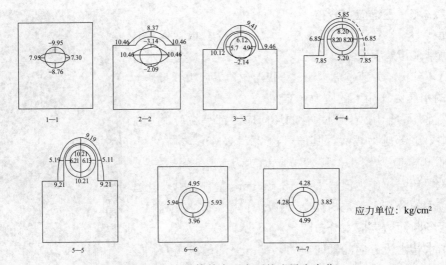

附图 1-41　1 号管外水压力下的边界应力分

直管段中间断面内壁环向拉应力较大，最大可达 9.6 kg/cm² 左右，位于孔壁的两侧。而管壁外侧环向最大拉应力发生在直管段下部断面的顶部，其最大值为 9.19 kg/cm² 左右。沿管壁厚度环向拉应力的分布：在直管段部分均为内侧拉应力大于外侧拉应力，其他断面则为内侧拉应力大于外侧拉应力。

轴向应力都是压应力，以直管段中上部的轴向应力值最大，其值可达 −15.9 kg/cm² 左右。1 号管道的轴向应力分布如图附图 1-42 所示。

沿引水管道与坝体接触面上的剪应力值一般不大。估计这主要是由于伸缩节的影响。附图 1-43 给出了 1 号管道伸缩节处无缝和有缝两种情况的剪应力分布。当伸缩节处无缝时，在管道中下部剪应力较大，为 1.9 kg/cm² 左右；当伸缩节处有缝时，则剪应力最大值发生在管道中部，其最大值为 1.74 kg/cm² 左右。在切缝处剪应力为 0。在上弯管附近，无论哪种情况下剪应力值均很小。

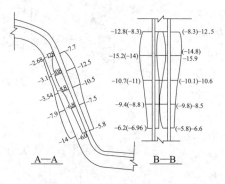

附图 1-42　1 号管外水压力下
纵向边界应力分布（无缝）

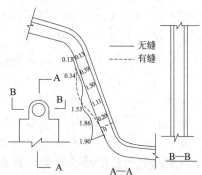

附图 1-43　1 号管外水压力下
伸缩节有缝、无缝时剪应力分布

3. 上游水压力作用下的应力状态（伸缩节处有缝）

由试验结果可以看出，缝的存在只对缝附近管道的环向应力和轴向应力影响较大，而对其上部分则影响较小。

在直管段下部断面，由于缝的存在环向应力稍为偏小。

对轴向应力，在缝的附近几乎减小至 0，其他部分的压应力值均未超过无缝时的值，附图 1-44 所示为 1 号管道有缝时对轴向应力的影响。

4. 坝下游面设置引水管道的影响

从附图 1-44 可以看出，在外水压力作用下，引水管道管身承受较大的荷载，受力比较均匀，故可认为所选择的管壁厚度是合理的。坝体本身在伸缩节部位以上部分受力较小，以下部分受力较大（亦即原来坝断面的高应力区），但由于下弯管部分的平顺弯曲，应力集中现象不如未设置管道时那样厉害。值得注意的是，由于弹性垫层和内部切缝的存在，在该部分形成明显的应力集中现象，使得该区域的应力复杂化了。另外从图可以定性地看出，由于伸缩节的存在，管道下弯

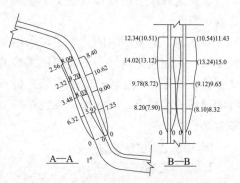

附图 1-44　1 号管道有缝时的轴向应力分布

管附近未出现明显的应力集中现象，大大改善了管道的应力状况，可以认为伸缩节的布置是必要的，所布置的位置也是合理的。

■ 附1.5　鲁布革水电站地下厂房三维光弹性试验研究

附1.5.1　概述

19 世纪 80 年代，我国修建了不少水地下电站，其特点是厂房跨度大（一般在 20m 左右），净空高（一般为 30～40m），在立面上洞室交错布置，且一般埋置较深，鲁布革水电站就是一个典型工程。鲁布革水电站位于云南、贵州交界的黄泥河上，地下水电站由主、副厂房、主变开关室、尾水闸门室、交通运输洞和尾水洞等建筑物组成。主厂房埋深为 300m，在厂区西北方向平行布置了三排洞室（主厂房、主变开关室和尾水洞室），立面上下交错布置了其他辅助洞室。主厂房洞室开挖尺寸为：长×宽×高＝125m×17.5m×39.4m；主变开关室开挖尺寸为 82.6m × 12.5m × 25.7m，距主厂房下游边墙为 39.25m；尾水洞室开挖尺寸为 67m×6.8m×12.4m。距主变开关室下游边墙约为 50m；其他还有不同尺寸的各种辅助洞室。可见鲁布革地下厂房是由一些大跨度、高边墙的洞室群组成的。由于地质构造运动的影响，鲁布革水电站地下厂区的岩体存在明显的高地应力状态，最大主应力 σ_1

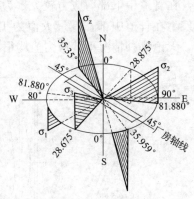

附图 1-45　模型采用的地应力方向

的方向近东南向，倾角较缓；中间主应力 σ_2 接近于垂直方向，最小主应力 σ_3 与河谷夹角较大，接近水平，如附图 1-45 所示。最大主应力 $\sigma_1＝135～190\mathrm{kg/cm}^2$，约为相应点自重的 1.7～2.4 倍。

当在岩体中开挖洞室时，会使洞室围岩内在自然状态下的初应力平衡状态受到破坏而发生位移调整，使岩体有些地方发生松胀，有些地方挤压程度更大，各点应力的大小、符号和主应力方向都会发生变化，引起岩体应力再分布，这种现象在地下工程围岩周边附近表现得更为复杂和剧烈，有可能使围岩某些部分出现不利的应力状态。这种复杂的应力状态既和岩体初始应力大小、方向以及洞室的几何形状有关，又与围岩的结构及其性质有关，认识这种应力再分布对地下工程洞室围岩的稳定性的影响具有重要的工程意义，必须认真研究。

对于地下洞室围岩的计算通常采用有限元分析，但由于地下工程洞室围岩应力状态非常复杂，除建模计算外，还需要用试验的方法加以校核与比较。对于岩体试验分析来说，光弹性试验是一种比较有效的方法。鲁布革地下厂房洞室布置纵横交错，而且地应力又具有明显的三维特点，因此用三维光弹模型试验研究洞室围岩应力的变化、分析其稳定性是非常必要的。

附1.5.2　试验方法

1. 基本资料

本试验研究的目的在于通过三向光弹试验，研究地应力对水电站地下厂房应力状态的影响，并对围岩的稳定性进行估计。

为了简化模型试验，考虑地下厂房的围岩为均一的，其物理力学指标采用如下：

弹型模量 $E=5.5\times10^4$kg/cm^2；泊松比 $\mu=0.25$；比重 $\gamma=2.15\sim2.8$g/cm^3；抗拉强度 $\sigma_p=30$kg/cm^2；抗压强度 $\sigma_s=947$kg/cm^2；抗剪强度 $\tau=4$kg/cm^2；$\varphi=55°$

试验范围为沿地应力主平面切出一六面体进行研究，要求六面体的尺寸应保持高度 $H\geqslant5h$、宽度 $B\geqslant5b$，纵向在厂房长度的 2 倍以上。这里 h 为地下厂房高，b 为地下厂房宽。

地应力资料用天津大学提供的正交异性回归应力分析成果。在试验范围内平均地应力计算如附表 1-3 所示（由于自重和地质构造的影响，试验范围内切取的六面体相对面的主平面应力数值不相等，为了便于模型加载，表中所列的主应力数值取一对主应力中的小值，这样得出的成果如与自重应力叠加后应该与大值接近，如附图 1-45 所示）。

试验采用的主应力数值及方向　　　　　　　　　　　　　附表 1-3

主应力	σ_1	σ_2	σ_3
(kg/cm^2)	121.77	100.08	57.81
方位角	SE 81°88′	NW 25.96°	SW 28.87°
倾角	30.42°	43.66°	31.11°

注：1. 倾角自水平面向上为正；

　　2. 另一组主应力倾角为负，数值同上表，方位角与列表值相差180°。

2. 模型设计

由于本试验主要研究在地应力作用下主厂房和主变室附近的应力状态，模型比例尺采用 1：600，模型的最大尺寸为 317mm×310mm×300mm，为了简化模型，仅模拟了主厂房、主变室、二者间的通道和尾水管部分，模型切取位置的立方体图形如附图1-46 所示。

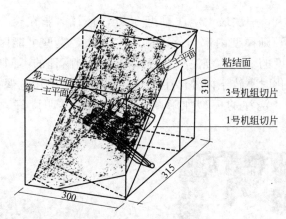

附图 1-46　光弹性模型示意图

由于芯模定位与脱模的困难，为了便于模型制作，将模型沿附图 1-46 虚线所示部位分成两部分，二者分别浇注后再进行粘结。

3. 模具制作

鲁布革水电站地下厂房在岩体内部，各个洞室无法在机床上加工，为此采用成型注造的方法制作光弹模型。六面体模型的模壳由铝板上粘 5mm 厚的硅橡群板组成，顶部为敞口的，以便将来浇注环氧树脂，在模壳的底铝板上铣有 4 条宽 8mm、深 5mm 的浅槽，在左右边的铝板上各铣有两条同样尺寸的浅槽，以保持各铝板间的相对位置。在铝板六面体模壳外用6根穿通螺栓加以固定，以保证模壳在浇注环氧树脂后不产生形状变化。

主厂房、主变室，二者联结通道及尾水管等由硅橡胶做成芯模，如附图1-47所示。由于最大地应力与厂房轴线成67.4°的夹角，因此厂房等芯模在模壳内的位置为倾斜的。芯模定位很重要，为此在芯模中预埋了铁棒和铁丝等，以便将厂房等精确地定位在六面体模壳上。

4. 模型材料及制作

模型原材料采用上海树脂厂生产的618号环氧树脂为主体，顺丁烯二酸酐为固化剂，其配比为：

$$树脂：酸酐＝100：30$$

为了保证搅拌均匀和排出气泡，环氧混合物的搅拌在自制的自动搅拌桶中进行，每次最大搅拌量可达40kg。搅拌温度为55℃左右，搅拌时间约1小时，然后恒温4小时左右。以便自然排气去泡和降低环氧值。接着进行浇注，浇注前把模壳放置在烘箱中，将模壳预热到55℃，用底注法进行浇注。橡皮管一端与自动搅拌桶的出口龙头相连，一端放入模壳中，管端出口离模壳底约2mm左右。打开搅拌桶的出口龙头，将环氧树脂混合料缓慢注入模壳中。待环氧树脂淹没管口后，再慢慢将橡皮管向上提升，管口应埋入环氧中2～3cm，以免浇注过程中由于环氧树脂喷溅而产生气泡。待浇注完成后将温度降至50℃，恒温4～5小时，然后降至42℃进行一次固化，固化时间为6天左右。

一次固化后，折模取出环氧树脂模型，去掉其中的芯模，按给定的温度曲线进行二次固化。二次固化最高温度为110℃，固化时间为8天。固化过程中应特别注意降温时间的控制。

由于模型尺寸较大，一次最大浇注量近35kg，环氧树脂在聚合过程中将放出大量的热量，如降温特快，则模型内部与外部的温差较大，模型可能因此而破裂。为了监视二次固化过程中温度的变化，浇注时在模型内部不同高程的不同位置埋置3～4个热电偶，以控制模型固化时不致于内外产生过大的温差。应用热电偶控制温差效果良好，浇注的模型全部成功，浇注的模型如附图1-48所示，透明度好、无气泡、质量符合要求。

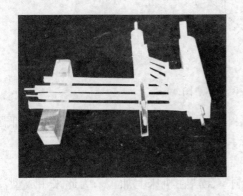

附图1-47　硅胶芯模装配图

附图1-48　浇注好的环氧树脂模型

5. 加载方法

鲁布革水电站地下厂房切出的大面体受到三个方向的地应力荷载和自重的作用，由于二者方向不同，很难同时加载，因此分为两种情况用两个模型单独加载，一个模型单独承受大面体外三向地应力荷载的作用，为了简化，将对称面上作用的荷载视为均布荷载；另一个模型单独承受自重的作用。最终结果由两个模型试验结果迭加而得。

模型承受的三间地应力荷载采用气压加载进行模拟。反压装置为由 $10\sim12mm$ 的钢板做成的六面体。气压加载系统是由空气压缩机、分压器、定值器、气袋来实现的。气袋是由氯丁基乳胶加工而成的，能耐高温 $130℃$。将气装置于模型和钢板六面体之间，为了减少模型与乳胶袋之间的摩擦力，在模型的外表贴一层 $0.3mm$ 厚的聚四氯乙烯薄膜。在钢板六面体的外面是 8 根长螺栓紧固，以防止钢板六面体受力后产生过大的变形。用橡皮管将气袋与气压装置分压器的孔嘴连通，接头处涂有硅脂，以便密封。气压系统的每根橡皮管上分别装有压力表和定值器，以便保证气压的准确性和稳定性。实践证明，这种气压系统装置在整个加载过程中气压很少有波动现象。

自重作用是采用离心机进行模拟的。施加自重荷载时，模型中的主洞室轴线必须保持在水平位置，即保持与自重方向垂直，因此模型的六个平面都将是倾斜的。为此，用钢板制作了专用支撑托架，使位于下方的三个平面与托架贴合，然后再将托架置于离心机的甩斗上。由于模型重、体积大，再加上托架和甩斗的重量，总计达 $60kg$，为了保证能使模型出现足够的等色线条纹，选择适当模化比是非常重要的，选择离心机的转速 n，模化比 $R\omega^2/g=100$。其中，$\omega=2\pi n$，g 为重力加速度。

地应力荷载换算系数：$\alpha_1=81.82$；自重作用荷载换算系数：$\alpha_2=6$。

6. 模型冻结

由于模型较大，内部不易散热，为保证冻结加载成功，控制降温阶段是很重要的，必须缓慢冷却，以保证内部温度尽可能均匀，尽量减小因内部温差而引起的温度应力。特别值得一提的是不要在降温至 $60℃$ 以后立即拉闸停电，而仍然必须缓慢降温，因为模型内部温度不可能在很短时间内很快降下来，在降至室温时应恒温 4 小时以上再拉闸停电，否则可能由于温差过大而导致模型破裂。

采用的最高冻结温度为 $120℃$。模型整个冻结过程是在上海实验仪器厂生产的 ＹＤ—500 应力冻结法箱中进行的。温度按规定曲线自动控制，效果良好。

冻结模型的尺寸在 30cm 以上，无法在切片机上切片（切片机最大净空为 20cm），只能用手工锯切片。将人工锯好的切片用手提磨光机磨平，最后用金相砂纸打光。切片厚度为 $8\sim10mm$。

附 1.5.3　模型观测与计算

1. 模型观测

本试验重点是研究沿主厂房 3 号机组断面（包括主厂房、主变室和二者连接通道）的应力状态。观测和计算采用正交坐标系统，规定沿洞室轴线方向为 z 轴，与轴线垂直的平面为 oxy 平面，洞室的水平方向为 x 轴，垂直方向为 y 轴。

切片等色线和等倾线的观测是在国产 409—Ⅱ型光弹仪上进行的，小数级条纹补偿以旋转检偏镜法为主，对某些难测点同时用补偿器进行量测。试验中对切片均采用正射法进行观测。附图 1-49、附图 1-50 为 3 号断面切片在地应力和自重作用下的等色线。

附图 1-49　地应力载荷下切片等色线　　　附图 1-50　自重载荷下切片的等色线

　　为了定量分析需要，在地应力试验中，与模型同时冻结了一个圆盘标定试件，测得模型材料条纹值为 $f_1=0.35\text{kg/cm}$，在自重作用试验中，与模型同时冻结了两个长条矩形试件，测得模型材料条纹值为 $f_2=0.33\text{ kg/cm}$。

　　2. 应力计算

　　根据观测得到的资料，对洞室边界应力计算的结果如附图 1-51 所示。围岩内部应力分布如附图 1-52 所示。

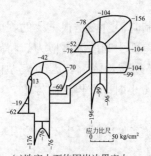
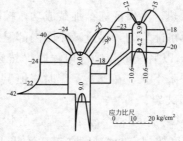
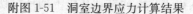
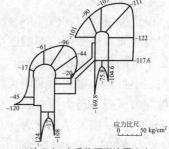

(a)地应力下的围岩边界应力　　　(b)自重下的围岩边界应力　　　(c)地应力+自重的围岩边界应力

附图 1-51　洞室边界应力计算结果

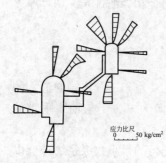
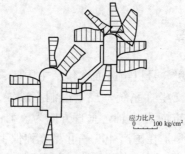
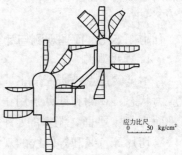

(a)地应力+自重的围岩应力 σ_x　　　(b)地应力+自重的围岩应力 σ_y　　　(c)地应力+自重的围岩应力 τ_{xy}

附图 1-52　围岩应力分析

附1.5.4 成果分析

1. 洞室围岩的应力状态

(1) 由图5可以看出，在主厂房和主变室右侧墙的右上角和左侧墙的左下角在地应力荷载作用下发生较大的压应力，右上角部分其最大压应力值分别为-114 kg/cm^2 及-171 kg/cm^2；左下角部分最大压应力值分别为-120 kg/cm^2，-169 kg/cm^2。这主要是由于厂房距深切河谷较近以及载荷的影响，使地应场中主应力发生偏转，由地应力 σ_1 和平行于河谷边坡的 σ_2 所引起的。

(2) 在厂房和主变室的底部两角靠左侧出现较大的应力集中，均为压应力，最大值分别为-134 kg/cm^2 和-196.5 kg/cm^2。

(3) 主厂房和主变室围岩周边切向均为受压，只是在靠近主厂房的左侧顶部压应力很小，局部出现很小的拉力区，但数值不大。

(4) 从等色线图可以看出，在主厂房顶部，由于采用圆弧平滑过渡到边墙，虽然条纹级数稍有增加，但分布比较均匀，没有引起严重的应力集中现象。而主变室的洞顶，由于与边墙交成折角，因而引起较大的应力集中，最大压应力达-122 kg/cm^2。

2. 关于主厂房和主变室间岩柱的厚度

从附图 1-49、附图 1-50 可以看出，两大洞室之间的区域内等色线互不影响，从内部应力分布情况看，压应力也比较小，最大垂直压应力为 $40\sim50$ kg/cm^2。最大水平压应力为 $10\sim15$ kg/cm^2，剪应力的最大值为 10 kg/cm^2 左右，可视为低应力区。因此可以认为主厂房和主变室之间的距离选取 39.25m 是合理的。

根据现有的资料看，有人曾搜集了国内外 34 个大中型地下水电站厂房的洞室岩柱厚度统计资料（其中开挖跨度在 20m 以上的有 19 个）表明，相邻洞室岩柱厚度与最大邻洞开挖垮度、高度之间有下列关系：

$$\frac{L}{B}=0.6\sim1.8,\frac{L}{H}=0.35\sim0.8$$

式中，L 为洞室之间的岩柱厚度；B 为相邻洞室最大开挖跨度；H 为相邻洞室最大开挖高度。

根据鲁布革地下厂房采用的尺寸计算得到：

$$\frac{L}{B}=\frac{39.25}{17.5}=2.242>1.8,\frac{L}{H}=\frac{39.25}{39.4}=0.996>0.8$$

说明所选洞室间距是比较合理的。

3. 洞室围岩的稳定性

根据莫尔—库伦准则，当岩石发生破坏时，主应力与抗剪强度性能之间的关系可由下式确定：

$$\sigma_1=(\sqrt{f^2+1}+f)^2\sigma_3+2C(\sqrt{f^2+1}+f)$$

式中，f 为岩石内摩擦角；C 为岩石凝聚力；σ_1、σ_3 为最大、最小主应力（压应力为正，拉应力为负）。

按上判别岩石潜在破裂的破坏准则，可用下式表示

$$F(\sigma_1,\sigma_3)+\sigma_1(\sqrt{f^2+1}+f)^2\sigma_3-2C(\sqrt{f^2+1}+f)$$

若 $F(\sigma_1,\sigma_3)\geqslant0$，则岩石发生破裂；若 $F(\sigma_1,\sigma_3)\geqslant0$，则岩石不会发生破裂。

附图 1-53 给出了按上述准则确定的洞室围岩破坏范围。由图可以看出，洞室的左顶及右侧墙基本上受剪力破坏，主厂房最大破坏深度为 10m 左右，最危险的位于拱顶左侧 45°处，主变室最大破裂深度为 15m 左右，最危险是在拱顶左侧和右侧墙部份。

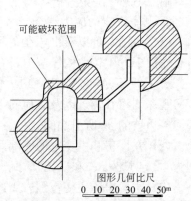

可能破坏范围

图形几何比尺

0 10 20 30 40 50ᵐ

附图 1-53　地应力＋自重围岩
可能破化范围

另外从图上可以看出在主厂房和主变室之间的岩柱未出现严重的破裂区，故所选的岩柱厚度是合理的。

4. 大块体模型的浇注

对地下厂房模型试验，需要模拟一定范围的厂区，以考虑边界条件的影响。洞室尺寸相对厂区尺寸比较小，为保证试验的精度，模型应选择较大的比例，这样模型块体尺寸也较大，如本试验的模型块体尺寸为 $317mm \times 310mm \times 300mm$，重达 35kg，这是地下厂房三向光弹试验对模型的特殊要求。这种大块体模型浇注的主要困难是环氧树脂在聚合过程中释放大量的热，如温度控制不当，块体就会因温差过大而开裂。另外，原料搅拌量大，难以均匀，易产生气泡，"云雾"和较大的内应力。故控制模型质量是个难度很大的问题。目前国内尚无先例可循，经多方摸索、反复实践，本项研究终于掌握了浇注大块体模型的工艺技术，所制三个模型均一次成功。

附 1.5.5　结论

根据三向光弹性应力模型冻结试验研究可以得出如下结论：

（1）研究表明，在地应力作用下，主厂房和主变室的顶部左侧和右侧墙将出现剪切破坏区，为防止岩体松动、塌落，增强结构的稳定性，这些部位应进行必要的加固，如采用喷锚加固。主厂房最大破裂深度为 10m，锚固深度宜大于 12m，主变室的最大破裂深度 15m，锚固深度宜大于 18m。

（2）在主厂房和主变室的右侧洞顶与边墙交接处有程度不同的应力集中现象，建议采取适当的工程措施防止破坏。

（3）主厂房和主变室之间未出现严重开裂区，应力值也较低，因此可以认为所选取的距离是经济合理的。

（4）本研究试验中提出浇注大块体环氧树脂模型工艺技术，是一次开创性的尝试，为今后这类试验提供了成功的经验。

（5）由于时间关系，本试验研究中将岩石视为均质体，没有模拟断层和节理的影响。故成果有一定的局限性。

附录 2 参考实验项目

本课程推荐实验项目 16 项，要求完成不少于 16 学时课程实验。具体实验项目如附表 2-1 所示。

参考实验项目   附表 2-1

序号	项目名称	类型	学时数
1	应变计粘贴及桥路设计	设计	3
2	应变计灵敏系数、机械滞后测定	验证	2
3	应变计横向效应系数测定	设计	2
4	薄壁圆管拉弯扭组合变形下的内力测定	设计	4
5	动态应变信号采集实验	验证	2
6	结构多点静应变自动测试	设计	2
7	静动应变无线电遥测	设计	2
8	光弹性演示与光弹仪光场布置	验证	1
9	光弹性材料条纹值的测定	验证	2
10	光弹性模型边界应力的测定	验证	2
11	平面光弹性模型的应力分析	设计	3
12	全息光弹性法测定平面模型等和线	验证	2
13	离面位移的电子散斑法测量	验证	1
14	三维形貌的栅线投影云纹法测量	验证	1
15	面内位移的数字图像相关法测量	验证	2
16	三维位移的电子散斑法测量	验证	1